海洋资源与环境经济学

汪克亮　主编

张小凡　苏　萌　许志华　副主编

中国海洋大学出版社

·青岛·

图书在版编目（CIP）数据

海洋资源与环境经济学 / 汪克亮主编. -- 青岛 ：
中国海洋大学出版社，2024. 12. -- ISBN 978-7-5670
-3439-6

Ⅰ. P74

中国国家版本馆CIP数据核字第2024F1H414号

海洋资源与环境经济学

HAIYANG ZIYUAN YU HUANJING JINGJI XUE

出版发行	中国海洋大学出版社		
社　　址	青岛市香港东路23号	**邮政编码**	266071
网　　址	http://pub.ouc.edu.cn		
出 版 人	刘文菁		
责任编辑	董　超　郝倩倩	**电　　话**	0532-85902342
印　　制	青岛国彩印刷股份有限公司		
版　　次	2024 年 12 月第 1 版		
印　　次	2024 年 12 月第 1 次印刷		
成品尺寸	170 mm × 240 mm		
印　　张	19.75		
字　　数	353千		
印　　数	1 ~ 1000		
定　　价	68.00 元		
订购电话	0532-82032573（传真）		

发现印装质量问题，请致电0532-58700166，由印刷厂负责调换。

Foreword

前言

人口剧增、资源短缺与环境污染是当今世界面临的严重的全球性问题。特别是进入21世纪以来，随着人类社会的不断发展和生产生活水平的持续提高，陆域资源因加速开发而日渐衰竭，陆地发展空间已经趋于饱和。为了实现可持续发展，人类必须努力寻求新的资源和发展空间。在此背景下，海洋因其丰富的资源储藏以及巨大的经济价值，逐渐成为国家生存发展的重要战略空间。“21世纪将是海洋开发时代”现已成为全球共识。人类社会的可持续发展必将越来越多地依赖海洋。

海洋为人类应对全球危机提供了现实的解决方案，同时也对资源与环境的持续利用提出了更高要求。国家发展所倚仗的国防、资源、贸易、投资乃至主权都离不开海洋，因此，壮大海洋经济、合理开发海洋资源、保护海洋生态环境、维护海洋权益攸关国计民生和国家安全。一直以来，中国高度重视海洋事业的发展。党的十八大报告明确提出，“提高海洋资源开发能力，发展海洋经济，保护海洋生态环境，坚决维护国家海洋权益，建设海洋强国”；党的十九大报告进一步作出“坚持陆海统筹，加快建设海洋强国”的战略部署；党的二十大报告再次提出，“发展海洋经济，保护海洋生态环境，加快建设海洋强国”，凸显了海洋在未来中国社会经济发展中的重要战略地位。

为了适应新形势下海洋资源与环境学科的教学需求，中国海洋大学经济学院组织一批优秀的专家学者，编写了这本《海洋资源与环境经济学》。本书力图通过对目前国内外有关海洋资源与环境经济学的理论与相关知识进行梳理，在引导广大读者关注海洋资源与环境问题并提高认识的同时，为广大读者普及有关海洋资源与环境经济学的相关基础知识。本书旨在提供海洋资源与环境经济学的背景资料与可供参考的研究方法，适用对象为本科学生和从事相关研究的学者。

本书的内容大体分为四个板块。第一个板块为学科基础理论篇，主要系统介绍海洋资源与环境经济学的产生与发展、研究对象与方法、研究任务与内容、基本经济学理论，力求让读者对海洋资源与环境经济学有一个基本的、全面的认识。第二个板块为海洋资源经济学篇，在阐述海洋资源的相关概念和海洋资源经济学理论的基础上，探讨如何开展海洋自然资源核算以及实现海洋资源可持续利用。第三个板块为海洋环境经济学篇，通过对海洋环境经济理论、海洋环境经济系统的组成与再生产以及海洋环境价值评估的分析，提出如何科学地运用多种类型的政策手段来促进海洋环境保护。第四个板块为海洋经济可持续发展篇，结合绿色、循环、低碳经济的内涵与典型实践，构建中国海洋经济可持续发展评价指标体系，据此提出有效促进中国海洋经济可持续发展的实现路径。

本书尝试将现有的与海洋资源与环境经济学相关的研究加以归纳总结，旨在建立一个相对完善的学科体系，由于编者水平有限，不足之处在所难免，敬请各位专家、学者及读者批评指正。

本教材编写组

2023年9月

Contents
目录

第一篇 学科基础理论

第二篇 海洋资源经济学

第三篇　海洋环境经济学

第四篇 海洋经济可持续发展

第一篇 学科基础理论

海洋资源与环境经济学是一门综合性学科，它运用经济学的基本原理和方法，分析海洋资源可持续利用和海洋生态环境保护的经济活动，揭示其经济规律，旨在实现海洋资源最优配置和海洋环境污染防治。本篇重点对海洋资源与环境经济学的基础知识与理论体系两部分内容进行介绍，共设置两个章节。其中，第 1 章主要介绍海洋资源环境经济学的形成背景、研究对象与分析方法等。第 2 章对经济学研究的理论框架进行梳理，这是开展海洋资源与环境经济学分析的前提与基础。

1 导论

知识导入：海洋资源与环境经济学，是经济学、资源环境经济学与海洋科学交叉形成的一门新兴学科，属于现代经济学的分支学科。因此，现代经济学的分析方法也同样适用于海洋资源与环境经济学。海洋资源与环境经济学主要以现代经济学、现代海洋生物资源管理技术、海洋学和生态学等为理论基础，以海洋经济发展、海洋资源可持续利用和海洋生态环境保护为研究对象，以开发保护海洋资源、修复受损的海洋生态系统为主要任务，力图实现海洋经济、资源与环境的协调发展。本章着重介绍海洋资源与环境经济学的发展演变与研究对象、研究方法和研究内容。

1.1 海洋资源与环境经济学的产生与发展

1.1.1 海洋概况与人类社会发展

1.1.1.1 海洋概况

海洋是地球上最广阔的水体的总称，是由作为主体的海水水体、生活在其中的海洋生物、邻近海面上空的大气和围绕海洋周缘的海岸及海底等组成的统一体。通常意义上的海洋仅指海洋主体和分布于地表的巨大盆地中的连续咸水体。地球有将近 3 / 4 的面积被海洋所覆盖，其总面积大约有 3.6 亿平方千米，体积为 13.5 万立方千米。其中，大洋面积约占海洋面积的 89%，而大海面积仅约占海洋面积的 11%。因此，大洋是海洋的中心部分和主体。一般来说，大洋的水深一般在 3 000 米到 10 000 米之间。大洋离陆地遥远，不受陆地的影响，水文和盐度的变化不大。每个大洋几乎都有自己独特的洋流和潮汐系统，水体呈深蓝色，透明度较高，水中杂质较少。大陆边缘的水域被称为大海。大海的水深较浅，深度从几米到两三千米不等，没有自己独立的潮汐与海流，其温度、盐度、颜色和透明度都易受陆地影响而发生变化。大海与大洋的区别如表 1–1 所示。

表1-1 大海与大洋的区别

<table>
<tr><th>区别</th><th>大海</th><th>大洋</th></tr>
<tr><td rowspan="2">概念</td><td colspan="2">世界海洋以大洋为主体，还包括其所附属的大海、海湾和海峡</td></tr>
<tr><td>大陆边缘的水域被称为大海。大海在大洋的边缘，是大洋的附属部分</td><td>人们一般把占地球很大面积的连续咸水水域称为大洋，是海洋的中心部分，是海洋的主体</td></tr>
<tr><td>水深</td><td>大海的水深比较浅，深度从几米到两三千米不等</td><td>大洋的水深一般在 3 000 米以上，最深处超过 10 000 米</td></tr>
<tr><td>潮汐与海流</td><td>大海没有自己独立的潮汐与海流</td><td>每个大洋几乎都有自己独特的洋流和潮汐系统</td></tr>
<tr><td>受陆地影响</td><td>大海临近大陆，海水的温度、盐度、颜色和透明度都易受陆地影响而发生变化</td><td>大洋离陆地遥远，不受陆地的影响，它的水文和盐度的变化不大</td></tr>
<tr><td>透明度</td><td>由于受陆地影响，河流夹杂着泥沙入海，近岸海水浑浊不清，海水的透明度差</td><td>大洋的水体呈深蓝色，透明度较高，水中的杂质较少</td></tr>
</table>

1.1.1.2 海洋与人类

地球表层主要分为海洋和陆地两大单元，其中海洋约占地球表面积的 71%，陆地约占地球表面积的 29%。人类自起源以来，便以陆地环境为生存依托，在陆地上繁衍生息和生产生活。人类在获取和利用陆地资源的同时，也使得陆地自然环境发生了深刻变化。尤其进入 20 世纪以来，世界人口的急剧增长、社会经济的迅速发展极大压缩了有限的陆域空间和资源，陆域生产要素的过度消耗已不足以支撑人类未来的经济和社会持续发展。面对日益严峻的人口、粮食、环境、资源危机，人类不禁开始思考：如果未来失去陆地的话，人类将迁居何方？在此背景下，人类开始将发展目光投向约占地球表面积 71% 的广阔海洋。海洋开始成为人类活动新的基地，越来越成为人类社会关注的焦点。

海洋被认为是地球生命的摇篮，是人类社会文明的重要发祥地。海洋为人类经济社会发展提供了丰富的物质财富，是对陆域自然资源有序、有限度的替代，被认为是人类生存和发展的“第二空间”。海洋不仅具有净化功能，也是旅游、休憩的胜地。作为连接世界的大通道，海洋可以为人类隔海交流提供最为经济、便捷的运输途径，极大地推动了全球贸易和经济一体化的发展。海洋也是现代高科技研究的基地，是人类探索自然奥秘、发展高科技产业的重要领域。21 世纪，人类进入了大规模开发利用海洋的时期。为了解决人口、环境和资源问题，人类需要密切关注人类生命的摇篮——海洋，去探索和开发这片蓝色疆域为人类可持续发展所提供的丰富资源。

当今世界，沿海各国普遍认识到，海洋将成为人类生存与发展的资源宝库和最后空间，也是全球经济发展的新增长点和影响国家战略安全的重要因素。自 1994 年《联合国海洋法公约》生效以来，海洋在政治、经济等方面的特殊地位迅速显现。走向海洋是所有强国共同的战略选择。世界沿海国家比以往任何时代都更加重视海洋的战略地位及其重大价值，纷纷制定并完善了海洋发展战略，力图在激烈的海洋竞争中抢占发展先机，并以此来支撑国内经济社会的可持续发展。

我国地处亚洲大陆东隅，其东部和东南部被海洋环绕，分为渤海、黄海、东海、南海四个海区，其中渤海深入我国陆地，是我国的内海。我国的大陆海岸线绵延漫长，北起鸭绿江口，南到北仑河口，长约 18 000 千米，岛屿的海岸线有 14 000 多千米。我国的万里海疆美丽富饶，蕴藏着种类繁多、储量巨大的生物、矿产和能源等资源，因而也被人们称为“天然的鱼仓”“蓝色的煤海”“盐类的故乡”“能量的源泉”“娱乐的胜地”。海上通道资源是一项重要的海洋资源，是海洋权益的一种重要体现。中国海进出大洋的通道，在黄海和东海主要有通往日本海的对马海峡和朝鲜海峡、吐噶喇海峡、宫古海峡以及冲绳的与那国岛和中国台湾乌石鼻之间的广阔水道。在南海，除北部和西部是连续的大陆外，周边其他区域均为岛屿，许多岛屿之间都存在可进出的海峡和水道，从而使南海有一定的开敞性并具有沟通太平洋和印度洋的区位价值。经由南海东北部的巴士海峡、巴林塘海峡，东部的民都洛海峡和巴拉巴克海峡可进入太平洋；南海南部和西南部的卡里马塔海峡、加斯帕尔海峡沟通爪哇海，经由马六甲海峡和新加坡海峡均可通往印度洋，这些海峡使得南海具有国际性咽喉要道的战略地位。

顺应世界潮流，党的十八大报告首次提出“提高海洋资源开发能力，发展海洋经济，保护海洋生态环境，坚决维护国家海洋权益，建设海洋强国”的宏观目标，标志着“建设海洋强国”正式上升为国家战略。其中，“提高海洋资源开发能力”和“发展海洋经济”是建设海洋强国的基本手段和具体路径，而“保护海洋生态环境”和“坚决维护国家海洋权益”是建设海洋强国的重要目标。此后，党的十九大报告丰富和发展了海洋强国战略内涵。党的二十大报告再次作出“发展海洋经济，保护海洋生态环境，加快建设海洋强国”的战略部署，更加凸显了海洋经济的可持续发展对中国经济建设的重要意义。

1.1.2 海洋资源与环境经济学的产生与演变

资源与环境是人类生存与发展的基本条件。然而，随着物质生活水平的提高和人口的增长，人类对于自然资源的需求规模逐渐扩大，对环境的破坏也在不断加剧。如何共同推进经济可持续发展和自然资源的循环利用，并将环境成本降至最低已成为当今所有国家面临的主要问题。在此背景下，资源与环境经济学逐渐兴起。资源与环境经济学是研究经济发展、环境保护和资源配置之间关系的科学，是经济学与资源环境科学的交叉学科。它是在社会经济发展的过程中，尤其是在环境污染、资源浪费等问题日益严重的情况下，对相关问题的科学研究进入一定阶段后形成的经验总结和系统理论。

资源与环境经济学的理论渊源可以追溯到19世纪末20世纪初。意大利社会学家兼经济学家帕累托从经济伦理方面探讨了资源配置的效率问题，他提出的“帕累托最优”（Pareto Efficiency）理论被资源与环境经济学奉为圭臬。马歇尔与庇古等人提出外部性理论，格雷和霍特林分别对可耗竭资源的折耗程度进行了分析，这些初步奠定了环境经济学的理论基础。但第二次世界大战结束后，在经济重建过程中，从事发展经济学研究的西方各国经济学家发现，鲜有学者考虑地球自然资源的有限性。20世纪60年代后，环境问题逐渐成为世人关注的焦点，资源与环境经济学进入人们的视野。为适应社会需求的变化，各国政府建立环境保护行政主管部门，代表国家行使环境保护的职能，而资源与环境经济学家需要解决的问题是如何使用环境政策和手段实现效率最大化和利益最大化。在此期间，海洋开发进入快速发展时期。海洋资源与环境经济学受到了高度重视，海洋资源开发与经济增长的协调性、海洋环境保护与经济增长的平衡性逐渐成为海洋资源与环境发展的关注点。

海洋资源与环境经济学是运用海洋资源科学、海洋环境科学与经济增长的理论和方法，研究个体活动、经济发展和海洋资源利用与环境保护之间关系的一门新的交叉学科。海洋资源与环境经济学的概念有狭义和广义之分。狭义的海洋资源与环境经济学是运用经济学原理研究海洋资源与环境的发展和保护的经济问题；而广义的海洋资源与环境经济学则是研究海洋资源的利用以及在经济发展中海洋生态环境破坏与恢复所涉及的经济问题。总的来说，海洋资源与环境经济学是资源与环境经济学的重要分支，是资源与环境经济学在海洋领域的具体应用。20世纪60年代，海洋开发从传统开发阶段进入现代化阶段，有序化地管理海洋成为各国迫切的需求。

我国是最早提出海洋综合管理的国家之一。1964年，管理海洋事务的专门机构——国家海洋局成立。1965 年，国务院批准建立北海、东海和南海三大海洋分局，开展海洋行政管理、执法监督等相关工作。20 世纪 90 年代以来，海洋管理体制进行过几次较大的调整。1993 年，国务院调整海洋管理机构，国家海洋局重新交由国家科学技术委员会管理。1998 年，第九届全国人民代表大会通过《关于国务院机构改革的决定》，将国家海洋局划分给国土资源部。2013 年，国务院重建国家海洋局，进一步加强了海洋综合管理及统筹与协调等职能。2018 年，第十三届全国人民代表大会通过国务院机构改革方案组建自然资源部，将原国家海洋局应对污染等职能并入了新组建的生态环境部，解决了过去污染防治与保护部门分割的问题。

海洋资源环境和海洋经济领域的专家及学者对两者之间的关系进行了大量研究。张德贤等（2000）编著的《海洋经济可持续发展理论研究》在可持续发展理论的基础之上，研究了海洋资源、海洋环境与海洋经济可持续发展三者之间的关联性。徐质斌（2003）初步建立了海洋生态经济理论框架，并分析了海洋资源与环境循环利用的相关问题。朱坚真（2010）认为海洋在接替和补充陆地空间及资源不足方面存在着巨大的潜力，开发利用海洋可缓解未来经济与社会发展的能源紧张局面，海洋是沿海国家经济与社会发展的重要空间和资源基地，合理开发海洋资源、切实保护海洋环境已成为沿海各国生存与发展的重大战略问题。韩立民（2017）编著的《海洋经济学概论》，以新古典经济学为框架，深入阐释了海洋资源价值、海洋经济增长、海洋经济演化、海洋公共选择和海洋宏观调控等基本理论问题，进一步推动了中国海洋经济理论的建立和完善。

1.2 海洋资源与环境经济学的研究对象与方法

1.2.1 海洋资源与环境经济学的研究对象

传统的经济系统模型以环境和资源的无限供给为假设前提，将环境和自然资源看作一种外生的、可再生的充裕资源，其不进入经济系统分析过程，不纳入生产函数和消费函数。资源与环境经济学对传统经济学的假设前提进行了修正，即随着经济和社会的发展，环境与自然资源会逐渐变得稀缺，人类对自然资源和环境资源的配置和利用方式会对经济发展进程产生影响。以此类推，海洋资源与环境经济学则把海洋自然资源与环境资源视为稀缺生产要素，把海洋资源环境视作海洋经济系统的一部分，并将之纳入生产函数之中。其研究对象是海洋自然资源和环境资源的最优配置和利用，具体包括海洋资源的分类、开发利用模式、经济效益评估，海洋环境保护和管理，海洋生态系统修复与重建等内容。

1.2.2 海洋资源与环境经济学的研究方法

1.2.2.1 一般方法

在经济学研究方法的基础之上，结合资源环境经济学、海洋经济学、计量经济学、制度经济学以及统计学等学科的研究方法，海洋资源与环境经济学的一般研究方法归纳如下。

1. 逻辑方法

逻辑方法是指以资源环境经济学、海洋经济学相关理论成果为基本依据，对海洋资源与环境经济学具体研究对象的各个方面进行逻辑分析，从而揭示其本质，探求其规律的一种方法。逻辑方法主要包括描述法（归纳法）、规范法（演绎法）、实证法和抽象法。

1）描述法

描述法亦称归纳法，是指采用归纳推理手段，通过对海洋资源与环境经济学研究中的具体对象进行分析，找出其相同之处，进而概括出具有普遍性规律的结论的一种推理方法。描述法一般可从分析海洋资源与环境经济学的具体实务和收集已有的相关文献资料两个方面入手。

2）规范法

规范法亦称演绎法，是指采用演绎推理手段，通过确立海洋资源与环境经济学的学科目标，提出其学科的基本假说，然后根据假说由一般普遍性结论推导出特殊性质个别结论的一种推理方法。规范法不受客观事物的影响，强调的是“应该是什么”。在海洋资源与环境经济学的研究方法体系中，描述法与规范法并不是相互独立的，二者是相互联系、相互作用的。具体而言，归纳以演绎为前提，演绎以归纳为基础，二者互为前提、互相促进。因此，海洋资源与环境经济学的研究可以实现从特殊到一般、一般到特殊的两次回归，进而为深入挖掘海洋资源与环境经济学的学科内在规律提供了方法路径。

3）实证法

实证法是采用数学实证检验手段，设计观察方法和实验，在对研究对象进行实际观察和实验的基础上，用定性和定量的方法对观察和实验结果进行系统的计量分析，然后概括和归纳计量分析结果，再用逻辑和数学方法演绎出逻辑结论，从而得出理论解释和建立模型，并用此理论解释和所建立的模型检验研究命题或理论，最后得出接受、修改或推翻结论的一种推理方法。在海洋资源与环境经济学的研究方法体系中，实证法主要研究海洋经济活动的实际运作状况，强调的是经济现象“是什么”。实证法与规范法二者之间也是相互关联、相互渗透的关系：规范法以实证法为基础，而实证法的运用应在用规范法分析的前提下进行。

4）抽象法

抽象法是马克思在《资本论》中使用的方法，即从事物的表象中抽取出事物的本质，再进一步上升到具体的方法。这一抽象过程可以从具体通过归纳而上升到概念、原理，也可以从已有的概念、原理通过演绎而上升到具体。海洋资源与环境经济学的一些基本科学概念，特定的原理、规律和公式，都是运用科学的抽象，通过理论思维和逻辑方法的加工而形成的。因此，抽象法是海洋资源与环境经济学经常采用的研究方法。运用抽象法研究海洋资源与环境经济学时，要在对表象进行分析的基础上进行抽象归纳或演绎，揭示其本质联系及发展规律。

2. 数理统计方法

1）个量分析法与总量分析法

个量分析法是在假定其他条件不变的前提下，以单个经济主体活动为研究对象，舍弃研究对象的一些复杂的外在因素，进而突出单个经济主体的主要现状及其特征的一种经济分析方法。总量分析法也称整体分析法，是在假定制度因素和国民经济个量是已知和不变的情况下，研究经济发展的总体或总量运行状况及其相互关系的一种经济分析方法。

2）定性分析法与定量分析法

定性分析法是认识事物本质、寻求事物本质联系的一种经济分析方法，主要形式为深度访谈、个案研究、实地观察等。定量分析法是对事物的规模、发展程度与速度及其构成的成分在空间上的排列组合进行数量分析的一种经济分析方法。定量分析主要运用量化数据的方法对海洋资源与环境经济问题进行研究探讨，如统计数据、问卷调查、测量技术。定性分析和定量分析是相互补充的关系。比如，定性研究过程中的问题涉及定量的概念，定量研究也会产生定量数据之外的定性信息。因此，在海洋资源与环境经济学的研究中，要坚持定量方法为主、定性方法为辅，定量方法与定性方法有机结合的原则。

3）静态分析法与动态分析法

静态分析法就是抛开事物在时间上和空间上的变动性，且将其从运动过程中抽象出来，从相对静止的角度来分析处于相对静止状态的事物的一种经济分析方法。它强调事物在某一时点的现存状态，考察的是研究对象在某一时点的现象与规律。动态分析法是将研究对象置于其自身历史进程中，考察研究对象在时空上的变动性，从运动的角度来分析研究对象的方法。动态分析法与静态分析法互为前提，互相补充。运用静态分析法可以考察某一时点上经济系统之间及非经济系统之间的发展水平、发展状况和发展特点。运用动态分析法可以考察经济系统之间及非经济系统之间发展变化的速度、方向和趋势。

4）均衡分析法与非均衡分析法

使用均衡分析法研究问题时，在诸多经济变量（因素）中，自变量被假定为已知的和固定不变的，然后考察当因变量达到均衡状态时产生的情况和为此所需要具备的条件，即所谓的均衡条件。非均衡分析法是以预期概念为基础，以数量信号为基准，对经济变量的运行过程进行分析的一种方法，也称为过程分析法。非均衡分析法偏重于动态分析，是一种典型的动态分析法。

5）统计分析法

统计分析法即通过统计调查收集大量原始资料，并经过分组整理加以分析，从中找出海洋资源与环境经济活动的内在联系及其发展规律的方法。一般而言，对海洋资源与环境经济活动进行统计分析，包括调查了解、汇总资料、分析研究三个相互联结的步骤。

6）比较分析法

比较分析法是将属于同一范畴的两个或两个以上的相近对象按照同一标准进行对比研究，分析其共性与区别，研究事物存在、变化的共同条件以及不同特点，然后根据这一结论来推测另一类比事物的性质、特点与发展趋势的一种分析方法。

1.2.2.2 具体方法

1. 案例分析法

案例分析法是通过深入研究实际发生的个别案例，采用定性分析法与定量分析法相结合的方式来获得具有普遍性的结论和规律的一种分析方法。这种分析方法一般较为直观，研究分析结论的经验性、警示性较强，且对于同一范畴类似的实务活动具有较强的借鉴意义。因此，案例分析法是海洋资源与环境经济学研究中运用较为普遍的一种方法。

2. 博弈论分析法

博弈论分析法就是运用博弈论来研究海洋资源与环境经济学问题的一种方法。博弈论分析法主要适用于理论分析，在海洋资源与环境经济学的海洋环境风险防范和责任划分、海域使用监管、海洋资源利用等方面应用广泛。

3. 投入–产出分析法

投入–产出分析法是指通过建立投入–产出模型，利用线性代数方法，研究经济系统各要素之间投入与产出相互依存的数理统计方法。这种方法是投入–产出理论的具体应用，是把一个复杂的经济体系中各部门之间的相互依存关系系统地数量化的方法。该方法通常用于考察海洋资源经济学的产业关联程序，即考察海洋资源产业间定量化的质的联系和量的关系，进而分析出海洋资源产业间复杂的因果关系和相互联系情况。但是由于该分析方法的同质性假定、比例性假定和构建模型为静态模型的局限性，它只适用于短期分析而不适用于长期分析，只适用于分析而不适用于预测，是一种典型的静态分析方法。

4. 经济模型法

经济模型法是指用来描述所研究的经济现象之间及其有关经济变量之间的依存关系的埋论方法。简单地说，把经济理论用变量的函数关系来表示就是经济模型。一个经济模型有叙述法、列表法、几何图形法和函数模型法四种表述方式。

1.3 海洋资源与环境经济学的研究任务与内容

1.3.1 海洋资源与环境经济学的研究任务

马克思说:“社会化的人，联合起来的生产者，将合理地调节他们和自然之间的物质变换，把它置于他们的共同控制之下，而不让它作为一种盲目的力量来统治自己；靠消耗最小的力量，在最无愧于和最适合于他们的人类本性的条件下来进行这种物质变换。”

海洋资源与环境经济学旨在探究海洋资源利用、海洋环境保护与可持续发展之间的关系，主要研究任务是合理调节人类海洋经济行为，使之建立在海洋资源、环境可承载能力的基础上，促进海洋经济与资源环境的协调发展。其主要包括以下四个方面的内容。

第一，通过研究海洋资源与环境经济学引导人类充分敬畏海洋的自然属性，在遵循海洋生态系统的运行和演化规律的前提下开展经济生产活动。约占地球表面积71%的海洋，是全球生态环境至关重要的组成部分。在开发利用海洋的过程中，人类的海洋经济活动，尤其是大规模的海洋工程建设和严重的海洋污染事故，必然对海洋生态环境的演化方向、节律性和稳定性产生影响。未来海洋资源环境问题的改善在很大程度上取决于人类对自然规律的正确认识和利用。因此，海洋资源与环境经济学研究的一个重要任务就是研究海洋经济发展如何顺应海洋生态系统的运转规律，并考虑人类经济活动对海洋生态潜在的短期和长期影响。

第二，通过研究海洋资源与环境经济学引导人类辩证地看待人与自然的对立统一关系，重构和谐共生的人海关系。一方面，人类与海洋之间是对立的。人类需要发展，就必须要认识海洋、探索海洋，在这个过程中不可避免地要向自然索取生存必需的物质资源和空间环境并通过直接或间接的方式损害海洋生态环境。另一方面，人类与海洋之间又是辩证统一的关系，两者必须互相依存。海洋生态环境受到干扰、破坏，势必反作用于人类自身。因此，海洋资源与环境经济学的一项研究任务就是引导人类用辩证统一的思想指导海洋经济实践，促进人与海洋长期和谐共处，最终实现海洋经济全面、协调和可持续发展。

第三，通过研究海洋资源与环境经济学引导人类学会如何在海洋资源环境承载能力有限的情况下，以最少的资源投入获得经济效益与环境保护的双赢。海洋资源是支撑经济社会可持续发展的关键要素，保护和合理开发海洋资源是发展海洋经济、提升海洋生态环境质量的内在需求。海洋经济可持续发展要解决海洋经济运行过程中的效率问题，即要以最少的资源要素投入，最大程度地发挥海洋环境效益，获得最大的经济产出。因此，海洋资源与环境经济学的主要任务之一就是研究如何破解海洋经济发展过程中的资源环境约束，提高海洋资源配置和综合利用效率。

第四，通过研究海洋资源与环境经济学帮助人类探寻海洋生态环境保护和改善的机制与出路，使得海洋环境更适应人类的生活需求。人类的永续发展是人类追求的终极目标。倘若我们无节制地向海洋索取，最终只会造成海洋资源的严重浪费与海洋环境退化加剧。只有更好地推动海洋可持续发展，人类的生存繁衍才能得以继续。因此，海洋资源与环境经济学的一个重要任务就是研究海洋资源可持续开发利用和环境保护机制的最优制度设计和政策方案，既要保障当代人的现实需求，又要为子孙后代造福，既为当前生产服务，又为长远发展考虑。

1.3.2 海洋资源与环境经济学的研究内容

顾名思义，海洋资源与环境经济学就是将资源与环境经济学的基本框架引入海洋领域结合形成的新兴学科，可分为海洋资源经济学与海洋环境经济学两个部分。其中，海洋资源经济学主要涉及海洋资源的开发、利用、保护和管理方面，通过研究海洋资源利用和配置等环节中的资源经济关系，探索实现社会经济可持续发展目标下海洋资源利用效率最优化的途径。海洋环境经济学则主要聚焦于海洋生态环境的保护、修复和改善，力图寻求对海洋环境影响最小的经济发展方式。

具体地讲，海洋资源经济学研究内容主要包括以下四个方面：第一，海洋资源的特征与分类；第二，海洋资源配置的一般理论与方法；第三，海洋资源价值核算的理论与方法；第四，海洋资源的可持续开发利用模式。

海洋环境经济学的研究内容主要包括以下三个方面：第一，海洋环境经济学基本理论与方法；第二，海洋环境经济分析与评价；第三，海洋环境管理的政策手段。

海洋资源与环境经济学的研究对于海洋经济可持续发展具有重要意义。首先，它可以为海洋资源的合理开发利用提供科学依据，防止自然资源过度开采和浪费；其次，它能够为决策者提供科学的海洋环境保护和管理手段，维护海洋生态健康和可持续发展；最后，它可以为海洋经济发展提供理论支撑，促进海洋经济的繁荣和发展。

1.3.3 本教材的基本架构

立足于海洋资源与环境经济学的研究内容，本书共设置四篇 12 章。四篇的内容分别是学科基础理论、海洋资源经济学、海洋环境经济学和海洋经济可持续发展，四篇之间的关系如图1-1所示。

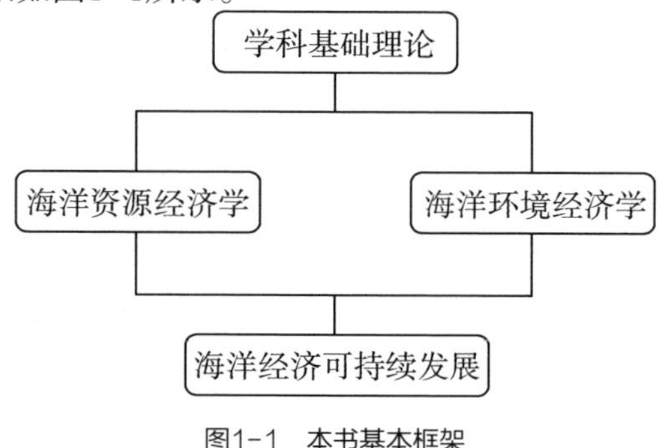

图1-1 本书基本框架

第一篇为学科基础理论，共有 2 章。第 1 章导论，主要介绍海洋资源与环境经济学的形成背景与发展演变、研究对象与研究方法、研究任务与研究内容；第2章系统介绍经济学的基础概念和理论，主要包括资源稀缺性、供给与需求、市场均衡理论、消费者效用理论、厂商生产决策、公共物品和外部性理论等。

第二篇为海洋资源经济学，共有 4 章。第 3 章为海洋资源经济学概述，着重阐述海洋资源的基本概念、分类与特征，并在此基础上介绍海洋资源经济学产生的背景、研究的必要性及其指导原则；第 4 章主要介绍海洋资源经济学的理论基础，包括自然资源优化配置的基本原理、海洋可再生资源经济理论、海洋不可再生资源经济理论以及海洋资源可持续发展理论等；第 5 章海洋自然资源核算，在对自然资源核算进行系统分析的基础上，阐述海洋资源的核算方法以及中国的海洋资源核算体系；第 6 章海洋资源可持续利用评价，首先对可持续性的定义、内涵等基础内容进行介绍，然后总结国内外主要的可持续发展评价模式，最后提出海洋资源可持续利用评价的实现路径与评价方法。

第三篇为海洋环境经济学，共有4章。第7章海洋环境经济学理论概述，主要介绍环境资源价值理论、环境费用效益理论、环境公共物品理论和环境产权配置理论；第8章海洋环境经济系统，主要介绍海洋环境经济系统的组成、两大系统的相互关系以及海洋环境经济再生产模式；第9章海洋环境价值评估，主要介绍海洋环境价值评估的实际意义、方法类型和应用模式；第10章海洋环境保护政策手段，从命令控制型、经济激励型和劝说鼓励型三个角度总结海洋环境保护常用的政策管理手段。

第四篇为海洋经济可持续发展，共有2章。第11章海洋经济可持续发展概述，从“海洋绿色经济”“海洋循环经济”和“海洋低碳经济”三个关键词入手系统阐述海洋经济的绿色发展、循环发展、低碳发展原理与典型实践模式。第12章海洋经济可持续发展评价，主要介绍海洋经济可持续发展的概念、评价指标体系构建与可持续发展的实现机制。

由此可知，海洋资源与环境经济学围绕市场均衡与市场失灵两大经济学基础理论，着力解决海洋资源配置和海洋环境资源配置两个基本问题，最终服务于海洋经济的绿色、循环和低碳发展，推动构建新型可持续的海洋经济发展模式。

本章小结

本章对海洋资源与环境经济学的产生与发展、研究对象与方法、研究任务与内容展开了讨论，详细梳理了海洋资源与环境经济学的基本情况。以新古典经济学为框架，分类整理了海洋资源与环境经济学的相关理论，对其研究对象和工具进行了归纳总结，并将海洋资源的开发、利用、保护、管理与海洋生态环境的保护、修复和改善相结合，构建了海洋资源与环境经济学的基本分析框架。

【知识进阶】

1. 经济增长是否会不可避免地导致资源消耗与环境退化？

2. 经济学、资源与环境经济学、海洋资源与环境经济学之间的逻辑关系是怎样的？它们之间有何联系与区别？

3. 尝试对海洋资源与环境经济学的概念进行界定。

4. 简述海洋资源与环境经济学是如何产生与发展的。

5. 试述海洋资源与环境经济学的主要研究方法与研究内容。

2 经济学理论基础

知识导入：经济学是关于资源配置的学科，其研究的前提是资源具有稀缺性。市场经济是在资源稀缺的情况下诞生的一种资源配置管理机制。市场机制可以有效率地配置资源，达到市场均衡，也可能出现市场失灵。资源环境问题具有鲜明的经济学属性。在市场经济框架下，资源是市场的投入要素，环境是市场外部性的结果体现。海洋资源的自然特性和经济特性、海洋环境突出的公共物品和外部性特征以及与市场经济相适应的海洋经济运行增长机制决定了海洋资源与环境经济学具有经济学的一般特征。本章主要围绕市场经济框架下的资源稀缺性、市场供求行为、市场失灵等内容介绍海洋资源与环境经济学研究所依托的经济学理论基础。

2.1 资源的稀缺性

2.1.1 资源稀缺与经济发展

2.1.1.1 资源稀缺的概念

稀缺性（Scarcity）是资源经济学研究的前提和出发点，但目前有关专家对资源稀缺没有一个严格的、普遍接受的定义。一般认为，资源具有自然和经济两大属性。资源稀缺伴随着资源的自然有限（Limitedness）而产生，而资源的有限性是自然界赋予资源要素在数量与质量上的自然属性。资源稀缺在经济学上的概念则是相对于无限多样化的需求，从资源的供求关系与经济、技术因素的角度而言的。因而，从严格意义上讲，资源的有限性和稀缺性不是同一个概念。一些经济学家认为，任何价格大于零的商品在激烈的竞争性市场中都是稀缺的。也就是说，不管什么资源都存在稀缺性问题，即它的供给量不是无限的，不是随时随地都可以得到的。因此，我们可以粗略地将资源稀缺定义为一种由资源的自然限制造成的、只能通过竞争获得和使用的经济状态，其主要标志是资源市场价格的存在。从这个定义中我们可以看到，稀缺性主要是一个经济概念。

当然，资源的稀缺性具有时间属性。在经济发展初期，人类认为许多资源，如森林、水、空气，是很充裕的或不是稀缺的，尤其是水和空气，都可以不花任何代价而获得并加以利用。随着人口的增加和资源开发速度的加快，人们逐渐改变了对资源的既有认识。大量砍伐森林使森林成为稀缺的资源，水也不再是免费的物品，而大气等环境要素的污染和破坏，使人们将清洁的空气和优美的环境也当作重要的稀缺资源。因而，资源稀缺是一个动态的概念。

2.1.1.2 资源稀缺与经济发展

资源稀缺限制或影响着经济发展的各个方面，从而使一个国家或地区的经济发展表现出不同特征。资源稀缺对经济发展的影响主要表现在以下四个方面。

1. 资源稀缺限制了经济发展的规模和增长速度

资源总量影响经济发展的规模和增长速度。某些资源是限制经济发展的“瓶颈”，随着资源总量减少，因此所形成的资源稀缺将制约经济的发展。从长远来看，随着经济结构的调整和资源的替代选择，个别资源稀缺导致的经济制约将得到缓解，不会成为制约经济发展的决定性因素。

2. 资源稀缺影响经济结构调整

当一个国家或地区的资源总量充足、类型完备时，该地区就容易形成比较完备的、各行业相互协调发展的产业结构体系；相反，在资源匮乏的情况下，经济结构会朝着资源利用更加高效、更加注重资源节约的方向调整，促使经济更加适应资源稀缺的环境，推动经济可持续发展。

3. 资源稀缺倒逼技术创新

从人类社会经济发展的历史来看，任何一个技术变革过程在很大程度上都可以看作受资源稀缺驱动的。美国经济学家罗森伯格曾指出：“技术的变革是作为在一种特殊的资源背景下对所提出的一个特殊问题做出的一个成功的解答。”为了克服资源短缺的困境，人们会加强科研技术的创新，发掘新的资源替代品。技术进步能够以多种方式缓和资源稀缺，从而推动经济发展。

4. 资源稀缺不利于国际贸易和环境保护

资源稀缺的国家会尽可能地将有限的资源用在国内经济建设上，而不是用于国际贸易，这就导致了世界经济发展不平衡的局面。另一方面，为了解决资源的稀缺性，一些国家甚至会过度开采和使用资源，导致环境恶化和生态系统被破坏。

但能够看到，资源稀缺对经济发展的影响会随着科学技术的进步而发生变化。从长期来看，人类一直都在通过科学技术的进步（发现新的资源和进行资源替代）和发展战略的选择来解决资源稀缺的问题，从而促进经济的持续发展。

2.1.2 资源稀缺的度量

2.1.2.1 资源稀缺的物理度量

资源稀缺的物理度量（Physical Measure）通常是通过储量（Reserves）分析来进行的。一般来说，物理度量的过程是首先估计某一资源的现有存量，根据当前和未来的资源消耗水平来计算可供使用的年份，借此衡量资源的稀缺程度。

1. 资源稀缺的相关概念

如图 2-1 所示，从资源组成结构可以看出，资源既包括已知的和开采经济技术上可行的部分，也包括未发现的和目前开采经济技术不可行的部分。而我们所说的储量则是指地质上已经确定的，在当前的费用水平和技术条件下可以开采的资源。资源稀缺通常包括以下物理度量的概念，如表 2-1 所示。

表2-1 资源稀缺的相关物理度量概念

概念	定义
已确定资源（Identified Resources）	含有有用成分的特定自然体，其位置、质量和数量已为特定的工程技术方法所确认
已计量资源（Measured Resources）	通过地质学或工程技术上熟知的样本地调查方法确认，数量和质量估计误差小于20%的资源
已指明资源（Indicated Resources）	数量和质量已部分地通过样本分析，部分地由合理的技术推测得到估计的资源
推断的资源（Inferred Resources）	尚未勘探但根据地质工程理论推测的现有资源地的外延部分
推测资源（Speculative Resources），又称为可发现资源（Discoverable Resources）	未发现而有理由认为可发现的资源，即根据同类矿藏的地质环境条件认为可能发现的资源
未发现资源（Undiscovered Resources）	根据广泛的地质、工程或其他科学知识进行理论推测而可能含有有用成分的未指明自然体
假设资源（Hypothetical Resources）	某已知资源地未曾发现，但根据原地理条件有理由认为存在的资源

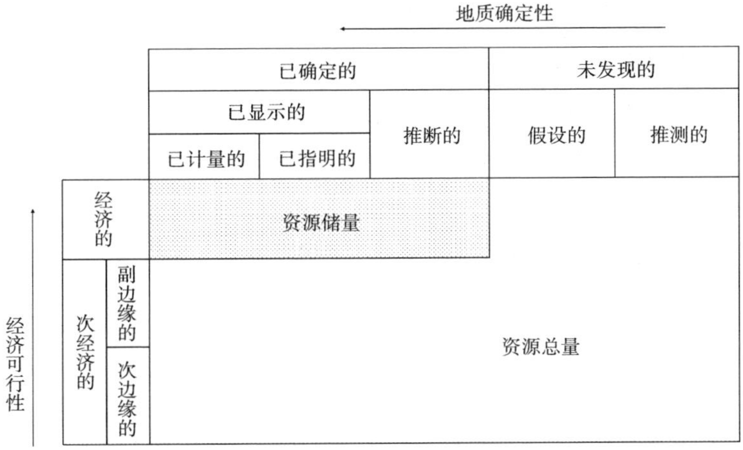

图2-1 资源组成结构示意图

2. 资源稀缺的物理度量方法

1）静态耗竭年限指标

尽管储量指标本身可直接衡量一种资源的稀缺程度，但更多的情况下是用资源储量与其年开采量或年利用量的比率（储量用量比）来表示，即利用静态耗竭年限指标来衡量不同资源在一定时期里的稀缺程度。其计算公式为

$$\frac{S_0}{R_0}=Y\text{（年）} \tag{2.1}$$

式中，S_0 是当前的储量（吨）；R_0 是资源当前一年的开采量或利用量（吨/年）；Y 为储量用量比，指该资源储量以当前的利用量预期的利用年限。

2）动态耗竭年限指标

实际上，未来的年度资源利用量并不是一成不变的，更多的情况是呈逐年递增的趋势。在这种情况下，储量枯竭的年限计算更为复杂。设年利用量以 r 的比率增长，则在 t 年时，资源利用量 R_t 为

$$R_t=R_0\cdot \mathrm{e}^{rt} \tag{2.2}$$

式中，R_t 是第 t 年的资源利用量，R_0 是当年的开采量或利用量，r 为年增长率，t 为年份，e 为对数函数的底。

未来 T 年内资源总开采量或利用量 $\overline{R}(T)$ 为

$$\overline{R}(T)=\int_0^T R(t)\,\mathrm{d}t=\int_0^T R_0\cdot \mathrm{e}^{rt}\mathrm{d}t=\frac{R_0}{r}(\mathrm{e}^{rt}-1) \tag{2.3}$$

基于以上思路，已知现有储量 S_0 的条件下，如果利用量每年递增 r，就可以计

算出储量全部被耗尽的年份 T。以上有关资源稀缺的物理测度方法主要是针对不可再生资源，特别是矿产资源。对于可再生资源，尤其是对生物资源储量和储量用量比的分析，不仅取决于发现的资源储量和开发利用的经济技术可行性，还取决于资源自身的可再生条件和特征，这要比对非再生资源的分析要复杂得多。

2.1.2.2 资源稀缺的经济度量

资源稀缺的经济度量就是通过一系列的经济指标，对资源的相对稀缺情况进行分析，其中的内容主要与资源获得的成本有关，包括资源的价格、开采成本和稀缺租金等。

1. 资源产品价格

通过对大量资源的价格进行分析，费舍尔认为，很多可耗竭资源的价格总体上按U形轨迹波动，如图2-2所示。一开始，技术的滞后导致开发费用和资源价格较高；之后，随着勘探和开采技术的不断升级，资源可获得性提高，开发费用和资源价格将会降低；但是随着时间的流逝，新的资源材料越来越难获得，其生产成本也越来越难减少，因此这时的资源价格往往会上升。可见，价格在一定程度上既可以用来度量现在的资源稀缺状况，又可以预测未来的资源稀缺趋势。一种同质的有限资源存量，其稀缺状况肯定是不断增长的，这种稀缺的增长所引起的价格的相对变化不是因为资源本身质量的差异（因为是同质的），而是因为未来资源的可用量正在不断下降。如果资源市场功能正常，资源产品的价格将会不断上涨。因为在现实生活中，对于一种明显就要耗竭的资源来说，人们对其价值的评价会自然而然地看重它由于存量减少而引起的未来价值，由此产生占有这种原位资源存量的动机，在经济上的反映就是提高利率和加重贴现，从而这种资源的价格就会有不断上涨的趋势。

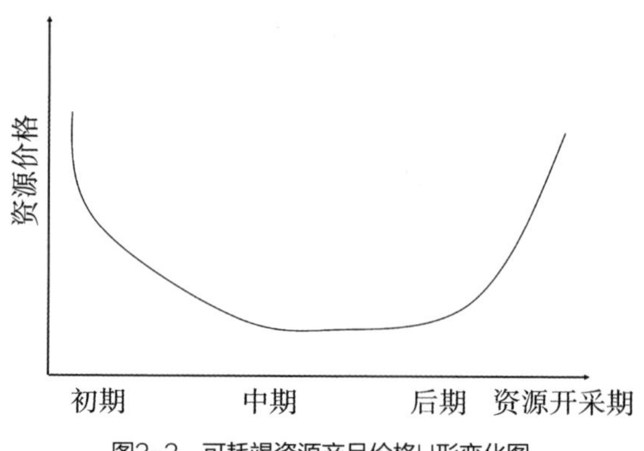

图2-2 可耗竭资源产品价格U形变化图

反映资源稀缺程度的价格有两种，一种是资源产品价格或实际价格，另一种是原位资源价格，也叫租金或矿区使用费。后者作为资源稀缺的另一指标将另行讨论。资源产品价格，即获得一个单位资源的总成本，可以通过两种方法进行调查。一是资源产品的当前价格，即实际资源产品市场的价格；二是根据李嘉图模型引入的资源产品的相对价格，它能够反映资源相对于劳动力和资本的稀缺性。后者只是理论上的，由于无法确定劳动生产率提高因素的作用，该资源相对价格在现实中很难计量。

若资源产品的价格始终处于上涨趋势，则表明该资源的稀缺性在提高。即使在这期间由于技术进步或规模经济，资源产品的价格有所下降，但对即将耗竭而又未出现替代品的资源来说，有限的技术进步速度不能有效地阻止价格长期上涨的趋势。例如，长江刀鱼由于资源的衰退，已形不成鱼汛，其价格最高时上涨到每斤 7 000 多元。

2. 资源开发费用或开采成本

由于较好的资源可以先期得到开发利用，开采价值相对较低的资源的开发成本也相应增加，而这种资源的开采费用随着长期累积的资源开采剂量的提高而上升的情况，也体现了资源匮乏的状况。开发成本愈高，意味着自然资源愈匮乏。如很多优质土地、中档土地已被用作农业开发。为了提高可耕种面积，以满足人们对农业生产的需要，需要对低档土地进行开发，但其开发的费用比优质土地、中档土地要高得多。土地发展费用的增加，是土地资源不断消耗的结果。而矿产开采费用的高低则更能体现出此类资源的稀缺性。当然，企业规模经营、技术进步等因素常常会影响资源开发利用成本的高低，因此，在把开发成本当作一种度量资源稀缺性的指标时，需要对其进行更为全面、深入的分析。

3. 稀缺租金

租金在资源经济学中是指资源产品的当前价格与边际开采成本之间的差额，也称为原位资源价格、矿区使用费或使用者成本。租金是资源产品的当前价格与边际开采成本之间的差额，实际上是原位资源的影子价格，因此该指标可以作为衡量资源稀缺性的更合适的指标。但问题在于边际开采成本难以观测，市场不完善和政府监管会扭曲资源价格，因此租金或使用者成本难以准确反映资源的稀缺性。

在资源经济学中，经常使用新发现资源的成本来间接估计资源的租金，从而衡量资源的稀缺程度。例如，有人通过对美国 1946—1971 年石油和天然气（均被折为每桶油）的年实际勘探成本进行分析发现，勘探成本由开始的 0.568 美元 / 桶上升至 1.38 美元 / 桶。因此，资源的勘探成本是一项较为有效的衡量资源稀缺程度的经济指标。

2.2 市场均衡理论

2.2.1 竞争市场与经济效率

2.2.1.1 竞争市场

市场竞争是市场经济的基本特征。在市场经济条件下，企业从各自的利益出发，为取得较好的产销条件、获得更多的市场资源而竞争。通过竞争，实现企业的优胜劣汰，进而实现生产要素的优化配置。通常，我们依据市场竞争的程度把市场竞争划分为以下两种类型。

1. 完全竞争市场

完全竞争市场又称纯粹竞争市场或自由竞争市场，是指一个行业中有非常多的生产销售企业，它们都以同样的方式向市场（如粮食、棉花等农产品市场）提供同类的、标准化的产品。买卖双方对商品或劳务的价格都无影响力，只能是价格的接受者。企业的任何提价或降价行为都会招致对本企业产品需求的骤减或利润的不必要流失。因此，产品价格只能随供求关系而定。

2. 不完全竞争市场

除完全竞争市场以外的所有的或多或少带有一定垄断因素的市场都被称为不完全竞争市场。一般是指除完全竞争以外、有外在力量控制的市场。不完全竞争市场包括三种类型：完全垄断市场、垄断竞争市场、寡头垄断市场。

2.2.1.2 经济效率

根据西方经济学的基本假设，经济资源具有稀缺性。在稀缺的资源面前，人们需要考虑如何决策才能最大限度地满足自身的各种需要，决策问题实则就是经济效率问题。

经济效率（Economic Efficiency）是指在一定的经济成本的基础上所能获得的经济收益，反映的是生产要素的投入与产出的比例关系。要达到经济效率的最大化，人们面临三个抉择：第一，生产哪些东西并且各自生产多少？第二，怎样进行生产？第三，如何分配和向谁分配这些产品？这些决策过程要求我们在不同的生产目的之间合理地分配和使用资源，区分轻重缓急，决定最佳的生产种类和数量，并且寻求一种最佳的分配方式，从而使得社会福利达到最大化。

对于经济效率的理解可以分为两个层次：资源运用效率和资源配置效率。资源运用效率实际上也是狭义的经济效率，有学者称之为“生产效率”，指的是一个生产单位、一个区域或者一个部门如何组织并应用自己可支配的稀缺资源，用既定的市场要素生产出最大数量的产品，使资源发挥最大的效用。资源配置效率，有人称之为“经济制度的效率”，指的是通过在不同生产单位、不同地区或不同行业之间分配有限的经济资源而达到的效率，这种效率使每一种资源都被有效地配置于最适宜的使用方面和方向上。实际上，这种效率可以引申为帕累托效率。

2.2.2 需求、供给及均衡

2.2.2.1 需求

需求（Demand，D）是指消费者在某一特定时间内，在各种可能的价格水平下对于某一种商品愿意并且能够购买的商品数量。需求价格是指在特定的时间内，消费者对于一定数量的商品所愿意支付的最高价格。在正常情况下，商品的需求量与需求价格呈反向变动，这被称为需求法则。

如果用横轴代表商品的数量，纵轴代表商品的价格，则可以得到商品的需求价格与需求量之间的关系，绘制成一条曲线，为需求曲线D。需求曲线从左上方向右下方倾斜，需求曲线的形状与商品的种类有关。

一种商品的需求量受到多种因素的影响，如商品的价格、家庭收入水平、消费者个人的偏好、替代品或者互补品的价格、消费者对于未来价格的预期、收入分配的平均程度。

商品价格变动引起需求量的变动，反映在图像上表现为均衡点在一条既定的需求曲线上移动，称为“需求量的变动”。当商品自身的价格保持不变，其他因素引起需求量的变动，反映在图像上表现为整个需求曲线的移动，称为“需求的变动”。

2.2.2.2 个别需求与总体需求

在一定时间内，某个消费者对一种商品的需求称为个别需求。某个市场内的所有消费者对这种商品的总需求称为总需求，也称为市场需求。市场需求曲线是市场中所有个体消费者需求曲线的水平相加。

我们可以用$x_i^1(p_1, p_2, m_i)$表示消费者i对商品1的需求函数，用$x_i^2(p_1, p_2, m_i)$表示消费者i对商品2的需求函数。假设市场上有n个消费者，则商品1的市场需求，又称商品1的总需求，就是对n个消费者的个别需求的加总：

$$X^1(p_1, p_2, m_1, \cdots, m_n)=\sum_{i=1}^{n}x_i^1(p_1, p_2, m_i) \tag{2.4}$$

类似的方程对商品2也成立。

由于每个人对每种商品的需求取决于价格和他（或她）的货币收入，所以在一般情况下，总需求将取决于价格和收入分配。

2.2.2.3 供给

供给（Supply，S）是指厂商在一定时间内，在各种可能的价格下对于某一种商品愿意并且能够提供的数量。供给价格是指在特定时间内，厂商对一定数量的商品所愿意出售的最低价格。在正常情况下，商品的供给量与供给价格呈正向变动，这被称为供给法则。

如果用横轴代表商品的数量，纵轴代表商品的价格，则可以得到商品的供给价格与供给量之间的关系，绘制成一条曲线，为供给曲线S。供给曲线从左下方向右上方倾斜，供给曲线的形状与商品的种类有关。

一种商品的供给受到多种因素的影响，如商品的价格、技术水平、有关商品的价格、生产要素的价格、厂商对未来的预期等。

商品价格变动引起供给量的变动，反映在图像上表现为均衡点在一条既定的供给曲线上的移动，是在供给曲线上任何两点之间的移动，称为“供给量的变动”。当商品自身的价格保持不变，商品价格之外的其他因素引起供给量的变动，反映在图像上表现为整个供给曲线的移动，称为“供给的变动”。

2.2.2.4 均衡

在完全竞争市场条件下，市场通过价格机制自动调节供给和需求，使供给和需求相等。此时的状态被称为均衡状态，是需求曲线D和供给曲线S的交点，如图2-3所示的E点。此时的商品数量Q_0被称为均衡数量，此时的商品价格P_0被称为均衡价格。

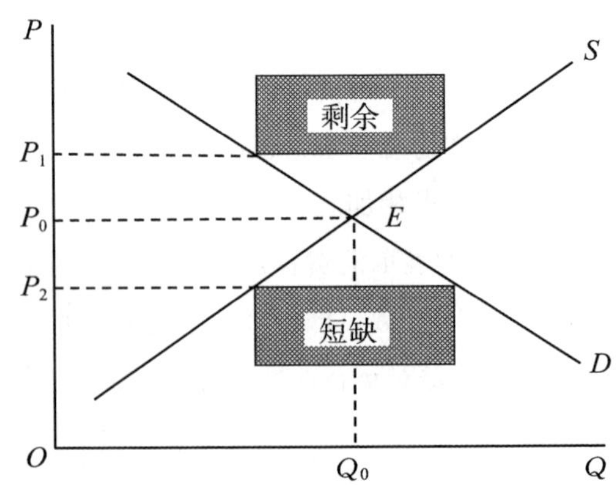

横坐标Q为产量；纵坐标P为价格；S为供给曲线；D为需求曲线；P_0为均衡价格；Q_0为均衡产量；E为均衡点。

图2-3 供给与需求的关系

需求和供给的变动可以影响市场的均衡，从而起到调节市场的作用。市场上商品的均衡价格和均衡数量是由需求和供给两种力量决定的，任何一方的变动都会引起均衡点的变动。需求的增加短期内会引起均衡价格和均衡数量上升；需求的减少短期内会引起均衡价格和均衡数量下降。供给的增加短期内会引起均衡数量上升、均衡价格下降；供给的减少短期内会引起均衡数量下降、均衡价格上升。由此可见，需求的变动短期内引起均衡价格和均衡数量同方向变动，而供给的变动引起均衡价格反方向变动和均衡数量同方向变动。

在西方经济学中，均衡可以分为局部均衡和一般均衡。局部均衡是假设其他条件不变的情况下，分析一种商品或生产要素的供给和需求达到均衡的价格及供求量决定。一般均衡是假定各种商品和市场要素的供给、需求和价格相互影响时的价格及供求量决定。

2.3 消费者理论

2.3.1 效用论

效用（Utility）是消费者行为理论的核心。从经济理性的角度出发，消费者的一切行为都是为了实现自身效用最大化。经济学中的效用，是指某种商品或劳务对人的欲望的满足程度，或者说，该商品或劳务能否满足或在多大程度上满足消费者的需要或欲望的主观心理。其实，这里说效用是指商品满足人的欲望的能力是不准确的。因为人的欲望是不同的，不同的人有不同的欲望，哪怕是同一个人，他（她）在不同的时间和地点对某种事物的欲望也是不尽相同的。比如，抽烟对烟民来说效用很大，可以使其获得快乐、缓解焦虑。但对不喜欢抽烟的人来说毫无效用，甚至会产生负效用。对于同一个消费者而言，冬天吃冰激凌和夏天吃冰激凌、冬天穿羽绒服跟夏天穿羽绒服给他（她）带来的效用是完全不同的。由此可见，效用是消费者的主观心理感受，没有客观的评价标准。

考察消费者行为，较为常用的两种分析工具或分析方法分别是以基数效用论（Cardinal Utility）为基础的边际效用分析和以序数效用论（Ordinal Utility）为基础的无差异曲线分析，如表 2-2 所示。前者的代表是 19 世纪边际学派的杰文斯、马歇尔、瓦尔拉斯等人，他们认为效用可以像质量、长度、温度等一样具体衡量并加总求和，具体的效用量之间的比较是有意义的。表示效用大小的计量单位被称作效用单位。比如，吃一顿肯德基对于史密斯来说是 1 个效用单位，看一场电影对于他来说是 4 个效用单位。那么可以说这两种消费的效用之和为 5 个效用单位，且后者的效用是前者的效用的4倍。但实际上，在这种个人主观性的前提下，我们很难使用基数效用论进行研究。比如，作为研究者，我们无法知道甲、乙、丙、丁四个人喝一杯咖啡是否有效用以及效用是多少。或许只有他们知道，也许消费者本人也不知道他们在消费该商品时所获得的效用。于是，约翰·希克斯等人发展了序数效用论。他们认为效用是一个有点类似于香、臭、美、丑的概念。效用的大小是无法具体衡量的，效用之间的比较只能通过顺序或等级来表示。比如，在只有30块钱的情况下，我们面临与朋友一起去桌球店打桌球和去奶茶店喝一杯奶茶的选择。对于不喜欢打桌球的人而言，去喝奶茶的优先级要高于打桌球，那么就可以说我在喝奶茶时获得的效用要高于打桌球时获得的效用。即对于某个消费者，任意两个商品都具有确定的偏好次序而并不必具有精确的数值。序数效用论使得经济学分析更加方便。

表2-2　基数效用论与序数效用论

理论	区别	相同	方法
基数效用论	效用可以直接度量，存在绝对效用量的大小	结论基本相同	边际效用分析
序数效用论	效用无法直接度量，只能进行偏好排序		无差异曲线分析

2.3.2　消费者均衡

2.3.2.1　基数效用论的消费者均衡

（1）总效用（Total Utility，TU）：指消费者在消费商品或劳务时所感受到的满足程度的总和。用公式可表示为

$$TU=f(Q) \tag{2.5}$$

（2）边际效用（Marginal Utility，MU）：指消费者在一定时间内增加一单位商品的消费所获得的满足程度的增加或效用量的增量。用公式可表示为

$$MU=\Delta TU(Q)/\Delta Q \text{或} MU=dTU(Q)/dQ \tag{2.6}$$

（3）边际效用递减规律：在一定时期内，在其他商品的消费数量保持不变的条件下，随着消费者对某种商品消费数量的增加，消费者从该商品连续增加的每一单位中所得到的效用增量，即边际效用是递减的，具体含义如表2-3所示。边际效用递减规律是基数效用论的核心理论。比如，小明平时一顿饭可以吃四个馒头，当他吃第一个馒头时他很饿，因此会觉得很满足；而当他吃第二个馒头的时候，这个馒头带来的满足程度减少了。当他吃完四个馒头，实际上他已经饱了，这个时候他

的满足程度即总效用应该达到最大值。如果他再多吃一个馒头可能就觉得撑了，反而会使总的满足程度下降。

表2-3 边际效用递减规律

阶段	特征	内涵
第一阶段	边际效用递减	随着某种商品消费数量的不断增加，总效用也在增加，但是增速是递减的
第二阶段	边际效用为零	当商品消费量达到一定程度后，总效用达到最大值
第三阶段	边际效用为负	如果继续增加消费，总效用不但不会增加，反而逐渐减少

（4）消费者均衡：在其他条件不变的情况下，研究单个消费者如何把有限的货币收入分配在各种商品的购买中，以获得最大效用。在基数效用论中，为使消费者实现效用最大化，应该保证每一单位货币花费在每种商品最后一单位上实现的边际效用相等，并且等于假定不变的一单位货币效用，这就是消费者均衡的条件。假定以I表示消费者的既定收入，以P_1和P_2分别表示商品1和商品2的价格，用公式表示为

$$\frac{\mathrm{MU}_1}{P_1}=\frac{\mathrm{MU}_2}{P_2}=\cdots=\lambda \tag{2.7}$$

式中，λ是货币的边际效用，货币的边际效用不变。比如，小明去买冰激凌和酸奶，冰激凌每个2元，酸奶每个1.5元。假设第三个冰激凌的边际效用是4，第2个酸奶的边际效用是3，则此时小明实现了效用最大化。

2.3.2.2 序数效用论的消费者均衡

（1）偏好的假定：偏好是指消费者对任意两个商品组合所做的排序。偏好满足完全性、可传递性和非饱和性假定。

（2）无差异曲线：表示能够给消费者带来相同效用水平或满足程度的不同商品组合描绘出来的轨迹。无差异曲线具有以下三个基本特征：第一，由于通常假定效用函数是连续的，所以，在同一坐标平面图上的任何两条无差异曲线之间，可以有无数条无差异曲线；第二，在同一坐标平面图上的任何两条无差异曲线不会相交；第三，无差异曲线是凸向原点的，即无差异曲线的斜率的绝对值是递减的。

（3）边际替代率（Marginal Rate of Substitution，MRS）：是指在维持效用水平不变的前提下，消费者增加一单位某种商品的消费数量所需要放弃的另一种商品的消费数量。其几何意义是，边际替代率就是无差异曲线斜率的绝对值。假定以X_1

和X_2分别表示商品1和商品2的数量，用公式表示为

$$\mathrm{MRS}=-\Delta X_1/\Delta X_2=\mathrm{MU}_1/\mathrm{MU}_2 \quad (2.8)$$

（4）商品的边际替代率递减规律：随着某种商品消费数量的增加，对另一种商品的边际替代率递减。

（5）预算约束线：又称预算线、消费可能线和价格线，指在消费者的收入和商品价格保持不变的前提下，消费者的全部收入所能购买到的两种商品的不同数量的各种组合。假定以I表示消费者的既定收入，以P_1和P_2分别表示商品1和商品2的价格，以X_1和X_2分别表示商品1和商品2的数量，则预算约束方程为

$$P_1\cdot X_1+P_2\cdot X_2=I \quad (2.9)$$

（6）消费者均衡：序数效用论者把无差异曲线和预算线结合在一起说明消费者的均衡。只有既定的预算线和其中一条无差异曲线的相切点，才是消费者获得最大效用水平或满足程度的均衡点，此时满足如下条件：

$$\mathrm{MRS}=\mathrm{MU}_1/\mathrm{MU}_2=P_1/P_2 \quad (2.10)$$

在一定的预算约束下，当无差异曲线是标准形状时，为实现效用最大化，消费者应选择最优商品组合使得两种商品的边际替代率等于两种商品价格之比。

2.4 生产者理论

2.4.1 成本分析

2.4.1.1 成本的含义与成本函数

成本（Cost，C）是指在生产中的各种花费，即为使用的各种生产要素所支付的报酬总和。成本的构成是很复杂的，也很难准确衡量。在经济学上一般可从下列角度去理解成本的含义。

1. 显性成本（Explicit Cost）和隐性成本（Implicit Cost）

显性成本是指在生产中实际的各项支出。隐性成本是生产者从事某项活动的主观损失，没有外在表现。隐性成本往往由机会成本来说明。

2. 会计成本（Accounting Cost）和经济成本（Economic Cost）

会计成本是在生产中的实际花费，可用账面反映，也称为显性成本。经济成本是一种预期成本，它是显性成本与隐性成本之和，即“经济成本=会计成本+机会成本”。经济学中的成本就是指经济成本。

成本与产量存在着这样的关系：由最佳要素组合点可确定（X_1，X_2）的组合数量，由生产函数$Q=f$（X_1，X_2）可求出这一组合下的产量Q，由等成本线可确定成

本 $C=P_1 \cdot X_1+P_2 \cdot X_2$。可见，根据每一要素最佳组合点（$X_1$，$X_2$），都可确定唯一的产量$Q$与成本$C$的关系，这种关系称为成本函数，即$C=f(Q)$。

2.4.1.2 短期成本分析

在短期生产或投资中，存在着固定生产要素和可变生产要素。因此，相应地存在着固定成本与可变成本。

1. 短期总成本（Short-run Total Cost，STC）

1）总固定成本（Total Fixed Cost，TFC）

总固定成本是厂商在短期内不能改变固定投入而支付的成本，主要包括地租、利息、厂房设备的折旧及保养费、财产税、保险费以及常备高级管理人员的酬劳等。固定生产要素的数量不随产量变动而变动，因此固定成本的数量是固定不变的，不随产量变动而变动。即使厂商停止营业什么也不生产，他们仍然要支付其固定成本。总固定成本线 TFC 是一条在纵轴有一段截距的、平行于横轴的直线，如图 2–4 所示。

横坐标Q为产量；纵坐标C为成本；TFC 为总固定成本。

图2–4 总固定成本曲线

2）总可变成本（Total Variable Cost，TVC）

总可变成本是厂商为其所使用的可变投入所支付的成本，主要包括生产工人的工资、原材料费以及燃料动力费等。可变生产要素的数量随着产量的变动而变动，因此，可变成本也随着产量的变动而变动，具有一定的规律性。在产量达到Q_1之前，由于各种生产要素的效率逐渐得以充分发挥，总可变成本以递减比例增加，在Q_1到Q_2之间总可变成本则以递增比例增加，当产量达到Q_2时，总可变成本无限增加，如图 2–5 所示。

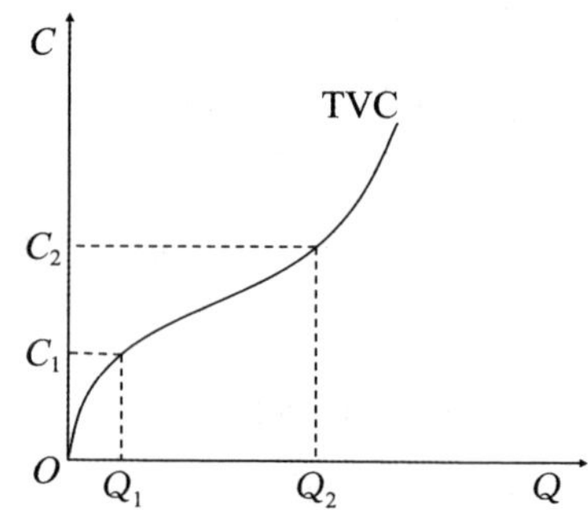

横坐标Q为产量；纵坐标C为成本；TVC为总可变成本。

图2-5　总可变成本曲线

3）总成本（Total Cost，TC）

短期总成本是生产一定量产品所消耗的全部成本，等于固定成本和可变成本之和。短期总成本随产量的增加而增加，其表现为一条以纵轴截距 C_0 为起点的由左下方向右上方上升的曲线，也就是总可变成本曲线TVC与总固定成本曲线TFC加在一起便得到了短期总成本曲线STC，如图2-6所示。

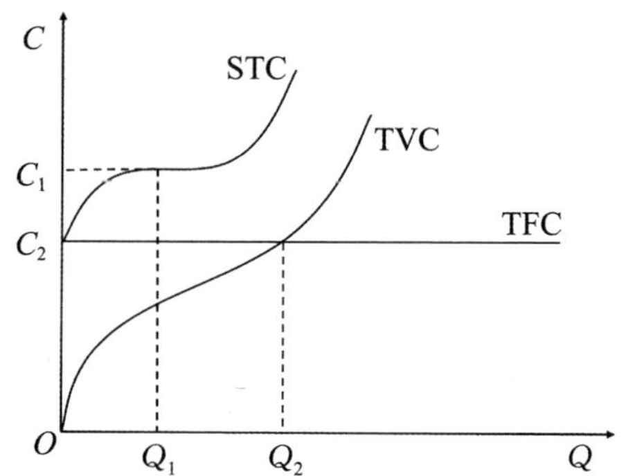

横坐标Q为产量；纵坐标C为成本；STC为短期总成本；TFC为总固定成本；TVC为总可变成本。

图2-6　总成本曲线

2. 短期平均成本（Short-run Average Cost，SAC）

短期平均成本是指平均单位产量的成本，它等于总成本与产量的比值。

1）平均固定成本（Average Fixed Cost，AFC）

平均固定成本是指每单位产品所消耗的固定成本，它等于总固定成本与产量的比值。其公式为

$$\mathrm{AFC}=\mathrm{TFC}/Q \tag{2.11}$$

总固定成本是不变的，因此，平均固定成本随着 Q 的增加而不断减少，在图

2-7中表现为自左上方向右下方倾斜的曲线。

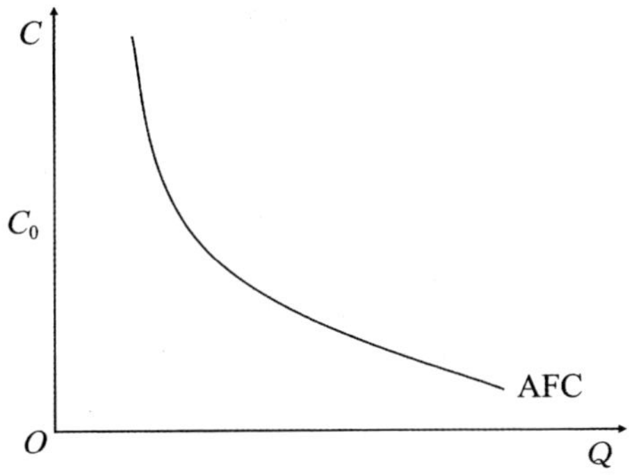

横坐标Q为产量；纵坐标C为成本；AFC为平均固定成本。

图2-7 平均固定成本曲线

2）平均可变成本（Average Variable Cost，AVC）

平均可变成本是指平均单位产品所消耗的可变成本，等于总可变成本与产量的比值。由于总可变成本可表示为要素价格p与要素投入量X的乘积，所以，平均可变成本公式为

$$\text{AVC}=\text{TVC}/Q=p\cdot X/Q=p\,(Q/X) \tag{2.12}$$

由于可变要素平均产量AP等于总产量Q除以可变要素投入量L，因此，平均可变成本公式可变换为

$$\text{AVC}=p/\text{AP} \tag{2.13}$$

该公式表明，平均可变成本与平均产量呈反方向变动关系。要素价格p是不变的，因此，当平均产量增加时，平均可变成本减少；平均产量减少时，平均可变成本增加；平均产量达到最大时，平均可变成本达到最小。从图2-8可以看出，平均可变成本曲线AVC为一条U形曲线。

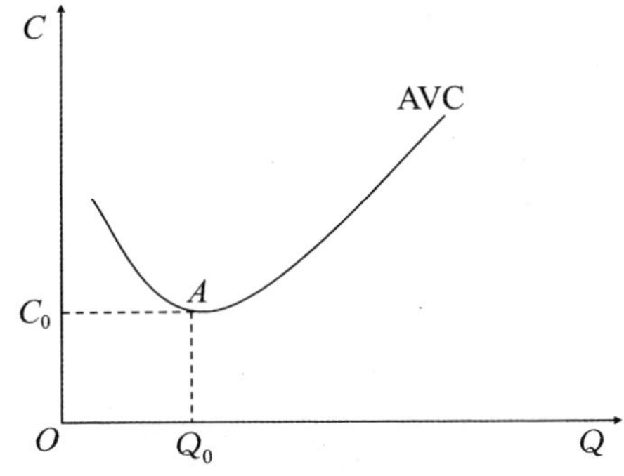

横坐标Q为产量；纵坐标C为成本；AVC为平均可变成本。

图2-8 平均可变成本曲线

3）短期平均总成本（Short-run Average Total Cost，SAC）

短期平均总成本是每单位产品所摊付的总成本，等于总成本与产量的比值。其公式为

$$\mathrm{SAC}=\mathrm{STC}/Q=\mathrm{TFC}/Q+\mathrm{TVC}/Q=\mathrm{AFC}+\mathrm{AVC} \tag{2.14}$$

也就是说，把平均可变成本曲线和平均固定成本曲线各自在每一产量水平上的垂直距离相加，便得到一条平均总成本曲线。

当产量为Q_1时，平均固定成本为Q_1B，平均可变成本为Q_1A，$Q_1B+Q_1A=Q_1C$，则C点为平均总成本曲线上的一点。当产量为Q_2时，平均固定成本为Q_2E，平均可变成本为Q_2F，$Q_2E+Q_2F=Q_2D$，则D点为平均总成本线上的另一点，同理可以得到许多平均总成本曲线上的点，把它们连接起来，便得到短期平均总成本曲线SAC。

如图2-9所示，SAC的最低点是I点，它位于曲线AVC的最低点F的右边，这说明最低平均总成本比最低平均可变成本在更大的产量（$Q_3>Q_2$）上达到。当产量超过Q_2时，平均固定成本仍在下降，虽然平均可变成本开始上升，但上升的幅度没有下降的幅度大。当产量继续增加到Q_3时，上升的平均可变成本刚好被下降的平均固定成本抵消，平均总成本下降到最低点，之后平均总成本开始上升。

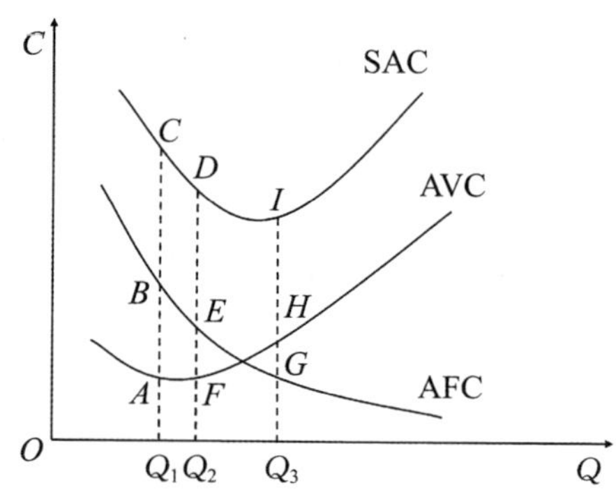

横坐标Q为产量；纵坐标C为成本；SAC为短期平均总成本；AFC为平均固定成本；AVC为平均可变成本。

图2-9　短期平均总成本曲线

3. 短期边际成本（Short-run Marginal Cost，SMC）

边际成本是指最后增加的一单位产品所引起的总成本增加额，它等于短期总成本增量（ΔTC）与产量增量（ΔQ）之比。其公式为

$$\mathrm{SMC}=\Delta\mathrm{TC}/\Delta Q=\Delta\mathrm{TVC}/\Delta Q+\Delta\mathrm{TFC}/\Delta Q \tag{2.15}$$

既然固定成本是固定的，则 Δ TFC =0，所以，若产量增量趋于零，边际成本就等于总成本或总可变成本对产量的导数，即

$$SMC=dTC/dQ=dTVC/dQ \tag{2.16}$$

由于总可变成本等于可变要素投入量 L 与其价格 P_L 的乘积，所以，短期边际成本公式可以表示为

$$SMC=d（P_L \cdot L）/dQ=P_L \cdot dL/dQ \tag{2.17}$$

因为边际产量 $MP_L=dQ/dL$，于是，短期边际成本公式可变为

$$SMC=P_L/MP_L \tag{2.18}$$

该公式表明，短期边际成本等于要素价格乘以边际产量的倒数。由于要素价格是常数，所以，当边际产量增加时，边际成本减少；边际产量减少时，边际成本增加；边际产量达到最大时，边际成本达到最小。因此，短期边际成本呈现为一条U形曲线，如图2-10所示。

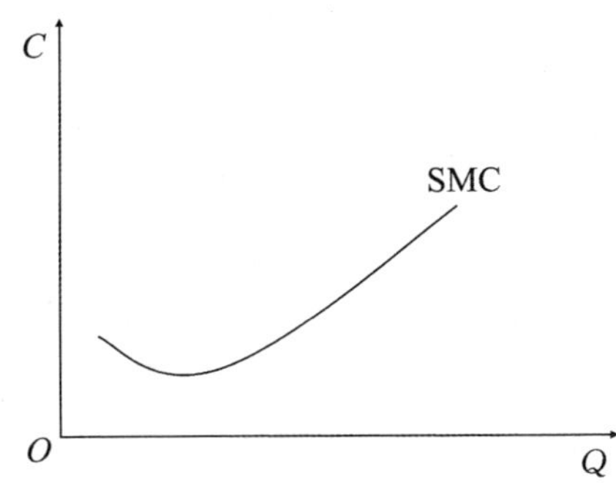

横坐标Q为产量；纵坐标C为成本；SMC为短期边际成本。

图2-10 短期边际成本曲线

4. 短期总成本与单位成本的关系

如图2-11（a）所示，当产量为Q_1时，总可变成本为Q_1A，根据平均成本的定义，在A点平均成本为Q_1A/OQ_1，这正好是过原点向A点的射线的斜率。因此，平均成本就是总可变成本连线上各点与原点连线的斜率值。

在该总可变成本曲线上，C点射线的斜率最小，因此C点的平均成本最低，如2-11（b）图中的C'点。在C点以前，射线的斜率由大到小，即平均成本由大到小；在C点以后，射线斜率由小到大，则平均成本也由小变大。而在A和E点两条射线重合，说明A、E两点的平均成本相等，如2-11（b）图中的A'和E'点。当产量从Q_3增加到Q_4时，总可变成本由Q_3C增加到Q_4D，根据边际成本的定义，C点到D点的边际成本为

$$\frac{Q_4D-Q_3C}{OQ_4-OQ_3}=\frac{DF}{CF}=\frac{\Delta \mathrm{TVC}}{\Delta Q} \tag{2.19}$$

当 $\Delta Q \to 0$ 时，C 点的边际成本即为总可变成本曲线上 C 点的切线斜率。因此，边际成本就是总可变成本曲线上各点切线的斜率。从图 2-11（a）可以看出 C 点的切线与 OC 射线重合，说明在 C 点平均成本与边际成本相等。因 B 点是拐点，所以其切线的斜率最小，即 B 点的边际成本最低，对应图 2-11（b）中的 B' 点；在 B 点以前，随着产量的增加，总可变成本以递减的速度增加，其切线的斜率则由大变小；在 B 点以后，随着产量的增加，总可变成本以递增的速度增加，其切线的斜率则由小变大。因此，边际成本的变化是先由大到小，在 B' 点达到最低，而后开始上升，在 C' 点与 AVC 最低点相交。

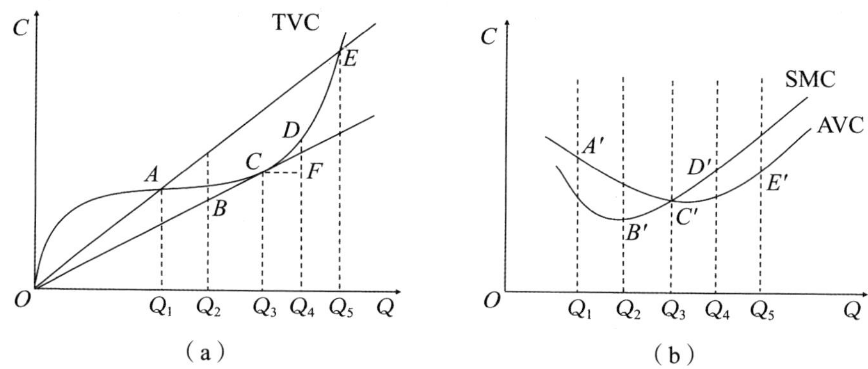

横坐标 Q 为产量；纵坐标 C 为成本；TVC 为总可变成本；AVC 为平均可变成本；SMC 为短期边际成本。

图2-11 短期总成本与单位成本的关系曲线

5. 边际成本与短期单位成本之间的关系

如图 2-12 所示，除了平均固定成本曲线 AFC 呈下降的趋势以外，其他三条单位成本曲线都是先降后升的 U 形曲线。当边际成本位于平均成本之下时，平均成本是下降的；当边际成本位于平均成本之上时，平均成本是上升的；当平均成本最低时，边际成本等于平均成本。边际成本曲线 SMC 与平均可变成本曲线 AVC 相交于 A 点，与平均总成本 SAC 相交于 B 点，A、B 分别为 AVC 和 SAC 的最低点。但是，A 点位于 B 点的左边，表明边际成本曲线在较低的产量 Q_1 与平均可变成本曲线最低点相交，在较高的产量 Q_2 与平均总成本曲线最低点相交。其原因在前面已经说明。在 B 点，SMC＝SAC，微观经济学称之为“收支相抵点”，不存在超额利润，但获得了经济利润（或叫正常利润）。

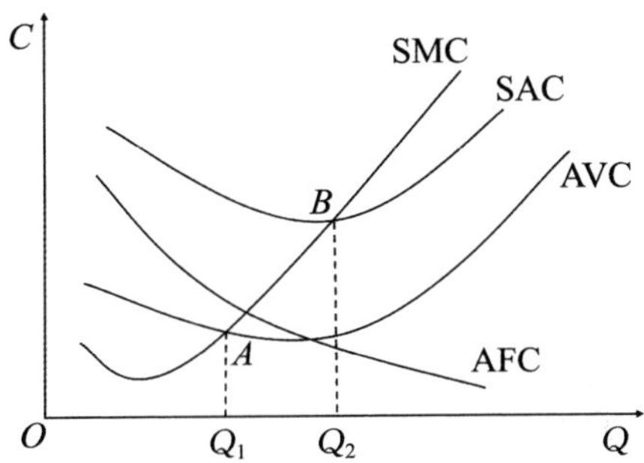

横坐标 Q 为产量；纵坐标 C 为成本；AVC 为平均可变成本；AFC 为平均固定成本；SAC 为短期平均成本；SMC 短期边际成本。

图2-12 短期边际成本与短期单位成本之间的关系

2.4.1.3 长期成本分析

在长期生产或投资中，厂商有足够的时间调整其所有投入的使用量，以便用最低的成本进行生产。因此，在长期生产或投资中不存在固定成本和可变成本之分，只存在长期总成本、长期平均成本和长期边际成本。

1. 长期总成本（Long-run Total Cost，LTC）

长期总成本是指长期生产某一产量所支付的成本总额。它随产量的变化而变化，而且因生产规模的不同而不同。随着产量增加，长期总成本先是以递减的速度增加，接着在转折点之后以递增的速度增加。但与短期总成本曲线不同，长期总成本曲线 LTC 是从原点开始的，这是因为长期没有固定成本存在，当产量为零时，总成本也为零。而短期总成本曲线是从某一水平的固定成本开始上升的，产量为零时，它不为零，仍有一定的固定成本。

如图 2-13 所示，在长期生产或投资中，由于厂商有足够的时间调整其所有投入的使用量，可以用最低的成本进行生产，也就是说，长期总成本曲线与短期总成本曲线的最低点相切。因此，长期总成本曲线较短期总成本曲线平滑。

2. 长期平均成本（Long-run Average Cost，LAC）

长期平均成本是长期生产或投资中每单位产品所负担的总成本，它等于总成本除以产量。由短期成本分析可知，平均成本曲线可以从总成本曲线中推导出来。从原点向长期总成本曲线的每一点引射线，然后把每一条射线的斜率值绘在一张图中，便得到长期平均成本曲线 LAC，如图 2-13 所示。

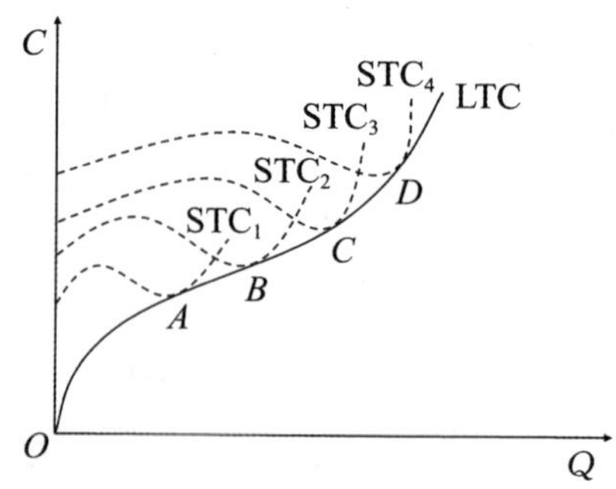

横坐标 Q 为产量；纵坐标 C 为成本；STC 为短期总成本；LTC 为长期总成本。

图2-13 长期总成本曲线

长期平均成本曲线还可以从一组短期平均成本曲线中导出。在长期生产或投资中，厂商可根据所需产量的大小来调整生产规模。如图 2-14 所示，现假设厂商有四种生产规模可以选择，SAC_1、SAC_2、SAC_3、SAC_4 分别代表四种（由小到大）生产规模的短期平均成本曲线。厂商究竟选择哪种生产规模，这取决于厂商计划生产的产量。当产量小于 Q_1 时，厂商选择第一种生产规模进行生产，此时平均成本 SAC_1 最低：当产量在 Q_1 与 Q_2 之间时，厂商应该选择第二种生产规模进行生产，此时平均成本 SAC_2 最低；当产量在 Q_2 与 Q_3 之间时，厂商将选择第三种生产规模进行生产，此时平均成本 SAC_3 最低；当产量大于 Q_3 时，厂商就选择第四种生产规模进行生产，此时平均成本 SAC_4 最低。

这四种生产规模相应的短期平均成本相交点下方的曲线部分 LAC，就是该厂商的长期平均成本曲线，即该厂商只有根据这四种规模选择来调整其生产规模，才能始终以最低平均成本生产所需产量，始终处于最低成本的状态。但是应当注意，在长期平均成本曲线最低点的左边，长期平均成本曲线与短期平均成本曲线最低点的左边相

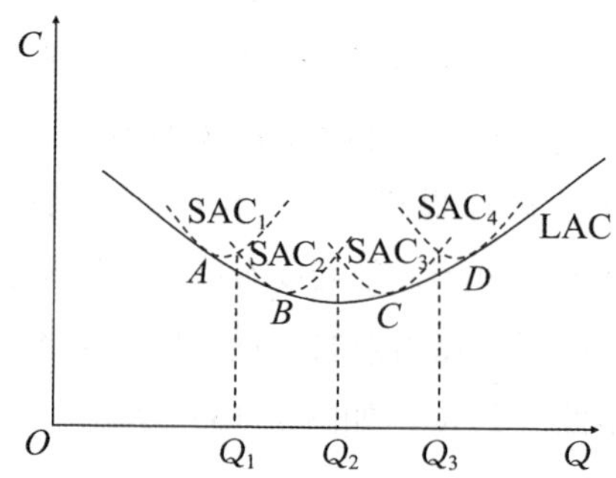

横坐标 Q 为产量；纵坐标 C 为成本；SAC 为短期平均成本；LAC 为长期平均成本。

图2-14 长期平均成本曲线

切；在长期平均成本曲线的右边，长期平均成本曲线与短期平均成本曲线最低点的右边相切；只有在长期平均成本曲线的最低点，两条成本曲线的最低点才相切。

长期平均成本曲线与短期平均成本曲线一样，也是一条先降后升的U形曲线，但长期平均成本曲线变化的原因是存在边际报酬递减规律。前者因规模可以调整而比后者要平缓些。

3. 长期边际成本（Long-run Marginal Cost，LMC）

长期边际成本是指厂商在能够改变其所有投入使用量的情况下，由最后一单位产量的变动所引起的总成本的变动。如图 2-15 所示，SAC_1、SAC_2、SAC_3 分别为三条短期平均成本曲线，它们的生产规模各不相同，它们分别与长期平均成本曲线 LAC 相切于 E_1、E_2、E_3，SMC_1、SMC_2、SMC_3 是与上述短期平均成本曲线相对应的三条短期边际成本曲线。

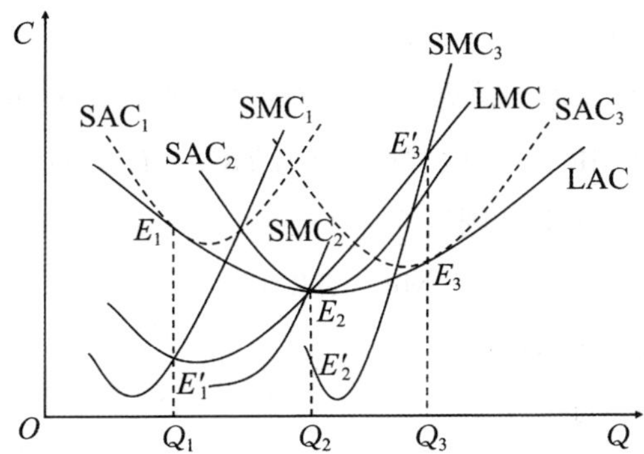

横坐标Q为产量；纵坐标C为成本；SAC为短期平均成本；SMC为短期边际成本；LAC为长期平均成本；LMC为长期边际成本。

图2-15　长期边际成本曲线和短期边际成本曲线

在 Q_1 产量上，长期平均成本与短期平均成本都等于 Q_1E_1。长、短期平均成本相等说明在该产量上长、短期总成本也相等，长期平均成本曲线与短期平均成本曲线相切，说明长、短期边际成本也相等。也就是说在 Q_1 产量上，短期边际成本是 Q_1E_1，长期边际成本也是 $Q_1E'_1$。于是，E'_1 点即为长期边际成本曲线上的一个点。同理，可以得到长期边际成本曲线上的 E'_2、E'_3 以及其他各点。把 E'_1、E'_2、E'_3 和其他点连接起来，便得到长期边际成本曲线 LMC。长期边际成本曲线与长期平均成本曲线的关系和短期边际成本曲线与短期平均成本曲线的关系一样，这里不再重复。

虽然长期成本函数与短期成本函数的变动规律是相同的，但变动的原因是不一样的。短期成本的变动规律决定于边际报酬递减规律。长期生产或投资意味着厂商有足够的时间调整其生产规模，因此，长期成本是由规模经济变动规律决定的。

2.4.2 收益分析

2.4.2.1 收益（Revenue）的概念

1. 总收益（Total Revenue，TR）

总收益是指厂商从一定量产品的销售中得到的全部收入。其公式为

$$总收益（TR）=平均收益（AR）\cdot 销售量（Q）$$
$$=单位商品卖价（P）\cdot 销售量（Q） \tag{2.20}$$

2. 平均收益（Average Revenue，AR）

平均收益是指厂商销售每一单位产品平均得到的收入，即每个商品的平均卖价。其公式为

$$平均收益（AR）=总收益（TR）/销售量（Q）$$
$$=单位产品的价格（P） \tag{2.21}$$

3. 边际收益（Marginal Revenue，MR）

边际收益是指厂商每增加销售一个单位的产品所能增加的收益。其公式为

$$边际收益（MR）=总收益增量（\Delta TR）/销售量增量（\Delta Q）$$

当销售量增量$\Delta Q\to 0$时，则有

$$\mathrm{MR}=\mathrm{dTR}/\mathrm{d}Q \tag{2.22}$$

2.4.2.2 不同价格状态下的收益

1. 价格不变状态下的收益

如表2-4所示，在完全竞争市场中，消费者与厂商均是价格的接受者，只能在既定的价格条件下购买与出售任意数量的商品。因此，这时的需求弹性是无穷大的，如图2-16所示，它是一条平行于横轴的直线，其在纵轴上的截距即为该商品的总供给和总需求决定的市场价格。并且，这条需求曲线也就是厂商的平均收益曲线AR和边际收益曲线MR，即P=MR=AR。

表2-4 价格不变状态下的收益情况

产量/Q	价格/P	总收益/TR	平均收益/AR	边际收益/MR
1	10	10	10	—
2	10	20	10	10
3	10	30	10	10
4	10	40	10	10
5	10	50	10	10

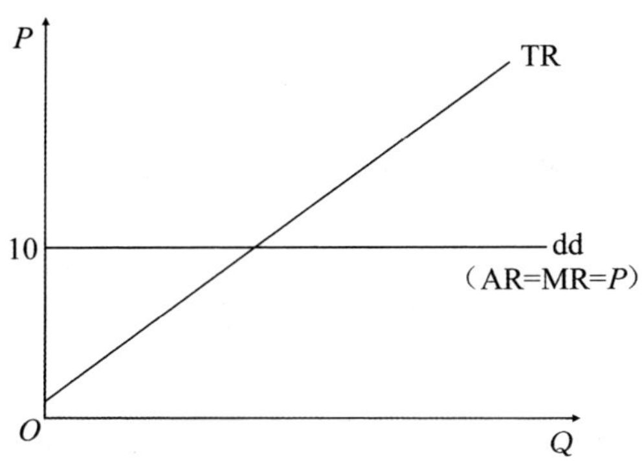

横坐标 Q 为产量；纵坐标 P 为价格；TR 为总收益；dd 为需求量；MR 为边际收益；AR 为平均收益。

图2-16　价格不变状态下总收益和边际收益曲线

2. 价格下降状态下的收益

如表 2-5 所示，在非完全竞争市场下，商品的价格取决于厂商的产量，其市场价格随着产量的增加而下降。如图 2-17 所示，这时厂商的需求曲线是一条从左上方向右下方倾斜的曲线，单位产品的平均收益仍然等于卖价，并随其下降而下降，但是边际收益比平均收益下降得更快。这是因为如果增加一单位产量所带来的收益（边际收益）低于原有产量的平均水平，那么将所有收益加在一起重新平均得到的平均收益显然低于原来的平均收益。即当边际收益低于平均收益时，平均收益会下降。并且，即使边际收益有较大的下降，平均分摊在所有的产量上以后，也只会引起平均收益较小的下降。所以，随着产量的增加，平均收益下降得慢，而边际收益下降得快。

在价格下降的状况下，总收益呈递减的趋势增加，当边际收益等于零时，总收益达到最大，当边际收益由零变为负数时，总收益开始下降。

表2-5　价格下降状态下的收益

产量 / Q	价格 / P	总收益 / TR	平均收益 / AR	边际收益 / MR
1	9	9	9	—
2	8	16	8	7
3	7	21	7	5
4	6	24	6	3
5	5	25	5	1

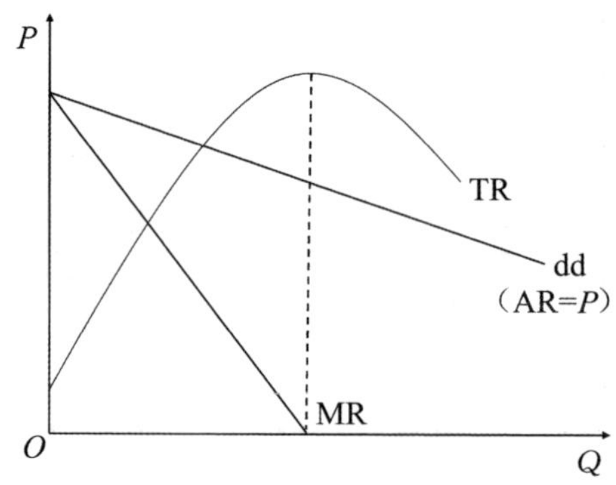

横坐标Q为产量；纵坐标P为价格；TR为总收益；dd为需求量；MR为边际收益；AR为平均收益。

图2-17　价格下降状态下总收益和边际收益曲线

2.4.3　利润最大化原则

厂商的经营目标不是追求产量最大化或成本最小化，而是追求利润最大化（Profit Maximization）。当然，这并不意味着厂商在任何情况下（特别是在短期）都力图使利润最大化。因为除了利润最大化外，厂商的目标还有保持或扩大市场份额、创造或保持一种良好的社会形象、履行社会责任、保持满意的财务状况、建立融洽的劳资关系等。但是，这些目标只不过是争取长期利润最大化的手段。因为厂商从事生产若不能获利，他们就不会生产；没有足够的利润，其他各种目标就无从谈起。因此，厂商的目标为利润最大化是一个合理的、基本接近事实的假定。

在微观经济分析中，利润（π）被定义为总收益（TR）与总成本（TC）之差，其公式为

$$\begin{aligned}\text{利润}(\pi) &= \text{总收益}(\text{TR}) - \text{总成本}(\text{TC}) \\ &= \text{TR} - (\text{会计成本} + \text{机会成本}) \\ &= (\text{TR} - \text{会计成本}) - \text{机会成本} \\ &= \text{会计利润} - \text{正常利润} \end{aligned} \tag{2.23}$$

可见，经济学中的利润（π）是指超额利润或称经济利润，由于总收益（TR）和总成本（TC）都是产量的函数，利润（π）也可以表示为产量的乘数。上述公式可写为

$$\pi = \pi(q) = \text{TR}(Q) - \text{TC}(Q) \tag{2.24}$$

若差额为正，利润最大化意味着这个差额达到最大：若差额为负，利润最大化则意味着这个差额达到最小，亦即亏损最小。

利润函数也可以用图形描绘出来，如图2-18（a）所示。横轴表示产量，纵轴表示总成本、总收益和总利润。TC为总成本曲线，其形状由边际报酬递减规律决定。TR为总收益曲线，它向下弯曲是由于边际效用递减，随着产量增加，价格开始下降，表示为价格与产量乘积的总收益以递减的比例增加。

Π是总利润曲线，它的形状决定于总收益曲线与总成本曲线之间的距离。当产量最初增加时，总成本大于总收益，利润为负。当产量增加到Q_1后，产量的增加使总收益大于总成本，利润为正。当产量增加到Q_2时，总收益曲线与总成本曲线之间的距离达到最大，因此利润也达到最大值，最大值以利润曲线上的最高点F表示。如果产量从Q_2继续增加，总收益曲线与总成本曲线之间的距离逐渐缩小，总利润也在下降，直到Q_3产量时，利润又变为零。之后，若产量继续增加，则利润变为负数，如图2-18（b）所示。

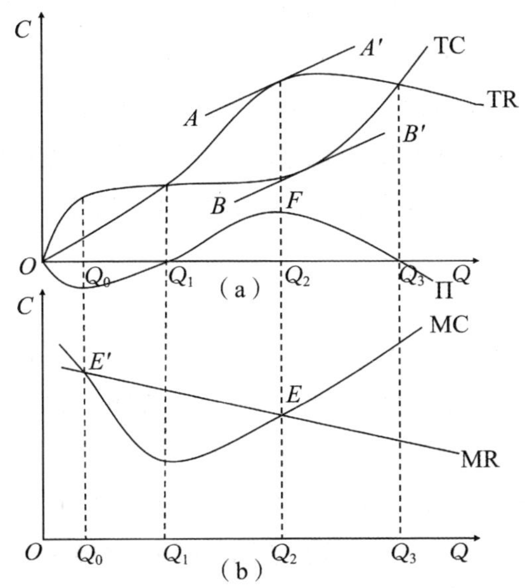

横坐标Q为产量；纵坐标C为成本；TR为总收益；TC为总成本；MR为边际收益；MC为边际成本。

图2-18　总利润曲线

由此可见，当厂商把产量确定在Q_2时，利润是最大的。这时，总收益曲线切线（AA'）的斜率与总成本曲线切线（BB'）的斜率相等，由此便得到利润最大化的原则：

$$\text{边际成本（MC）}=\text{边际收益（MR）} \tag{2.25}$$

这一点也可以从总利润函数中得到证明。既然总利润（π）是产量的函数，求利润最大，即求该函数的极大值。根据数学原理，则有 $\pi'(Q)=\text{TR}'(Q)-\text{TC}'(Q)=0$。所以，利润最大化的必要条件为

$$\text{TR}'(Q)=\text{TC}'(Q)\text{，即}\text{MR}=\text{MC} \tag{2.26}$$

但满足 MR = MC 这一条件的产量 Q，并不必然能使利润最大，因为 MR = MC，只能说明 Q 在这一产量水平上存在利润极值，可能是最大值，也可能是最小值。如图2-18（b）中的 E' 点即为利润最小点。因此，为保证 Q 是使利润最大的产量水平，还必须满足利润最大化的充分条件：二阶导数小于零。

即当 $$\pi'(Q)=0\text{时，}\pi''(Q)<0\text{。} \tag{2.27}$$

于是有 $$\pi''(Q)=\text{TR}''(Q)-\text{TC}''(Q)<0 \tag{2.28}$$

即 $$\text{TR}''(Q)<\text{TC}''(Q) \tag{2.29}$$

也就是边际收益的变化（斜）率小于边际成本的变化（斜）率。

通过上面的分析可知，利润最大化的必要条件为，边际收益=边际成本。充分条件是，边际收益曲线 MR 的斜率小于边际成本曲线 MC 的斜率。在图2-18（b）中，虽然 E 和 E' 点都满足 MR = MC，但只有在 E 点边际收益曲线的斜率才小于边际成本曲线的斜率，而在 E' 点边际收益曲线的斜率大于边际成本曲线的斜率。因此，在 E 点相对应的 Q_2 产量水平上，厂商的利润才达到最大。

2.5 市场失灵

市场是一种分散决策、自由竞争的交换体系，由它生成的市场机制是一种非常严密和有效的制度安排。市场机制的核心是价格机制和产权机制。市场是通过价格进行社会资源的配置的，通过明晰的产权界定各利益主体。理想状态下，资源能在不同用途之间、不同空间上得以优化配置。从亚当·斯密到马歇尔将近一个半世纪的历史中，那只“看不见的手”演绎了完美的市场经济神话。直至1929年资本主义世界特大危机爆发，宣告了“神话”的破灭。

当市场机制正常工作的条件不能满足时，就会出现资源配置的扭曲，出现市场失灵。市场失灵（Market Failure）指的是市场无法有效地分配资源，从而导致资源配置的低效或无效。市场失灵可能发生在市场出现公共物品、外部性、不完全竞争、信息不对称或自然垄断等情况下。大多数资源与环境问题都是市场失灵导致的。其中，公共物品理论和外部性理论是资源与环境经济学的基础理论。

2.5.1 公共物品理论

2.5.1.1 公共物品的内涵及特征

1. 公共物品的内涵

公共物品理论是为适应国家干预经济的需要而设立的理论。严格意义上的公共物品（Public Goods）概念起源于19世纪80年代的奥地利和意大利。纵观公共物品理论的发展史，我们认为以下三个定义最具代表性。

萨缪尔森认为，“公共物品就是所有成员集体享用的集体消费品，社会全体成员可以同时享有该产品；而每个人对该物品的消费都不会减少其他社会成员对该产品的消费”；奥尔森认为，“任何物品，如果一个集团中的任何人都能够消费它，它又不能适当地排斥其他人对该产品的消费，该物品即为公共物品”；布坎南认为，“任何集团或社团因为任何原因通过集体组织提供的商品或服务，都将被定义为公共物品”。目前被广泛接受的是萨缪尔森的定义。

2. 私人物品与公共物品

根据公共经济学理论，经济物品可分为公共物品和私人物品（Private Goods），二者是相对立的概念。按照萨缪尔森在《公共支出的纯理论》中的定义，纯粹的公共物品指的是每个人消费这种物品不会导致别人对该种物品消费的减少。而凡是可以由个别消费者所占有和享用，具有敌对性、排他性和可分性的物品就是私人物品。私人物品可表示为

$$X_j=X_j^1+X_j^2+X_j^3+\cdots+X_j^n \tag{2.30}$$

式中，j 代表消费物品，n 代表消费者数量，物品 X_j 总量等于每一个消费者所拥有的或消费的该物品数量的总和。它意味着私人物品可以在消费者之间进行分割。纯粹的公共物品可表示为

$$X_{n+j}=X_{n+j}^i \tag{2.31}$$

对于任意消费者i来说，他为了消费而实际可支配的公共物品的数量，就是该公共物品的总量X_{n+j}，如国防，这意味着公共物品在一组消费者中是不可分割的。

此外，还存在一种情形，就是任一消费者为了消费实际可支配的公共物品的数量要小于该公共物品的总量X_{n+j}，如福利医疗，可表示为

$$X_{n+j}\geqslant X_{n+j}^i \tag{2.32}$$

3. 公共物品的特征

相对于私人物品而言，公共物品具有以下三个基本特征。

1）受益的非排他性

所谓受益的非排他性，是指公共物品一旦被提供，便会有众多受益者共同消费该物品。也就是说，要想排除任何人对它的"不付任何代价的消费"是不可能的或者无效率的。这包含三层含义：第一，任何人都不可能不让别人消费它，即使有些人想独占对它的消费，但因为技术上不可行或成本过高而不值得去做；第二，任何人都不得不消费它，即使有些人不情愿，但也无法拒绝；第三，任何人都可以恰好消费相同的数量。如果在某人消费之后，别人消费的可能性减少了，那么就等于部分排他了。

2）消费的非竞争性

消费的非竞争性是指一旦公共物品被提供，每个人都能消费和享用该物品，而不影响其他人对它消费的可能性，也不会因此而减少其他人享用该物品的数量和质量。非竞争性的含义体现在两个方面，一是边际生产成本为零。也就是说，增加一个人的消费并不会增加生产成本。二是边际拥挤成本为零，即每个消费者的消费并不会影响其他消费者消费的数量和质量，不存在消费中的拥挤现象。

3）效用的不可分割性

公共物品是面向整个社会共同提供的，其效用为整个社会的成员共享，不能将其分割为若干部分，分别归属于个人或集团消费。或者，不能按照谁付款谁受益的原则，限定为之付款的个人或集团享用。

2.5.1.2 公共物品的分类与判别

1. 公共物品的类型

在当代经济学中，通常将同时满足上述三种特征的物品定义为公共物品，其中非排他性和非竞争性是其两大基本属性。然而，在现实生活中，这三种特征并不是同时出现的，某一物品可能只具备其中的某一种或两种属性。因此，公共物品可以进一步划分为两类：纯公共物品（Pure Public Goods）与准公共物品（Quasi-public Goods）。如表 2–6 所示，当且仅当物品同时具有受益的非排他性、消费的非竞争性和效用的不可分割性，才被定义为纯公共物品。相对而言，准公共物品指的是具有效用的不可分割性，但只具有有限的非竞争性或非排他性的物品。其中，俱乐部型公共物品（Club Public Goods）同时具有公共物品效用的不可分割性和消费的非竞争性，同时也具有私人物品的排他属性；公共资源型公共物品（Common Resources Public Goods）在具有公共物品效用的不可分割性和受益的非排他性的同时，也具有私人物品的竞争属性。

表2-6 经济物品分类

分类		不可分割性	非排他性	非竞争性	举例
纯私人物品		无	无	无	食物、衣服、宅基地
纯公共物品		有	有	有	消防、国防
准公共物品	俱乐部型	有	无	有	电影院、图书馆
	公共资源型	有	有	无	公共渔场、公共牧场

2. 公共物品的判别

可通过图2-19所示的步骤，判断一种物品是否属于公共物品。

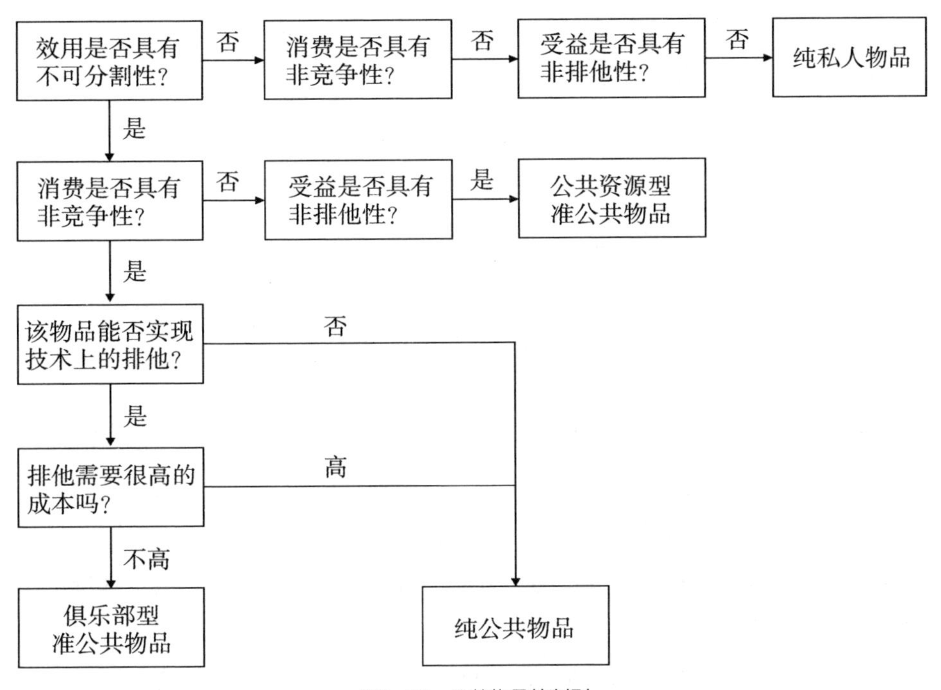

图2-19 公共物品的判别

2.5.1.3 公共物品的最优配置

那么，公共物品的最优供给数量如何确定？它与私人物品的供给数量有何异同呢？我们将通过两个坐标图加以分析。

首先，我们来分析私人物品的最优供给数量，如图2-20所示。假定消费市场中存在两个消费者A和B，它们对某商品的需求曲线分别为D_A和D_B。该商品的市场供给曲线为S。将消费者A和B的个别需求曲线D_A和D_B水平相加即可得到该商

品的市场需求曲线 D。市场需求曲线 D 和供给曲线 S 的交点决定了该私人物品的均衡数量 Q_0 和 P_0。其中，Q_0 就是该私人物品的最优供给数量。这是因为，供给曲线代表的是每个产量水平上厂商的边际成本，需求曲线代表的是每一需求量上消费者的边际利益。当供给量为 Q_0 时，边际成本为 HQ_0；而当价格为 P_0 时，消费者 A 和 B 的需求量分别为 C 和 F，则他们的边际利益分别为 EC 和 GF。很显然，$EC=GF=HQ_0$。也就是说，在私人物品的最优供给数量对应的产量水平上，每个消费者的边际利益恰好等于厂商的边际成本。

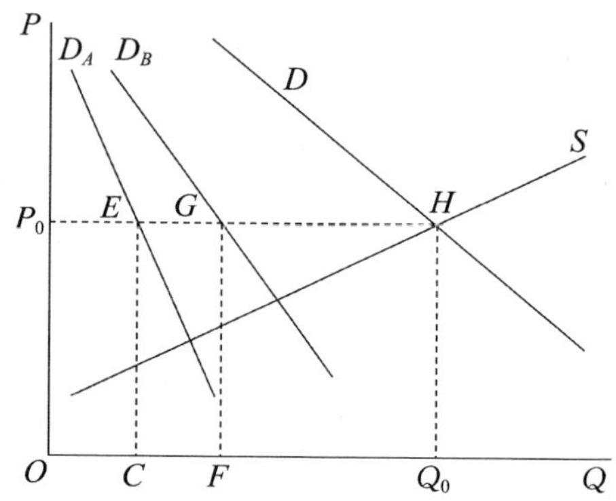

横坐标 Q 为产量；纵坐标 P 为价格；S 为供给曲线；D 为需求曲线。

图2-20 私人物品的最优供给数量

其次，我们进一步分析公共物品的最优供给数量问题。公共物品的市场需求曲线并不是个人需求曲线的水平相加，而是它们的垂直相加。这是因为公共物品具有消费的非竞争性。一方面，每一个消费者消费的都是同一个消费总量，因而每一个消费者的消费量与总消费量相等；另一方面，对这个总消费量支付的全部价格是所有消费者支付的价格总和。

如图 2–21 所示，D 和 S 分别为公共物品的市场需求曲线和供给曲线，则均衡数量 R 是该公共物品的最优供给数量。根据供给曲线，均衡数量 R 所对应的边际成本为 T。而根据消费者 A 和 B 的个别需求曲线，他们的边际利益分别为 L 和 N，则社会边际利益总和为 $L+N=T$。我们可以得知，公共物品的边际社会利益等于其边际成本。此时，所提供的公共物品数量为最优。

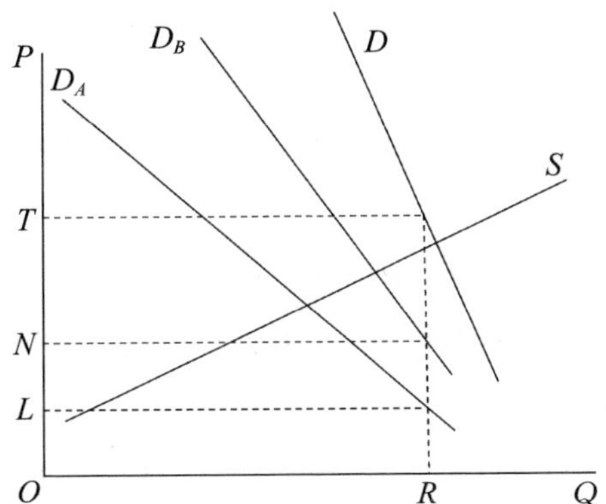

横坐标Q为产量；纵坐标P为价格；S为供给曲线；D为需求曲线。

图2-21　公共物品的最优供给数量

通过比较私人物品和公共物品的最优供给数量，我们可以发现，他们的相同点是都遵循边际收益等于边际成本的原则。区别在于私人物品的最优准则是每个消费者的边际利益等于边际成本，而公共物品的最优准则是所有消费者的边际利益之和等于边际成本。

2.5.1.4　公共物品的有效供给方式

传统经济学理论认为，竞争性的市场无法实现公共物品的帕累托最优，只有政府才能提供公共物品。公共物品受益的非排他性导致每个消费者都认为他（她）付费与否都可以享受该公共物品的好处，从而导致公共物品的投资无法收回。此外，由于具有消费的非竞争性，公共物品的边际成本为零。根据帕累托最优要求的边际成本的定价原则，这些产品必须免费提供。上述原因使得私人企业不愿意提供公共物品。然而，单纯依靠政府提供容易出现低效率等问题。现代学者对公共物品的提供模式进行了深入探索和拓展。目前，受到广泛认可的公共物品的提供方式主要有以下三种。

1. 政府提供

政府提供是指公共物品由政府无偿地向消费者提供，以满足社会的公共消费需要。消费者可以无条件地获得这些产品的消费权，且不需要付出任何代价或报酬，其成本补偿通过政府财政或税收等获得。其主要适用于纯公共物品，如国防。

2. 市场提供

市场提供是指企业根据市场规则来生产和提供公共物品。这种模式与私人物品的市场生产经营模式相同，通过激烈的市场竞争，可以有效降低公共物品的提供成本，提高公共物品的质量。但政府必须制定一定的规则进行统筹管理。其主要适用于可以进行收费的准公共物品，如高速公路、桥梁建设。

3. 联合提供

联合提供是指政府利用市场提供公共物品的方式，主要分为三种模式。

1）政府授权经营模式

一些公共物品虽为政府所有，但由私营企业生产和经营，这种模式被称为合约出租模式。其一般模式是，政府与在竞争中获胜的私营企业签订生产合约，当私营企业完成任务并达到合约规定的标准时，政府支付合约规定的报酬。另一种模式是特许经营模式，由政府与私人团体（或国际财团）签订授权合同，特许私人团体使用其他团体不可使用的经营资源，生产、经营公共物品。

2）政府购买模式

政府从市场上购买公共物品和服务，如购买住房和保险。

3）政府补助模式

在私人提供一些具有正外部效应的公共物品存在巨大困难的情况下，政府会根据实际情况通过补贴、减免税收等方式有选择地给予生产这些公共物品的私人企业一定的补助，使其能够有效地生产、经营这些公共物品。

2.5.2 外部性理论

2.5.2.1 外部性的内涵及特征

1. 外部性的内涵

外部性（Externality）又叫外溢性，是指一个生产者或消费者的行为对其他生产者或消费者的福利带来的非市场性影响。这是一种市场失灵的表现，其产生的经济后果是，私人成本或收益与社会成本或收益存在差异，实际价格与最优价格偏离。

不同的经济学家对外部性的定义并不相同，主要分为两种类型。第一类是从外部性的产生主体角度来定义，代表人物是经济学家萨缪尔森和诺德豪斯。他们将外部性定义为，“外部性是指那些生产或消费对其他团体强征了不可补偿的成本或给予了无需补偿的收益的情形”。第二类是从外部性的接受主体角度来定义，如兰德尔认为，外部性是用来表示“当一个行动的某些效益或成本不在决策者的考虑范围内的时候所产生的一些低效率现象，也就是某些效益被给予或某些成本被强加给没有参加这一决策的人”。目前，大多数经济学文献是按照萨缪尔森的定义来理解外部性的。布坎南和斯图布尔宾则给出了外部性的形式化描述：外部性是指某经济主体的福利函数的自变量中包含了他人的行为，而该经济主体又没有向他人提供报酬

或索取补偿。即

$$F_j=F_j(X_{1j}, X_{2j}, X_{3j}, \cdots, X_{nj}, X_{mk}), j\neq k \tag{2.33}$$

式中，j 和 k 代表不同的个人（或厂商），F_j 为 j 的福利函数，X_i（$i=1, 2, \cdots, n, m$）表示相关经济活动。

这个函数表明，只要某个经济主体 F_j 的福利函数受到他自己所控制的经济 X_i 的影响，同时也受到其他人 k 所控制的某一经济活动 X_m 的影响，就存在外部性。

2. 外部性的特征

一般而言，外部性具有以下特征。

（1）外部性独立于市场机制外。外部性理论不同于一般均衡理论。一般均衡理论阐明的是人与人之间或经济行为主体之间的经济行为会相互影响和相互冲突。一个人最大化自己利益的行为，构成了一切其他人最大化自己利益的一个“约束条件”或“约束环境”，这种人们之间的相互影响和相互冲突是通过价格和供求而发生的。外部性不通过影响价格而直接影响他人的经济环境或经济利益。例如，抽烟者污染环境，造成了他人间接吸烟，直接损害了他人的利益，这种影响并不是通过市场供求关系中的价格来影响的。

（2）外部性产生于决策范围之外而具有伴随性。厂商在做决策时所考虑的是在生产的私人成本基础上寻求自己的私人利润最大化，而不是考虑社会成本。所以，产生负外部性的生产者的产出水平将超过最优水平。污染的发生并不必然是因为把废物排放到环境中的总收益超过最优水平，而是因为这样处理废水时产生的收益大于厂商所负担的那部分成本。所以厂商排污只是生产过程的伴随物，独立于市场之外，被生产者或消费者在作出决策时忽略。

（3）外部性与受损者之间存在某种联系。当受损者对于正外部性或负外部性的态度并非漠不关心，则它就是相关的，否则是不相关的。黄有光举例说，邻居家的水流灌进了你的院子，如果你认为这阻碍了你的通行，则产生了负外部性；如果你并不介意，就不能说明存在外部性。

（4）外部性具有某种强制性。很多情况下，不管你是否同意，外部性都会被强加在你身上。比如，邻近飞机场承受噪声污染等，这都是不能通过市场机制解决的。

（5）外部性不能被完全消除。面对外部性，存在市场失灵，政府介入也只能减少外部性，不能够百分之百消除。如工业污染，政府干预也只能限制污染，使污染降低至人们可以接受的某个标准。

2.5.2.2 外部性理论的产生与发展

在外部性理论发展的长河中，马歇尔、庇古和科斯三位经济学家为外部性理论的进步和发展作出了巨大的贡献。

1. 马歇尔的“外部经济”理论

1890 年，马歇尔在《经济学原理》中首次提出“外部经济”（External Economics），后出现“外部性”概念。外部经济是指企业的生产成本受企业外部因素的影响而下降的现象；内部经济指的是企业内部的某些因素所导致的企业生产成本降低，也称规模经济或范围经济。外部经济包括市场容量、产业部门的地理位置、辅助部门的发展水平、通信运输手段的条件、熟练劳动力的供给情况、竞争对手的发展状况等。内部经济则是指劳动者的工作激情、专业技能的进步、企业内部分工合作的完善、设备的更新采用、经营管理能力的提高和经营费用的降低等。

虽然马歇尔并没有明确提出外部不经济和内部不经济的概念，但从他的论述中不难推出外部不经济和内部不经济的概念。外部不经济是指企业外部的各种因素导致的企业生产成本的增加，而内部不经济则是指企业内部的各种因素所导致的生产成本的增加。马歇尔以企业自身发展为问题研究的中心，从内部和外部两个方面考察影响企业生产成本变化的各种因素，这种分析方法给经济学后继者提供了无限的想象空间。

2. 庇古的“庇古税”理论

在马歇尔提出内部经济和外部经济概念的基础上，庇古进一步充实了“内部不经济”和“外部不经济”的概念。他从社会资源最优配置的角度，运用边际产值分析方法，提出了“边际社会净产值”和“边际私人净产值”的概念，然后根据收益与成本递增或递减等概念加以系统化，最终确立了外部性理论。

庇古提出的边际产值是指最后一单位生产要素的产值。边际私人净产值是指增加一单位投资后，投资者收入增加的值，即等于边际私人净产品乘以价格。而边际私人净产品是指厂商每增加一单位市场要素所增加的产量。边际社会净产值的含义与此类似，是指社会意义上的净产值和净产品。社会资源最优配置的标准就是上述两种净产值相等。但是，庇古指出，在自由竞争的条件下，上述两种净产值往往不能相同，即如果在边际私人净产值之外，其他人还得到利益，边际社会净产值就会大于边际私人净产值；反之，如果其他人遭受损失，边际社会净产值就会小于边际私人净产值。庇古把前者称为“边际社会利益”，把后者称为“边际社会成本”。

庇古扩充了“外部不经济”概念的内涵，用它指厂商同部门内和部门以外其他厂商之间的关系：在经济活动中，如果某厂商不需要付出代价而给其他厂商或整个社会造成损失，那就是外部不经济。这时，厂商的边际私人成本小于边际社会成本，边际私人经济福利大于整个社会的边际经济福利，就出现了边际私人净产值和边际社会净产值的背离。此外，庇古还发现除了生产活动可以产生外部性，消费活动也会产生外部性。最后，庇古提出了国家干预经济的必要性，以此消除边际私人净产值和边际社会净产值背离的现象，这就是日后被广泛应用并流传的“庇古税”。

3. 科斯的“科斯定理”

外部性理论从产生开始便备受关注，也遭受了众多批判和质疑。其中最具有代表性的经济学家是科斯。科斯定理主要是在对庇古外部性理论批判的过程中产生的，主要体现在：外部性问题具有相互性，并不是单方向的。例如，一个化工厂排放污染，按照庇古的理论我们应该对化工厂征收庇古税来减少化工厂的污染排放，但是实际上可能化工厂的建设在前，而居民区的建设在后，这样政府就不应该向化工厂征税，而是居民向化工厂赎买。科斯提出了解决外部性问题的策略，即著名的科斯定理，在交易费用为零、产权明确的情况下，庇古税被认为是没有必要的，双方通过自愿协商就可以达到资源优化配置的结果，无须政府干预。而在交易费用不为零、产权不明晰的情况下，制度性的选择与安排就至关重要，需要经过权衡收益后方能确定。综上所述，科斯为外部性问题提供了新的解决方式，即可以用自愿协商的方式来代替庇古税，奠定了外部性理论发展进程中的第三块里程碑。

2.5.2.3 外部性与帕累托最优配置

帕累托最优指的是在一种资源配置中，如果存在一种资源分配方式可以让某一方获益，而不使其他人处于劣势，则该分配方式是帕累托最优的。这意味着在此分配方式下，任何人的福利改善都需要牺牲其他人的福利。因此，帕累托最优在经济学中被视为一种有效的资源分配方式。外部性是导致市场失灵的主要原因之一，它的存在意味着资源的非帕累托最优配置。通过判断私人成本与社会成本、私人收益与社会收益是否一致，外部性特征表现为外部经济和外部不经济。

外部经济性分析：假如，在上游区域，人们种植树木，那么在下游区域，生产和生活用水的品质和供应量都能获得保障，此时社会效益大于个人利益，产生了外部经济。如图 2–22 所示，在外在的经济条件下，边际社会利益（Marginal Social Benefit，MSB）高于边际私人利益（Marginal Private Benefit，MPB），差异值为外部环境效益，即边际外部利益（Marginal External Benefit，MEB）。种树投资行为取决于MPB和边际成本MC之间的关系，Q_1比Q_0小。在植树量为Q_0时，此时应当减少种树成本。

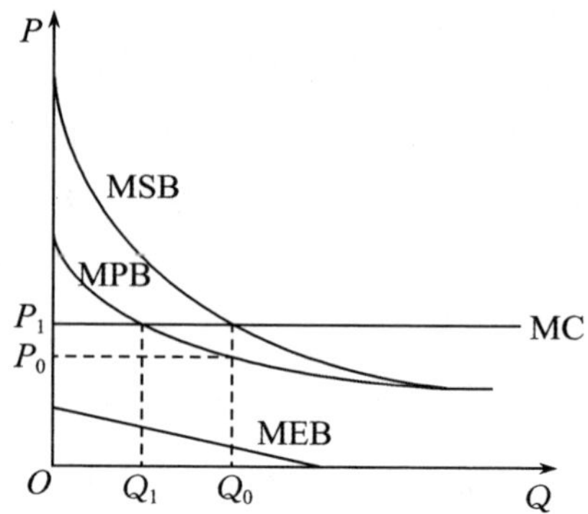

横坐标Q为产量；纵坐标P为价格；MC为边际成本；MSB为边际社会利益；MPB为边际私人利益；MEB为边际外部利益。

图2-22　外部经济性

外部不经济性分析：如图2-23所示，若处于外部不经济性，边际社会成本（Marginal Social Cost，MSC）比边际私人成本（Marginal Private Cost，MPC）更高，两者的差为外部环境成本，即边际外部成本（Marginal External Cost，MEC）。但当个体利益最大化的种树人在伐木时，其砍伐水平取决于边际效益MB和MPC，此时私人砍伐水平Q_0比MB和MSC所确定的Q_1更高。如果砍伐等级达到Q_1，就需要提高伐木价格。所以，如果不能有效地解决外部不经济性问题，就会造成资源配置上的失误。

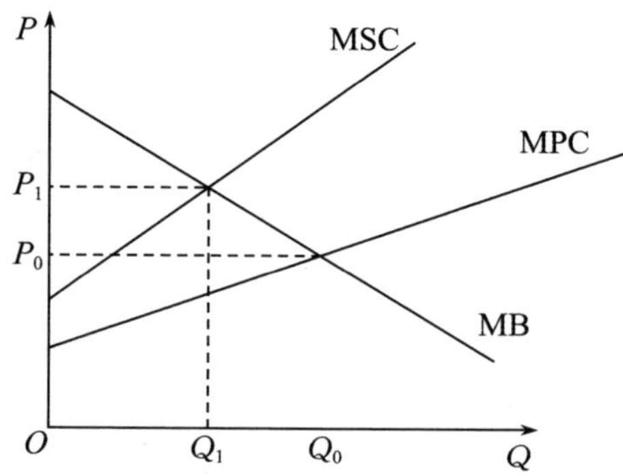

横坐标Q为产量；纵坐标P为价格；MSC为边际社会成本；MPC为边际私人成本；MB为边际效益。

图2-23　外部不经济性

2.5.2.4 外部性的类型

1. 正外部性和负外部性

正外部性是指一个经济实体行为对外界产生无回报的收益，如植树造林，社会收益大于私人收益。负外部性则是指一个经济实体行为对外界产生无回报的成本，如向环境排放污水，社会成本大于私人成本。

2. 生产的外部性和消费的外部性

生产的外部性是指生产过程中产生的外部性问题，如生产污水排放就是生产的负外部性。消费的外部性是指消费行为引起的外部性问题，如生活污水排放就是消费的负外部性。

3. 可转移的外部性和不可转移的外部性

可转移的外部性是指外部性的受害者有机会将外部性“转移”给第三者的现象。简而言之，受害者把外在的不经济转移给别人，从而避免了对自身的伤害。反之，当受害者不能将其“转移”给第三方时，则是“不可转移”的外部性。

4. 货币外部性和技术外部性

货币外部性是通过价格变动而表现出来的一种外部性，在市场经济中并不会引起市场失灵。技术外部性是指无法在市场体系中或在价格变动中体现出来的外部性。

2.5.2.5 外部性的解决途径

1. 采取行政手段：管制与指导

政府调节机制可通过管制确定资源的最优配置，从行政上指示生产者提供最优的产量组合，如调整电力和石化等高污染工业市场的布局，严格限制厂址的选择，有时还可指示把产生外部性和受外部性影响的双方厂商联合起来，使外部性“内在化”。日本在20世纪70年代以前的环境政策更多的是采用行政指导与劝告的手段。它要求各政府机构具有对其所管辖的企业或行政对象发布各种“命令”“要求”“希望”“警告”“建议”以及“奖励”的权限，唯一的条件是受指导者必须在指导机构的管辖范围内，不能与任何法律相违背。虽然行政指导不具备法律的强制性，但是常常与政府的正式法令几乎没有区别。

2. 运用法律手段：制定规则与法律约束

斯蒂格里茨说：“运用法律系统解决外部性有一个很大的优点。在这个系统中，受害者有直接的利益，承担着执行法律的责任，而不是依靠政府来确保不发生外部效应。很明显，这个系统更有效，因为可以使受害者比政府更愿意弄清有害事件是否发生。”斯蒂格里茨认为，要建立一套有效的解决外部性的法律系统，首先要建立一套严格定义的、稳定不变的产权关系。

3. 运用经济措施：税收与补贴

庇古提出了修正性税（Corrective Taxes），即用税收或者补贴的形式促使私人成本和社会成本一致。例如，如果对外部性的生产者征收相当于外部不经济的价值的消费税，他的私人成本就会和社会成本一样，利润最大化原则就会迫使生产者将其产出限制在价格等于边际社会成本的水平，这正好符合资源有效配置的条件。相反，对产生外部经济的生产者，政府应当给予外部经济的价值的补贴，鼓励他们把产量扩大到社会最有效率的水平。在庇古看来，这样就可以达到资源配置的帕累托最优。

4. 建立产权交易规则

在很多案例中，企业的产权不清晰是造成企业内部资源不合理配置的主要原因。在财产权被彻底界定和保护的情况下，一些外来的冲击也许就不会产生。科斯定律认为，从生产性的观点来看，应该把环境资源的所有权界定清楚，并把它投入市场中去，实现最优化配置。例如，河的上游用户对水造成污染会对下游用户的用水造成危害。若将某一品质水源的所有权授予了下游用户，那么如果上游用户对水造成的污染高于某一标准，就会受到惩罚。此时，上游的排污单位可以向下游的用水单位“贿赂”，从而获得排污的权利，而下游的用水单位则可以将收益用于对污染的处理；类似地，当把水资源的所有权授予了上游的污染者，下游的用户为了获得更多的洁净水源，就会“贿赂”他们，让他们减轻自己的污染。上游的污染者可以使用他们的收益来改善他们的产品，从而减少污染。无论哪一种，都能提高社会福祉。

5. 采用企业合并方式

比如，一家企业的产品会对另一家企业的产品产生影响。若效应为正（外部经济），则前一家企业的生产将低于社会最优；相反，当效应为负（外部不经济）时，前一家企业的生产将超出社会最优。而当二者合二为一时，其外部影响将“消失”，也就是“内部化”。当不再有外部影响时，该企业的成本与收益同社会成本与收益相等，从而实现了帕累托最优分配。

本章小结

本章系统梳理了经济学中与海洋资源与环境经济学相关的理论基础与解释，包括资源的稀缺性、市场均衡理论、消费者理论、生产者理论和市场失灵等，为开展海洋资源与环境经济学研究提供了理论遵循。以市场为导向的资源配置机制是探究海洋资源与环境经济学的基本框架，本章围绕市场、资源、外部性等内容详细阐述了海洋资源与环境经济学发展与运作的底层逻辑。

【知识进阶】

1. 简述资源稀缺的含义并说明其与资源短缺的关系。试述资源稀缺是如何影响经济社会发展的。

2. 简述需求与供给的基本规律，说明影响需求与供给的因素有哪些。

3. 试述市场机制在环境资源配置中的基础性作用，并说明市场机制为什么会在资源合理配置和环境有效利用中失灵。

4. 试述外部性的概念并结合实际分析外部性理论在海洋资源与环境经济学中的适用性及其应用。

5. 假定一个社会由生活在一个孤岛上的渔民组成，经过了几次渔船与岩石碰撞和搁浅之后，渔民感到有必要建造一个灯塔为渔民导航。如果有以下三种方案来建造灯塔：一是由私人即某渔民出资建造，二是组织渔民共同建造，三是由政府出面兴建。请以公共物品理论为基础，思考三种方案的可行性。

第二篇 海洋资源经济学

海洋资源是一种自然资源，是人类社会赖以生存的物质基础，也是实现国家经济稳定发展的重要源泉。当前，随着海洋经济规模的持续扩大，全球海洋资源面临着过度开发、资源枯竭、生态破坏等严峻问题，加强海洋资源的合理开发利用也就十分重要。海洋资源的开发利用是一个复杂而极具挑战性的问题，是指在有限的海洋资源和海域空间条件下，通过合理的配置和管理实现海洋经济可持续发展与海洋环境保护的双赢。本篇以海洋资源经济学为主线，共设置四个章节。其中，第 3 章主要围绕海洋资源的基本概念、分类、特征和海洋资源经济学的形成背景进行阐述。第 4 章介绍海洋资源经济学的相关理论。第 5 章分析海洋资源核算的必要性和方法。第 6 章则主要探讨海洋资源的可持续利用问题。

3 海洋资源经济学概述

知识导入：海洋资源是自然界给予人类的宝贵财富，为实现经济社会可持续发展提供了重要的物质基础。当前，随着陆地资源短缺和海洋相关科学技术的进步，海洋资源不断被发现，全球掀起海洋资源开发的热潮。但在海洋开发迅速升温的同时，海洋资源也承受着前所未有的压力。海洋资源经济学则是在此背景下形成的旨在研究海洋资源有序开发和可持续利用的综合性应用经济学科。其中，海洋资源的分类是海洋资源经济学的研究基础。本章首先明晰了海洋资源的概念界定并对海洋资源的种类及构成进行划分，然后阐述了海洋资源的基本特征，最后介绍了海洋资源经济学的形成与发展背景，主要包括发展脉络、研究必要性和指导原则三个方面。

3.1 海洋资源的概念、分类与特征

3.1.1 海洋资源的基本概念

经济学中的“资源”是指一国或一定地区内拥有的物力、财力、人力等各种物质要素的总称，如资本、劳动力、资金。而在资源与环境经济学中，“资源”通常是指自然资源，即自然界和人类社会中可用于创造物质财富和精神财富的客观存在形态，如土地资源、矿产资源、海洋资源。自然资源通常具有以下三个特征。第一，自然资源具有使用价值。人类的日常活动依赖于自然资源。第二，自然资源是一个动态的概念。随着科学技术的发展，人类对自然资源的认识不断深入，可以获取更多的自然资源并挖掘新型的自然资源。第三，自然资源强调原始性与自然性。因此，人类通过一系列的资本、技术和劳动对自然资源进行二次加工生产出的物质与产品并不能称为自然资源。可见自然资源概念的核心在于有用性、可用性和价值性。

海洋资源是自然资源的重要组成部分，是人类生存和发展的基础。通常来说，海洋资源是人类在海洋自然力量的作用下开发和利用的物质资源和环境资源，能够满足人类的物质、文化和精神需求。海洋资源的定义有广义与狭义之分。狭义上，海洋资源指的是海洋所固有的或在海洋内外力相互作用下形成并分

布于海洋里的物质资源，包括能在海水中生存的生物、溶解于海水中的化学元素、海水中储藏的能量以及海底的矿产资源等。这里定义的海洋资源实际主要是指海洋物质资源，包括与海洋这一多维结构直接相关的物质、能量和能源，本质上具有海洋资源的自然性和物质性。广义上，海洋资源的概念不仅涉及海洋的有形物质，也包括由海洋产生的无形类存物和价值。除了海洋水体本身所具有的物质和能量，海洋景观、港湾、海洋航线、海洋里的空间乃至海洋的纳污能力都属于广义的海洋资源范畴。

海洋资源的利用和开发是一种资产化的过程，通过市场的交换赋予海洋自然资源价格和价值，使海洋的自然资源为人类所用。海洋拥有地球上最丰富的资源。根据现有资料，世界海底固体的矿产蕴藏量中有 1 亿 ~ 3 亿吨锰结核资源量，海底石油的资源总量超过 1 350 亿吨，天然气的资源总量在 140 万亿立方米以上。早在 20 世纪 70 年代，世界各国就掀起了向海洋进军的热潮。海洋逐渐成为一个新兴且具有战略意义的开发领域。21 世纪以来，人类对海洋资源开发和利用的强度、深度、广度、力度均进一步加大。随着生产力和科技的发展，人类对海洋资源的发掘和开采将会远远超过目前陆地上已知的同类资源。

3.1.2 海洋资源的分类

海洋分布广阔，资源类型多样，储量丰富，向来有着“蓝色的聚宝盆”之美誉。为了更好地理解和把握不同类型海洋资源间的相互关系及同类型海洋资源的共同特征，以便加强海洋资源的开发、利用和管理，我们需要对类型繁杂的海洋资源进行分类。但是海洋资源至今还没有形成一个统一的、系统的、全面的分类标准。由于人们参考的分类原则和依据不同，海洋资源的分类方式多种多样，现对几种主要的海洋资源分类方式进行简要概述。

（1）按照根本特质不同，海洋资源可以分为海洋自然资源和海洋社会资源。海洋自然资源是由海洋自然生成的，是海洋固有的，一般指海洋物质资源。海洋社会资源是在海洋自然资源基础上衍生而成的为人类所特有的和分享、消费的资源。具体而言，海洋社会资源指的是海洋为社会提供的，并对社会成员的发展有着重大影响的物质和精神因素的总和，它包含以海洋为主要对象的各种政治的、经济的、文化的、有形的和无形的海洋性资源。

（2）按照利用程度和限度不同，海洋自然资源可以分为海洋耗竭性资源和海洋非耗竭性资源两大类，海洋耗竭性资源按能否恢复又可以再进一步划分为海洋可再生资源和海洋不可再生资源，如图 3-1 所示。这种划分方法有利于加强对海洋资源的开发、利用和管理。对于海洋耗竭性资源中的海洋不可再生资源必须正确地维护和管理，防止过度开发和使用。对于海洋可再生资源同样必须做到合理地开发和利用，提高使用率，并使其能保持正常的生态恢复，从而实现可持续利用。海洋非耗竭性资源依据其是否具有恒定性可进一步划分为海洋恒定性资源和海洋非恒定性资源两大类。

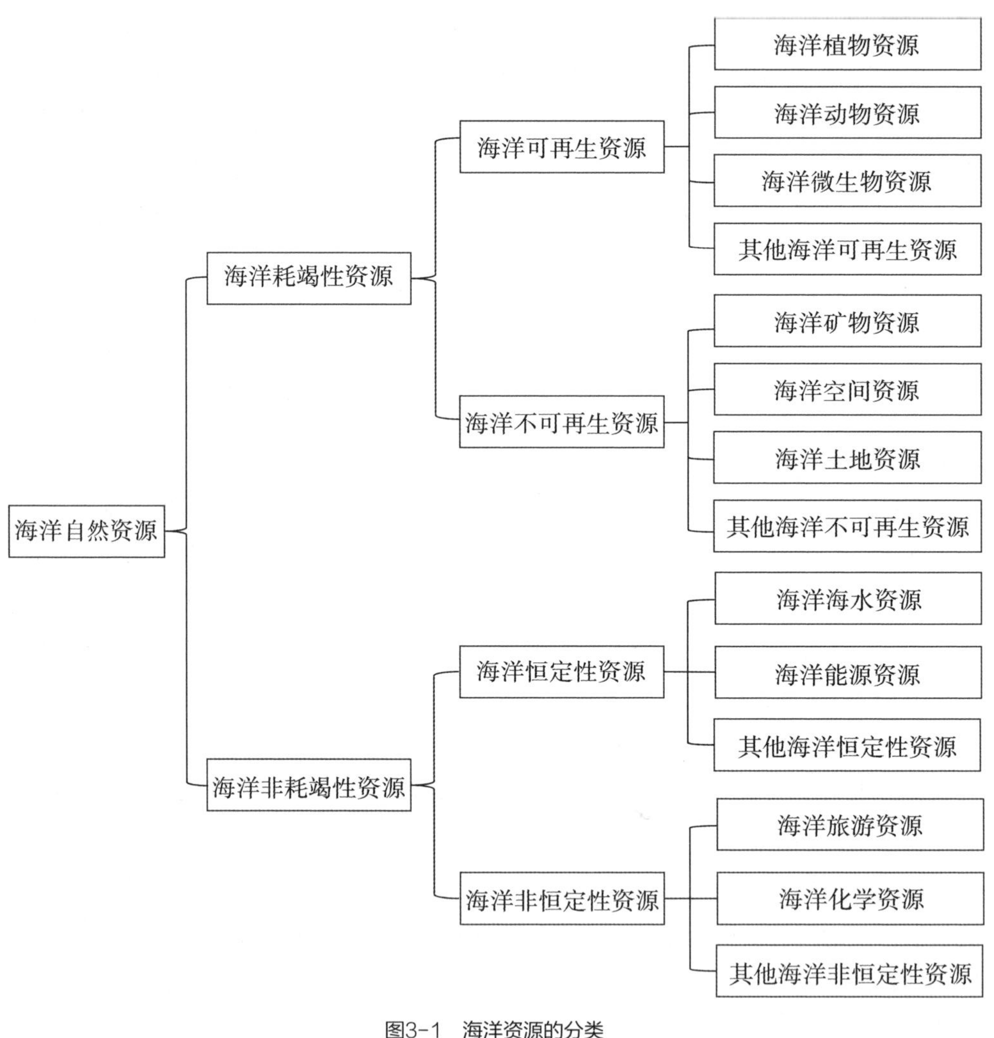

图3-1　海洋资源的分类

（3）按照资源有无生命分类，海洋资源可以分为海洋生物资源和海洋非生物资源。海洋生物资源包括动物资源、植物资源、微生物资源等，其特点是有生命，能自行增殖，并不断更新。

（4）按照所处的地理位置不同，海洋资源可以分为海岸带资源、大陆架资源、海岛资源、深海与大洋资源、极地资源等。

（5）按照其开发利用功能的不同，海洋资源可以分为海洋矿产资源、海洋水产资源、海洋港口资源、海洋能源资源、海洋水资源和海洋旅游资源等。

（6）按照空间层次，海洋资源可以分为海洋大气空间资源、海面资源、海洋水体资源和海底资源。

（7）按照所获取能源的来源不同，海洋资源可以分为太阳能型海洋资源、地球能型海洋资源和其他天体能型海洋资源。

（8）按照自然本质属性不同，海洋资源大致分为海洋物质资源、海洋空间资源和海洋能源资源三大类，然后可以进一步细分，具体如表3-1所示。这种分类方法使海洋资源的分类更具有逻辑性和科学性，更有利于海洋资源的开发和经济利用。

表3-1 海洋资源分类及其利用举例

<table>
<tr><th colspan="4">分类</th><th>利用举例</th></tr>
<tr><td rowspan="7">海洋物质资源</td><td rowspan="7">海洋非生物物质资源</td><td rowspan="2">海水资源</td><td>海水本身的资源</td><td>冷却用水，海水直接利用（海水养殖），海水淡化利用（盐土农业利用，解决陆地水资源严重缺乏问题）</td></tr>
<tr><td>海水溶解物质的资源</td><td>除传统的煮晒盐类外，现代技术在卤族元素、金属元素（钾、镁等）和核原料铀等方面已取得了很大进展</td></tr>
<tr><td rowspan="4">海洋矿产资源</td><td>海洋石油、天然气</td><td>是当前海洋最重要的矿产资源，其产量已是世界油气总产量的近1/3，而储量则是陆地的2/5</td></tr>
<tr><td>滨海砂矿</td><td>金属和非金属砂矿，用于冶金、建材、化工、工艺等</td></tr>
<tr><td>海底煤矿</td><td>弥补陆地煤矿的日益不足</td></tr>
<tr><td>大洋多金属结核和海底热液矿床</td><td>可开发利用其中的锰、镍、铜、钴、锌、钒、金等多种陆地上稀缺的金属资源</td></tr>
</table>

续表

<table>
<tr><th colspan="3">分类</th><th>利用举例</th></tr>
<tr><td rowspan="3">海洋物质资源</td><td rowspan="3">海洋生物物质资源</td><td>海洋藻类资源</td><td>种类繁多，常见的有海带、紫菜、裙带菜等，用途广泛，如食品、药物、化工原料、肥料等</td></tr>
<tr><td>海洋无脊椎动物资源</td><td>种类繁多，包括贝类、甲壳类及海参、海蜇等</td></tr>
<tr><td>海洋脊椎动物资源</td><td>种类繁多，主要是鱼类、海龟、海鸟、海兽等，鱼类是最主要的海洋食物来源</td></tr>
<tr><td rowspan="4">海洋空间资源</td><td colspan="2">海岸和海岛空间资源</td><td>包括港口、海滩、潮滩、湿地等，可用于运输、工业、农业、城镇、旅游、科教等许多方面</td></tr>
<tr><td colspan="2">海面和洋面空间资源</td><td>是国际、国内海运通道，可建设海上人工岛、机场、工厂和城市，提供宽阔的军事试验演习场所、海上旅游和体育运动场所等</td></tr>
<tr><td colspan="2">海洋水层空间资源</td><td>潜艇和其他民用水下交通工具运行空间，提供水层观光旅游和体育运动场所，建设人工渔场等</td></tr>
<tr><td colspan="2">海洋海底空间资源</td><td>可建设海底隧道、海底居住和观光场所、海底通信系统、海底运输管道、海底倾废场所、海底列车、海底城市等</td></tr>
<tr><td rowspan="5">海洋能源资源</td><td colspan="2">海洋潮汐能</td><td rowspan="5">蕴藏的海洋能源可以通过技术手段为人类服务，是不会枯竭的无污染的清洁能源</td></tr>
<tr><td colspan="2">海洋波浪能</td></tr>
<tr><td colspan="2">海流能</td></tr>
<tr><td colspan="2">海水温差能</td></tr>
<tr><td colspan="2">海水盐度差能</td></tr>
</table>

海洋资源是人类社会发展的重要资源，对人类的经济、工业、农业、环境等具有重要意义。但由于海洋资源的有限性，人类在利用海洋资源的同时，也需要注意保护和维护海洋生态系统的平衡，避免海洋资源的过度开发和滥用。

3.1.3 海洋资源的基本特征

海洋资源是地球自然资源的有机构成部分。与陆地资源相比，其分布广，数量大，具有自身固有的基本特征和属性。

1. 海洋资源的流动性

海水是不断流动的，海洋中很多的生物会随着海水的移动而在海洋中产生大范围的位移和进行大范围的扩散。比如，鱼类等一些海洋生物具有洄游的习性。海水的流动性，加上各个海域自身的条件以及相应的气候条件、水文条件的差异，造成了海洋资源的自然差异性。这一特征决定了海洋资源比陆域资源在使用上具有更强的共享性、依赖性和竞争性。海洋资源之间的这种连带作用，使得海洋资源开发暗含着极大的风险性，稍有不慎可能影响全局和长远，破坏整体的生态环境。因此，对海洋资源的可持续利用便显得尤为重要。

2. 海洋资源的公共性

全球的海洋从根本上来讲是一个整体，因此海洋领域不管是在国际领域还是国内划分，其资源都具有公共性。普遍来说，海洋资源的这种特征一般表现在两个方面。一是海洋资源的国家性，海洋资源很难产权化而被个人所拥有。二是海洋资源的国际性，根据国际海洋法的规定，国际海底区域的资源属于人类共同继承的财产。这就要求我们在海洋资源开发和利用的过程中不仅不能单从一个地区考虑，也不能单从一个国家考虑，而要从整个大的海域甚至是全球海洋的发展和变化入手，因地制宜地发展本地区的海洋经济。

3. 海洋资源的有限性和脆弱性

有限性是自然资源的本质特征。尽管海洋资源储藏量巨大，但同样是有限的。对于海洋不可再生资源，其形成不仅需要特定的地质条件，还必须经历数百万年甚至数亿年的漫长物理、化学和生物过程。海洋不可再生资源总量会随着人类开发和消耗的增加而不断减少。而海洋可再生资源则受自身基因及外在客观条件的制约，具有一定限度的可再生性，但如果使用过量，则会失去可再生能力，变成不可再生资源。与其他有限资源相比，海洋恒定性资源（如海洋能源资源）似乎是取之不尽的，但在某段时间或某个地区，可用的能源数量也是有限的。当然，我们要辩证地看待海洋资源的有限性。一方面，人类在开发利用海洋自然资源时必须树立可持续的发展观念，遵循合理开发利用与保护并重的原则，杜绝短视型的掠夺式开发；另一方面，人类要借助科技进步提高资源利用率，拓展可利用的资源范围，提高资源的循环利用效率。

4. 海洋空间立体性

海洋是一个三维立体的、庞大的水系统结构，由一个巨大的连续水体及其上覆的大气圈空间和下伏的海底空间三大部分组成。在二维平面上，它约占据地球表面积的 71%；在垂直方向上，有平均 3 800 米深的水体空间。相对日益拥挤的陆地空间来说，如此宽广的空间资源无疑是 21 世纪人类生存与发展的广阔天地。与陆地资源相比，其具有明显的三维特性。海洋资源的分布具有层次性，在不同的海洋深度都有海洋资源分布。这要求我们在开发海洋时要以海洋的立体观来布局海洋产业，避免造成海洋资源与空间的浪费；另一方面，也正是海洋资源三维立体性所依赖的复杂海洋环境，使得人类开发和利用海洋资源的难度加大。

3.2 海洋资源经济学的形成与发展

3.2.1 海洋资源经济学的发展脉络

3.2.1.1 经济学

对于什么是经济学，有很多种定义。本教材采用保罗·安东尼·萨缪尔森的定义："经济学（Economics）研究社会如何使用稀缺资源来生产有价值的产品，并将它们分配给不同的个人。"经济学研究的是资源稀缺性，即面对稀缺的资源，人类社会如何作出选择。在作出选择时，一个重要的原则就是要使行动的代价和选择后所得到的收益平衡。在尽可能的范围内实现这种平衡，就是最优化或经济化。最优化和经济化就是最好地利用有限的资源。

3.2.1.2 海洋经济学

海洋经济是人类开发、利用及保护海洋资源而形成的各类产业及相关经济活动的总和。海洋经济学（Marine Economics）产生于20世纪60年代，是随着海洋经济的发展而发展起来的一门新兴学科，既属于应用经济学范畴，也属于海洋基础理论经济学范畴，是海洋区域经济学、海洋环境经济学、海洋资源经济学等应用经济学综合与基础的经济科学。该学科把理论经济学的基本原理应用于海洋经济活动的实践，并在实践的基础上进行经验总结、理论抽象，揭示客观规律，最终为海洋资源开发、利用和海洋环境保护服务。

3.2.1.3 资源经济学

资源经济学（Resource Economics）是关于资源开发、利用、保护和管理中的经济因素和经济问题，以及资源与经济发展之间关系的科学。它的主要研究内容包括资源稀缺、资源市场、资源价格及其评估、资源配置与规划、资源产权、资源核算、资源贸易、资源产业化管理等。近年来，在一批国内外学者的倡导下，理论界开展了国土经济学、生态经济学、环境经济学、海洋经济学等学科的研究，其中涉及大量资源经济问题，这为全球资源经济学的研究奠定了基础，营造了有利的发展环境。

3.2.1.4 海洋资源经济学

海洋资源经济学（Marine Resource Economics）是资源经济学的一个分支，专以海洋资源为研究对象，属于资源科学大门类，同时也可以作为海洋部门经济学领域的一个分支学科。海洋资源经济学主要从经济学的角度探讨海洋资源的开发、利用和优化配置等问题，并对海洋资源与社会发展的关系、海洋资源合理配置、海洋资源持续有效利用以及当前海洋资源政策对未来时代的影响等问题进行研究。其运用经济学、资源经济学、海洋经济学等经济学科知识，海洋学、海洋环境学、海洋地质学、海洋生物学等海洋学科知识，以及海洋政策、海洋法规、海洋管理等社会学科知识，来研究海洋资源的配置，研究海洋资源的开发、利用与保护，研究海洋资源再生产活动，研究海洋资源与环境可持续发展，力求实现经济效益、社会效益和环境生态效益三者之间平衡的技术体系等。它的基本任务是研究如何优化海洋资源配置，提高资源利用效益，促进海洋资源、海洋生态与经济社会协调发展。

3.2.2 海洋资源经济学研究的必要性

海洋资源经济学是一门研究海洋资源开发、利用与管理的学科。随着人类对海洋资源的需求不断增加，海洋资源经济学的研究也越来越受到重视。海洋资源经济学研究的必要性主要体现在以下三个方面。

1. 海洋资源制约海洋经济发展

纵观世界经济的发展历程，现代经济就是建立在煤、石油、水电、核能等能源形式之上的。从一个国家或从全世界的范围来看，如果经济发展不能与资源的开发规模保持相应的数量关系，那么经济的发展必然会受到阻碍。20 世纪 70 年代的石油危机就是例证。作为社会财富的重要组成部分和海洋经济发展的自然物质基础，海洋资源的开发、利用直接决定了海洋经济能否发展及其可持续发展态势。当前，海洋资源的开发和利用普遍存在利用不合理，开发和利用的水平低、不充分等问题，这造成了严重的资源浪费与环境破坏。比如，近海渔业资源捕捞过度使海洋生物资源、海洋生态系统遭到不同程度的破坏；入海污染物总量逐年增加，致使某些海域环境污染加剧。因此，海洋资源经济学研究立足于全球海洋经济发展的现实需求是十分必要的。

2. 海洋资源影响海洋产业结构和空间布局

海洋资源和海洋产业是发展海洋经济的根本。海洋资源能否被合理开采和是否得到高效的分配直接决定海洋经济能否增长。海洋产业是海洋资源的价值实现，其产业结构与空间布局不仅影响海洋经济的增长速度，也会影响全球经济的增长方式。一般来说，不同的国家或地区具有不同的海洋资源禀赋特征，将形成不同的海洋产业部门。此外，海洋资源的类型和数量以及海洋产业的区域差异，对产业机构和空间布局的类型和特点也会产生影响。通过研究海洋资源与海洋产业发展之间的关系，我们可以认识到海洋资源对海洋经济发展的制约作用，这有利于我们更加科学合理地布局海洋产业，发展海洋经济。

3. 践行海洋资源开发、海洋环境保护与海洋经济增长并行的可持续发展理念

进入21世纪以来，全球海洋经济发展迅速，已经初具可观的规模。但是，缺乏科学合理的规划和引导以及海洋相关技术的落后导致了海洋资源的枯竭，直接影响着海洋经济的可持续发展。经济效益评估是海洋资源经济学的重要研究内容之一，它通过对海洋资源开发、利用的成本和收益进行评估，为决策者提供科学的依据。海洋环境保护和管理是海洋资源经济学的重要组成部分，它关注的是如何在保护海洋环境的前提下，实现海洋资源的可持续利用。因此，海洋资源经济学为如何实现海洋资源开发、海洋环境保护与海洋经济可持续发展提供了经验支撑。

综上所述，海洋经济发展离不开海洋资源，但并不意味着要对海洋资源进行无限制、无休止地开发。在快速发展海洋经济的同时，要不断提高海洋资源开发利用的水平和能力，努力形成科学合理的海洋资源开发体系。同时加强海洋环境保护，改善海洋生态环境，保持海洋资源体系的良性循环，实现海洋资源、海洋经济与海洋环境的协调发展，努力为下一代提供良好的生存和发展环境。

3.2.3 海洋资源经济学研究的指导原则

立足于中国国情，我们开展海洋资源经济学的相关研究必须遵循以下指导原则。

1. 马克思主义是开展海洋资源经济学研究的思想基础

海洋资源经济学研究的方法论基础和具体研究方法涉及哲学、政治经济学以及其他相关学科。其中，马克思主义政治经济学在进行经济理论概括时，采用了科学研究工作中经常使用的归纳法和演绎法以及在经济分析中经常使用的科学抽象法，因而使研究的问题得以简化，这为我们研究海洋资源经济学提供了思想与方法指导。

2. 面向时代是我们进行海洋资源经济学研究的基本要求

海洋资源经济学的产生和发展具有鲜明的时代特色。海洋资源经济学理论只有深刻反映时代经济、政治和军事的要求，才能对海洋资源经济的实践起到应有的指导作用，才能揭示现代资源、环境与经济之间的特殊矛盾，才能实现可持续发展。面向时代是海洋资源经济学研究根本性的指导思想之一。

3. 海洋资源经济学研究要放眼世界，博采众长

海洋资源经济学是一门开放的科学，它必须吸收当代其他国家，特别是经济发达国家海洋资源经济学的研究成果，借鉴别国经验。在中国现有国情下，我们进行海洋资源经济研究更应如此。

本章小结

本章首先阐述了海洋资源的基本概念，介绍了海洋资源的分类和海洋资源的特征，然后梳理了海洋经济学的发展脉络，并据此分析了海洋资源经济学研究的必要性。其中，着重介绍了海洋资源经济学的基础知识，以期帮助读者系统了解海洋资源及海洋资源经济学。进入21世纪以来，全球海洋经济迅速发展，立足于中国国情，本章最后提出了海洋资源经济学研究的指导原则。

【知识进阶】

1. 简述海洋资源的概念与基本特征。

2. 如何对海洋资源的类型进行划分?

3. 结合海洋资源问题现状，分析海洋资源经济学的产生和发展。

4. 根据下述材料，回答问题。

辽宁沿海经济带具有明显的区位优势和优良的自然资源禀赋，成为东北老工业基地振兴的“火车头”。辽宁沿海经济带紧邻渤海湾，是东北地区唯一的沿海区域，宜港海岸线1 000千米，其中深水岸线400千米。沿岸拥有超过2 000平方千米尚未开发的废弃盐田、盐碱地和荒滩，浅海区滩涂广阔，面积占全国的9.5%。作为中国北方通往海洋的重要通道，其拥有丰富的港口资源。大连、沈阳等多个港口城市成为辽宁省经济发展的重要引擎，也与沿海国际市场紧密连接。此外，辽宁沿海经济带还拥有石油、天然气和鱼类等丰富的自然资源，这为辽宁省海洋经济的可持续发展奠定了坚实基础。

（1）尝试根据不同标准对辽宁省富含的海洋资源进行分类。

（2）从地理位置和资源禀赋的角度，分析辽宁沿海经济带海洋经济发展的优势条件。

（3）为实现辽宁省海洋经济的可持续发展，说明该省在海洋资源管理与可持续利用方面可采取哪些措施。

4 海洋资源经济学理论概述

知识导入：随着全球海洋经济的迅速发展，建立海洋资源经济学的理论体系极为迫切。海洋资源的独特性质决定了海洋资源经济学的理论体系有别于其他经济学学科。海洋资源经济学要求把现代经济学、资源经济学、福利经济学、环境经济学等学科的基本原理和方法应用于海洋资源开发利用的最优管理及可持续性发展，以满足人们日益增长的海洋资源产品需求，并更好地指导海洋经济发展实践。本章立足于新古典经济学的基本原理并结合海洋资源的相关特征，系统阐述自然资源优化配置理论、海洋可再生资源经济理论、海洋不可再生资源经济理论和海洋资源可持续发展理论，尝试构建海洋资源经济学的基本理论框架。

4.1 自然资源配置

4.1.1 自然资源配置的基本原理

自然资源配置（Resource Allocation）是指自然资源之间及自然资源与其他经济要素之间的组合关系在时间、空间和产业等方面的具体体现或演变过程。可见，这是一个资源综合利用的问题。自然资源配置的总目标在于实现自然资源的最优化和可持续利用。为此，自然资源配置过程除了遵循经济学原理中的最大化原则，还应遵循经济效益、生态效益和社会效益相结合的原则，利益合理分配原则，自然资源的多层次综合利用原则以及因地制宜原则等。本节主要依据自然资源配置的总目标和主要原则从时间上来具体阐述自然资源配置的基本原理。

自然资源在不同的时间有不同的使用价值，主要有以下几个原因。第一，不同时间，由于自然资源开发利用的技术条件不同，开发利用自然资源的效率也就不一样；第二，自然资源的存在状态及占有、使用成本的变化，也将导致自然资源在不同时期有价值和效益上的差异；第三，处在不同的社会经济发展阶段，人类对自然资源需求水平的差异会导致自然资源配置效益的不同；第四，自然资源的不确定性使得不同时期自然资源开发利用的过程中人类的行为不尽相同，从而导致效益的差异；第五，自然资源自身的基本特征使得有必要对其开发利用作出合理的时间安排。

现假设某种自然资源在某一时间 t_0 使用该种自然资源一个单位，产生价值为 q_0，同时其相应付出的成本为 c_0，则这种自然资源开发利用的净产出为 q_0-c_0；同理，在时间 t_1 的净产出为 q_1-c_1，在时间 t_n 的净产出为 q_n-c_n。

假设 t_1、t_0 之间相隔的时间差为n年，由于一个单位的货币价值在不同的时间是不一样的，为此可以通过贴现率将其变为现值。若第 n 年该种自然资源开发利用的收益 $(q_n-c_n)/(1+r)^n$ 大于当前开发利用的收益 q_0-c_0，则与当前相比，该种自然资源应该在第 n 年时开发；反之，则应该在当前开发利用。

假设自然资源可以被开发利用 n 年。对于自然资源开发利用的决策者来讲，他们希望通过自然资源的开发利用获得的净收入流量现值（PV）达到最大。即

$$PV=(q_0-c_0)+\frac{q_1-c_1}{1+r}+\frac{q_2-c_2}{(1+r)^2}+\cdots+\frac{q_n-c_n}{(1+r)^n}=\sum_{i=0}^{n}\frac{(q_i-c_i)}{(1+r)^i} \tag{4.1}$$

式中，i 为自然资源开发利用的第 i 期，PV 为净收入的总现值，q_0 为 t_0 时期使用一个单位自然资源所产生的价值，c_0 为 t_0 时期使用一个单位自然资源所产生的成本，q_i 为 t_i 时期使用一个单位自然资源所产生的价值，c_i 为 t_i 时期使用一个单位自然资源所产生的成本，r 为贴现率。

贴现率的大小对自然资源的开发利用有着非常重要的影响。一般来说，合理的资源开发利用模式是基于对自然资源的持续利用。从长远来看，自然资源的消耗率必须与自然资源的再生率平衡。一旦贴现率高于自然资源的最大增长率，就有可能导致自然资源的枯竭，这意味着人们应该特别注意确定贴现率在开发利用自然资源活动中的延迟效应。过高的贴现率往往不利于在几代人之间实现公平的目标，但不是说贴现率越低越好。然而，在自然资源的期间分配决策中，公共投资决策出于维护人类长远利益、保护自然资源等原因，一般会使用低于一般贴现率的社会贴现率，以反映“社会的时间偏好”。

4.1.2 资源的社会成本构成

当资源的市场价格不存在或无法反映资源利用的社会成本时，市场就不能有效地配置资源。资源之所以得不到有效配置，是因为企业在作出生产决策时，只根据资源的市场价格来计算私人生产成本，而不考虑社会成本。因此，社会在做决策时必须充分考虑资源利用的整个社会成本。社会成本（Social Cost）是整个社会从事某种活动时所付出的总机会成本，等于私人成本（Private Cost）与外部成本（External Cost）之和：

$$社会成本=私人成本+外部成本 \tag{4.2}$$

外部成本是私人活动对外部造成影响而没有承担的成本。可见，环境成本是外部成本的一部分。

边际社会机会成本（Marginal Social Opportunity Cost，MSOC）为边际私人成本（Marginal Private Cost，MPC）与边际外部成本（Marginal External Cost，MEC）之和。边际社会成本曲线实际上也就是社会供给曲线，即再生产一件产品社会需要付出的成本。

社会生产多少产品取决于社会支付意愿。社会支付意愿是再生产一件产品社会预期得到的好处，也就是边际社会收益（Marginal Social Revenue，MSR），它等于边际私人收益（Marginal Private Revenue，MPR）。当该产品为公共产品时，它等于边际私人收益加上边际外部收益（Marginal External Revenue，MER），其中边际外部收益可正可负。

$$MSR=MPR+MER \tag{4.3}$$

式中，MSR为边际社会收益，MPR为边际私人收益，MER为边际外部收益。

MSR是社会需求函数，表示再购买一件产品社会愿意支付的价格。

$$MSR=MWTP=DS \tag{4.4}$$

$$MSOC=SS \tag{4.5}$$

式中，MWTP是边际支付意愿（Marginal Willingness to Pay），DS为社会需求曲线。边际社会收益即社会的边际支付意愿，也就是社会需求曲线。MSOC是社会再生产一单位产品的成本，也就是社会供给曲线SS。SS和DS共同决定的均衡价格就是社会的完全成本价格。

边际外部成本MEC又可以分为边际使用者成本（Marginal User Cost，MUC）和边际环境成本（Marginal Environmental Cost，MEC）。使用者成本是现在使用不可再生资源而不是留给后代使用所产生的成本。因此，边际社会成本由边际私人成本、边际使用者成本和边际环境成本组成。

$$MSOC=MPC+MUC+MEC \tag{4.6}$$

式中，MPC为边际私人成本，MUC为边际使用者成本，MEC为边际环境成本。

因此，在确定社会完全成本时，需要同时考虑到社会供给曲线与社会需求曲线两条曲线。它们也许与私人的供求曲线不同，但就环境污染而言，私人付出的成本通常比社会付出的成本要小。在市场经济条件下，私人企业仅考虑私人成本忽略其他社会成本，往往会生产过剩，从而导致资源的浪费与环境的污染。

4.1.3 利润最大化与资源配置

4.1.3.1 单个资源的开发利用

基于理性人假设与利益最大化假设，若某一区域某类资源开发利用的单位产量一定，则该类资源开发量增加，产出量也同比例增加。设该类资源开发利用的产量为q，获得的收入为TR，资源开发产品的价格为p，则TR=pq，资源开发利用的成本也取决于资源开发利用的产量q，则利润$\pi(q)$为

$$\pi(q)=\mathrm{TR}(q)-\mathrm{TC}(q) \tag{4.7}$$

如图4-1所示，为了实现利润最大化，资源开发利用决策者选择收入与成本差值最大时的产出量。收入TR（q）是一条曲线，这说明只能靠降低价格才能增加产量。这条线的斜率表示每当产量增加一个单位时收入的增加量，即边际收益。因为成本包括固定成本和可变成本，所以TC（q）不是一条直线，它的斜率为每增加一单位产量时成本的增加量，即边际成本。由于短期内存在固定成本，所以当产量为零时，TC（q）为正。

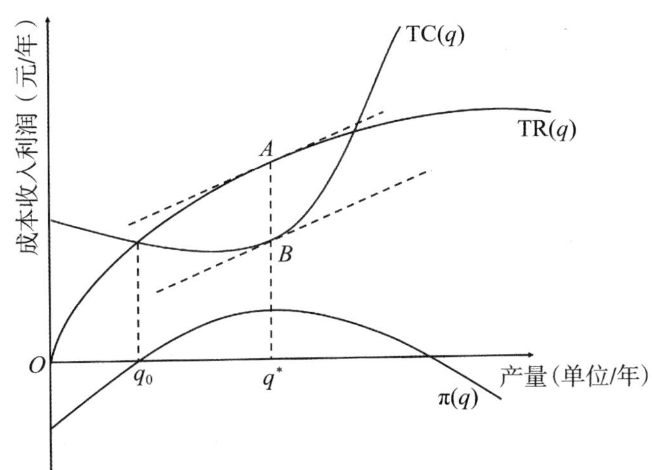

TC（q）为成本曲线；TR（q）为收入曲线；π（q）为利润曲线；q^*为利润最大化时的产量；q_0为利润初次为零时的产量。

图4-1 资源开发利用短期利润最大化

当产出处于较低水平（低于q_0），则其利润低于0，这是因为收入不能抵消固定成本和可变成本之和（q=0时，由于有固定成本，利润也低于0）。当企业的边际收益高于其边际成本时，企业的产出越多，利润就越高。随着产量增加，利润将大于0（q大于q_0时），而且会继续增长直至产量达到q^*。此时，边际收益等于边际成本，收入与成本间的直线距离AB达到最大。相应地，π（q）也达到最大，q^*

为利润最大时的产量。一旦产量超过 q^*，企业的边际收益就会低于其边际成本，从而导致企业利润降低，同时也说明企业的总生产成本在快速上升。

当边际收益等于边际成本时，利润实现最大化，这一法则适用于所有的资源开发利用方式。在短期的资源开发利用行为中，资源开发利用者的资本数额是固定的，为此必须选择它的可变投入水平（如劳动、燃料等），以使利润达到最大。资源开发利用者的短期决策如图 4-2 所示。平均收益曲线、边际收益曲线都为水平线，资源开发利用产品的价格为 40 元。ATC 为平均总成本曲线，平均可变成本曲线为 AVC，边际成本曲线为 MC。

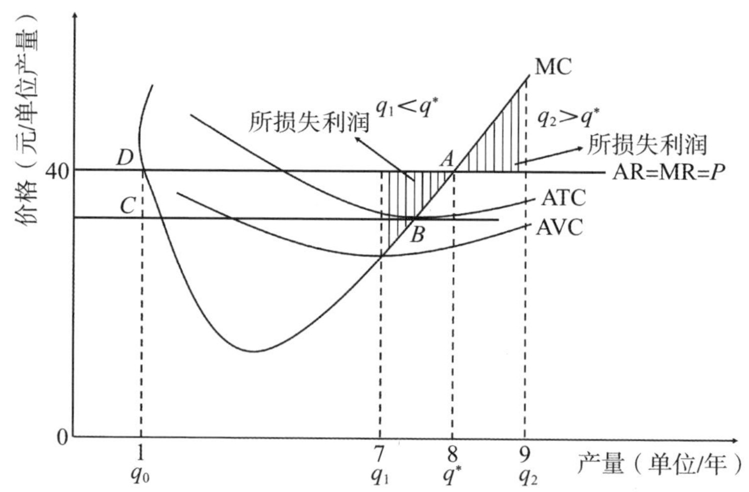

MC 为边际成本；ATC 为平均总成本；AVC 为平均可变成本；AR 为平均收入；MR 为边际收入；P 为价格。

图4-2　竞争性资源开发利用中的短期利润最大化

资源开发利用利润在 A 点最大，此时 $q^*=8$，价格为 40 元。因为该点边际收益等于边际成本。在一个较低的产量水平下，假设 $q_1=7$，边际收益大于边际成本，所以增加产量能增加利润。q_1 和 q^* 之间的阴影部分表示产量为 q_1 时所损失的利润。在一个较高的产量水平下，譬如 $q_2=9$，边际成本大于边际收益，因而，降低产量能节约超过收入减少额的成本。q^* 与 q_2 之间的阴影部分表示资源开发利用产量为 q_2 时所损失的利润。

如图 4-2 所示，MR 和 MC 曲线在产量为 q_0 和 q^* 时相交，但在 q_0 点利润显然没有实现最大化。产量超过 q_0 时，利润增加，因为边际成本低于边际收益。所以，竞争性条件下短期开发利用行为中资源开发利用利润最大化的条件是，当边际成本曲线处于上升阶段时，边际收益等于边际成本。这里只考虑竞争性市场条件下的资源开发利用行为以及追求利润最大化的资源开发利用决策，不考虑长期情况下资源开发利用者的行为。

为了在长期生产中保持利润最大化，资源开发利用者应合理作出资源开发利用决策。如图 4-3 所示，资源开发利用者面临一条水平的需求曲线（市场价格为 40 元）。当短期平均（总的）成本曲线 SAC 和短期边际成本曲线 SMC 很低时，可得到正的利润，其大小为矩形 *ABCD*，此时产量为 q_1，在该点，SMC=*P*=MR。长期成本曲线 LAC 反映了产量达到 q_2 时的规模经济和高于该产量时的规模不经济。长期边际成本曲线 LMC 在 q_2 点从下面穿过长期平均成本曲线 LAC，q_2 点的长期平均成本最小。

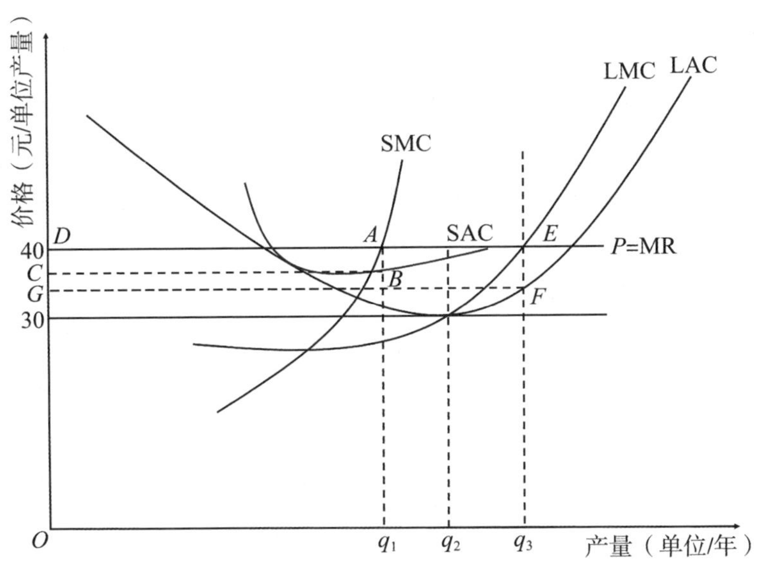

SMC 为短期边际成本曲线；SAC 为短期平均成本曲线；LMC 为长期边际成本曲线；LAC 为长期平均成本曲线；MR 为边际收入曲线；*P* 为价格。

图4-3　竞争性资源开发利用中的长期利润最大化

如果资源开发利用者认为市场价格仍维持在 40 元，且单位资源开发产量不变，资源开发利用者会扩大资源开发利用规模，当生产的产量为 q_3 时，长期边际成本等于 40 元。此后其边际利润从 *AB* 增加到 *EF*，总利润从 *ABCD* 增加为 *EFGD*。产量为 q_3 时，利润最大，因为低于该产量时，如 q_2，增加产量所带来的边际收入大于边际成本。但是，如果产量高于 q_3，边际成本就会大于边际收入，增加产量就会减少利润。总之，资源开发利用者为追求使利润实现最大化的长期产量，应使价格等于长期边际成本。

4.1.3.2 帕累托最优

帕累托于1906年以“序数效用论”为基础考察了多元主体参与的集合体效用极大化问题。他认为当生产资源在各部门之间的分配与使用已经达到这样一种状态时，即生产资源采用任何一种重新配置方案，已经不可能使任何一个人的处境变好，同时也不使另一个人的处境变坏，或者说任何一种产品要进一步增加产出，只有减少其他产品的产出才能实现时，就达到了总体效用的最大化。

1. 帕累托最优的概念

帕累托最优是指在一种资源配置中，如果存在一种资源分配方式可以让某一方获益，而不使其他人处于劣势，则该分配方式是帕累托最优的。帕累托最优的概念还可以借助效用可能性曲线加以说明。

如图4-4所示，假设在一个只有两个消费者、两种产品的简单模型中，A、B二者从既定产量的不同分配和消费中获得不同的效用组合。效用可能性曲线UU'反映了在可供消费的既定产量下，A、B二者可能达到的各种最大的效用组合。图4-4中，效用可能曲线把可能达到的效用水平与不可能达到的效用水平区分开来，任何在效用可能曲线上或左下的点都是可能达到的，如H、I、J、K点；任何位于效用可能曲线右上的点都是不可能达到的，如L、M点。而效用可能曲线上的任意一点不仅是可能达到的总满足程度，而且是帕累托最优状态，即所能达到的最大满足程度。因为在曲线左下方，商品的分配没有达到帕累托最优状态，通过改变商品的分配至少能使一人受益。比如，A、B两人的效用水平位于H点时，通过商品的重新分配，A、B两人的效用水平移到I点或K点，可使B或A的效用增加而对方的

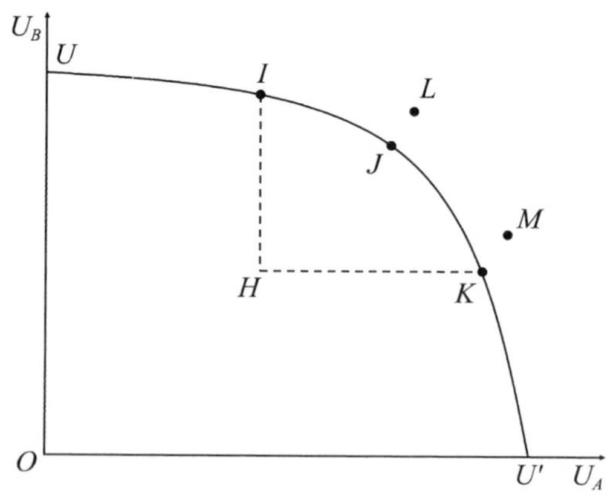

图4-4 效用可能性曲线UU'

效用不减；或移到 I 点与 K 点之间的任意一点上，此时 A、B 两人的效用水平可同时提高。

2. 帕累托最优状态的三个边际条件

第一个条件为交换的边际条件（交换的帕累托最优），即对所有消费者来说，任意两种商品之间的边际替代率必须相等。当这个条件满足时，商品在消费者之间的分配就达到了帕累托最优状态。

第二个条件为生产的边际条件（生产的帕累托最优），即任意两种生产要素之间的边际技术替代率对于任意两个生产者来说必须相等。当满足这个条件时，生产要素在生产者之间的分配就达到了帕累托最优状态。

第三个条件为产品替代的边际条件（包括交换和生产在内的帕累托全面最优）。该条件指的是，对各消费者而言，任意两种商品的边际替代率相等；对各生产者而言，生产任意两种产品的边际转换率相等；并且边际替代率等于边际转换率，即达到消费和生产领域的帕累托全面最优，达到了资源配置的帕累托最优状态。

根据帕累托最优条件，一个社会要达到最高的经济效率，得到最大的社会经济福利，必须同时满足上述三个边际条件。

3. 实现帕累托最优的条件

那么在什么条件下，可以满足帕累托最优的三个边际条件？微观经济学的一个基本发现是，完全竞争的市场条件下，若规模报酬不变，没有外部经济或不经济的影响，则可以满足帕累托最优的三个边际条件。简单地说，完全竞争的市场经济是实现帕累托最优的条件。

首先，看第一个边际条件，任意两种商品之间的边际替代率对于任意两个消费者来说都相等。在经济生活中，任何消费者都以有限的收入追求尽可能大的满足，因此一定要使每一消费者消费任何两种商品的边际替代率等于其价格之比。又因为只有在完全竞争条件下，所有的消费者才能享有同样的价格，不存在价格歧视，因此只有在完全竞争条件下，依据同样的价格水平，才可能在全体消费者之间实现任意一组产品的边际替代率相等，才能实现帕累托最优。用公式表示，即

$$\mathrm{MRCS}_{XY}^{A}=(\mathrm{MU}_X/\mathrm{MU}_Y)_A=(P_X/P_Y)_A=(P_X/P_Y)_B=\mathrm{MRCS}_{XY}^{B}=(\mathrm{MU}_X/\mathrm{MU}_Y)_B \tag{4.8}$$

式中，A、B 为任意两个消费者，X、Y 为任意两种商品，MRCS 为两种商品的边际替代率，MU 为边际效用，P 为商品价格。

其次，看第二个边际条件，任意两种生产要素之间的边际技术替代率对于任意

两个生产者来说都相等。在生产中，每个生产者都要通过一定投入的生产来追求最大的利润，一定会使其雇佣任何一组生产要素的边际技术替代率等于其价格之比。在完全竞争的市场条件下，全体生产者面对同样的要素价格，即要素的价格之比对每一个生产者都一样，这使追求利润最大化的各个厂商有了统一的参照标准，所以，当每个生产者达到利润最大化标准时，一定也同时使社会实现了帕累托生产最优。即

$$\mathrm{MRTS}_{LK}^{X}=(\mathrm{MU}_L/\mathrm{MU}_K)_X=(P_L/P_K)_X=(P_L/P_K)_Y=\mathrm{MRTS}_{LK}^{Y}=(\mathrm{MU}_L/\mathrm{MU}_K)_Y \tag{4.9}$$

式中，L、K 为任意两种生产要素，X、Y 为任意两个生产者，MRTS 为两种商品的边际技术替代率，MU 为边际效用，P 为商品价格。

最后，看第三个边际条件，任意两种商品之间的边际替代率必须等于这两种商品对任意生产者的边际产品转换率。由于边际转换率可以表示为两种产品边际成本的比率，如 $\mathrm{MRPT}_{XY}=\mathrm{MC}_X/\mathrm{MC}_Y$，边际替代率可以表示为两种商品的边际效用之比，如 $\mathrm{MRCS}_{XY}=\mathrm{MU}_X/\mathrm{MU}_Y$，消费者为达到效用最大比一定要使 $\mathrm{MU}_X/\mathrm{MU}_Y=P_X/P_Y$，而厂商要达到利润最大化也一定要使 $\mathrm{MR}=\mathrm{MC}$。在完全竞争条件下，$\mathrm{MR}=\mathrm{MC}=P$，而且所有消费者和所有生产者均面对同样的产品价格，因此可以实现

$$\mathrm{MRPT}_{XY}=\mathrm{MC}_X/\mathrm{MC}_Y=P_X/P_Y=\mathrm{MU}_X/\mathrm{MU}_Y=\mathrm{MRCS}_{XY} \tag{4.10}$$

式中，X、Y 为任意两种商品，MRCS 为两种商品的边际转换率，MC 为边际成本，MU 为边际效用，P 为商品价格。

综上，帕累托全面最优的实现离不开完全竞争的市场条件。但在现实的经济生活中，由于竞争常常具有不完全性，所以不具备实现帕累托最优的条件，或者说，单凭市场自发调节不能实现社会经济福利的最大化。从理论上讲，政府可以在各种限制条件下求出能够实现资源最优配置的影子价格。这个影子价格相当于完全竞争条件下每个经济单位实现最大化目标的过程中，由看不见的手自发决定的均衡价格，但实际上是很难达到的。

4. 最大社会福利决定

帕累托最优状态只解决了经济效率问题，没有解决合理分配问题。经济效率是社会福利最大的必要条件，合理分配是社会福利最大的充分条件，只有同时解决效率与公平问题，才能解决社会福利的唯一最优状态问题。

1）效用可能性边界

就整个经济社会来说，要达到社会福利最大，除了产品分配和要素配置处于帕

累托最优状态外，还要考虑社会效用是否达到最大值。

我们可以利用交换契约线推导出效用可能性边界曲线。如图 4-4 所示，当产品结构确定为某一帕累托最优点（M）时，可以作出一个相应的埃奇沃斯交换盒形图。图中交换契约线上的每一点代表 A、B 两个消费者各种不同的效用组合，但均满足边际替代率相等的条件。将这些满足交换一般均衡条件的效用组合点在效用图上表示出来，可以得到一条效用可能性曲线，如图 4-5 中的 U_1 线。符合帕累托生产最优的点不止一个，因此当产品结构改变为另一种组合时，又可以据此作出一个新的交换盒形图，从而又形成一条新的交换契约线。将这条交换契约线上各点所代表的 A、B 两个消费者的效用组合再在刚才的效用图上表示出来，这些点又可以连成一条新的效用可能性曲线，如图 4-5 中的 U_2 线。由于帕累托生产最优可以有无数个组合，所以在效用图上能够作出无数条效用可能性曲线。这些不同的效用可能性曲线，表示两个消费者在不同的产品结构下所能得到的各种效用组合。这些效用可能性曲线的外包络线被称为效用可能性边界，或者社会福利界限（Social Welfare Frontier），它表示消费者在各种可能的产品结构条件下所能达到的最大效用组合。边界外的点表示在现有资源条件下，还不能达到的效用组合；边界内的点表示在现有资源条件下，可以达到的效用组合，但不是最大的效用组合，还可以通过改变产品结构来使效用程度进一步提高。

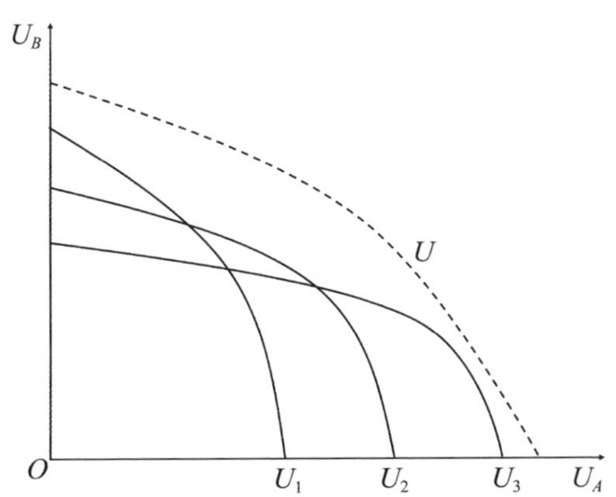

U、U_1、U_2、U_3 分别为效用可能性曲线。

图4-5 效用可能性曲线边界

在效用可能性边界上有无数个点，这些点都符合帕累托最优状态三个边际条件的要求，显然，从帕累托最优演化来的效用可能性边界还无法揭示对全社会而言，究竟哪一点是最可取的。为此，必须引入社会福利函数（Social Welfare Function）。

2）社会福利函数

从实际的经济状况来说，社会福利的水平是一系列复杂因素相互影响和作用的结果。但在理论分析中，为了方便，可以把社会福利设想为某些重要因素的函数。这里，我们把社会福利看作整个社会所有个人效用水平的函数，而个人的效用水平又取决于他们消费产品和提供要素的数量。

假如社会只有 A、B 两人，消费 X、Y 两种商品，每人提供两种要素 L、K，则两人的效用函数分别为

$$U_A = U_A(X_A, Y_A, L_A, K_A) \tag{4.11}$$

$$U_B = U_B(X_B, Y_B, L_B, K_B) \tag{4.12}$$

从社会福利依存于个人福利的价值判断出发，用 W 代表社会福利，则

$$W = W(U_A, U_B) \tag{4.13}$$

这是最简单的社会福利函数表达形式，推广之后，即

$$W = W(U_1, U_2, \cdots, U_n) \tag{4.14}$$

由于在一定时期内，资源总量是既定的，即

$$L_A + L_B = L \tag{4.15}$$

$$K_A + K_B = K \tag{4.16}$$

在技术水平既定的条件下，用既定的资源所能生产的商品 X、Y 数量也是有限制的，即

$$X_A + X_B = X \tag{4.17}$$

$$Y_A + Y_B = Y \tag{4.18}$$

因此，各社会成员的效用所得不仅取决于资源的分配和产品总量，还取决于收入的分配。当资源总量和产品总量不变时，只有不同个体之间的收入分配发生变化，社会福利总量也会随着个人效用变化对社会福利的影响而发生变化。

每个人对什么是合理的分配，都有各自的偏好，或者说，每个人对不同的收入分配有不同的效用评价，可是，必须得到每个人的效用评价的总和才可以推导出社会总的效用评价水平，才能比较和确定最大的社会福利。显然，这样的社会福利函数难以建立。但是，社会福利函数论者假设存在这样的社会福利函数，并由此作出一组与个别消费者无差异曲线相类似的能够反映社会福利水平的社会无差异曲线。

如图 4–6 所示，社会无差异曲线也称为社会福利等高线。每条社会无差异曲线上不同的点代表 A 和 B 的不同效用组合，但社会福利水平是相等的，即无差别的。图 4–6 中有三条社会无差异曲线 W_1、W_2、W_3，离原点越远的曲线代表的社会福利

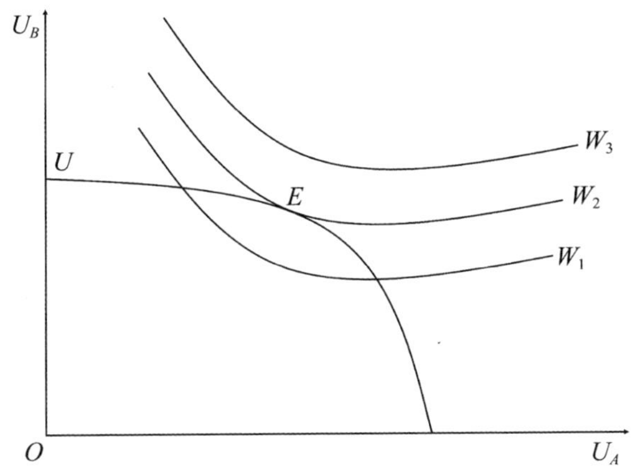

*U*为效用曲线；*W*为无差异曲线。

图4-6　社会无差异曲线

水平越高，即 $W_3 > W_2 > W_1$。

3）最大社会福利点的确定

将社会无差异曲线与总效用可能性边界曲线放在同一张图上，可以确定最大社会福利点。在图4-6中，社会无差异曲线 W_2 与效用可能性边界相切于*E*点，这一点是在既定的生产要素、技术条件和个人偏好的限制条件下，可以获得的最大社会福利的生产、交换和分配的唯一组合点。它代表了限制条件下的最大满足点，是全社会效率与公平的最佳结合点。在限制条件下找到最大满足点后，可以根据包括此点在内的具体效用可能线找到相应的最优产量组合。根据该产量组合可以确定产品的最优分配，最终实现经济效率与公平分配的最佳组合。

4.2　海洋可再生资源经济理论

4.2.1　海洋可再生资源的内涵与特征

4.2.1.1　海洋可再生资源的内涵

可再生资源（Renewable Resource）也称可更新资源，是指能够自我循环、更新、补充并可持续利用的一类资源，例如森林资源、渔业资源、土壤资源、气象资源。可再生资源是生态系统的重要组成部分，其再生性符合生态系统的基本运行规律。倘若其再生机制受到破坏，如不合理开发、过度利用超过了一定的阈值，都可能造成资源退化、生态破坏。森林过度砍伐、土壤退化、渔业资源衰竭，以及全球气候变化、水土流失、洪涝灾害、生物多样性锐减，都与可再生资源的不合理开发利用有关。因此，对可再生资源的利用方式从传统粗放向可持续集约转变，对于实现可再生资源的有效开发利用显得极为紧迫和重要。

按照形成方式的不同，海洋资源可分为海洋可再生资源和海洋非再生资源。所谓海洋可再生资源是指可以凭借自然力以某一增长率保持或增加蕴藏量的海洋自然资源。这些资源在合理使用的前提下，可以自己再生产自己，这类资源包括海洋生物资源、海洋旅游资源、海洋再生能源、海水化学资源、海洋空间资源等。不过在利用海洋资源的过程中，不可能忽视人类的影响。因此，不应该把海洋资源的可再生性简单地理解为纯自然的过程。

4.2.1.2 海洋可再生资源的特征

海洋可再生资源同时兼具海洋资源与可再生资源的双重属性。和其他资源相比，海洋资源有其本身固有的基本特征和属性，包括海洋资源的流动性、海洋资源的公共性、海洋资源的有限性和脆弱性、海洋空间的立体性。海洋可再生资源也具有可再生资源的共同特征，主要表现为以下三个方面。

1. 功能的多样性和多宜性

海洋可再生资源往往具有多种用途和使用价值，满足人们的不同需要，在功能上表现出多样性和多宜性。例如，海洋水产资源不仅能够满足人类日常食用的需要，还可从中提取制作保健食品或药物的原料。

2. 自我调节和代偿功能的有限性

自我调节能力和代偿功能是可再生资源系统最根本的特征。这种特性能够帮助可再生资源缓冲外界的干扰，保持系统结构与功能的相对稳定。虽然海洋可再生资源的总量是丰富的，但是它们的自我调节作用和代偿功能是有一定限度的，这就说明海洋可再生资源是可以耗竭的，即存量可以为零。当外界干扰或者破坏超过一定限度时，海洋可再生资源就会失去自我恢复的能力，造成资源退化或枯竭，难以实现永续利用。

3. 分布的地域性

因地质、地形、气候及人类活动干预等多种因素长期作用，可再生资源的分布呈现地域性特点与地带性规律。这要求我们在开发利用可再生资源的过程中应遵循因地制宜的原则，充分发挥地区资源优势，建立合理的生态系统和生产布局。

基于海洋地理环境和气候不同，资源种类和质量的优劣在地质构造和地表形态等的影响下有明显的差异，且资源的分布状况也不均匀。因此，人们必须充分考虑自然环境的区域特点，因地制宜地开发资源，才能达到经济和环境效益的统一。

4.2.2 海洋可再生公共物品资源——渔业资源

4.2.2.1 渔业资源的特征与分类

1. 渔业资源的自然特性

渔业资源（Fishery Resource）是水产业的物质基础，也是人类食物的重要来源之一。它是自然资源的一种，除了具有自然资源的有限（稀缺）性外，还具有以下特性。

1）再生性

渔业资源是一种具有自我繁殖能力的可再生资源。通过种群繁殖、生长和发展，渔业资源可以不断更新，使数量不断得到补充，并通过自我调节将种群数量维持在合理的水平。如果有适宜的环境条件和合理的开发利用，那么种群就可以世代繁殖，并持续向人类提供高质量的动物蛋白。但是，如果生长的环境条件被自然或人为地破坏，或被人类过度捕捞，那么渔业资源的自我更新能力就会下降，生态系统的平衡就会被破坏，从而导致渔业种群数量下降直至枯竭。

2）洄游性或流动性

除了少数固着性水生生物，绝大多数渔业生物都有在水中洄游流动的习性，这是渔业资源区别于草地、森林等其他可再生生物资源的特性，是区别于其他自然资源的最重要的特征之一。

3）共享性

除领海和专属经济区，大部分海洋没有被划分国界，即使在领海或跨区域河流中，一般也没有明显的省市或州郡等界线。由于渔业资源具有洄游性（流动性）特征，在某一水域，某一渔业资源或渔业种群往往是若干国家或地区共同开发利用的目标。人们很难将其限制在某一海域，渔民无法阻止他人来捕鱼，即具有利用与消费非排他性的特点。渔业资源是一种典型的共享资源。

4）渔获物的易腐性

如果捕捞的渔业资源腐败变质，就会完全失去财富的效用和使用价值；即便没有变质，如果渔获物的新鲜度降低，水产品的利用效果也会大大降低。因此，在没有保护措施的时代，作业海域和水产品的流通范围限制很大，渔业生产只能限于沿海水域，水产品的消费也仅限于沿海地区。冷冻技术的发展促进了远洋渔业的兴起与加工原料的大量储存，为海洋渔业的迅速发展创造了条件，促进了近海和远洋渔业资源的大规模开发利用。

5）波动性

除了人为捕捞因素，渔业资源的数量还受到气象、水文环境等自然因素的影响。由于存在许多不可预见的因素，渔业资源的波动性较大。水温、洋流等因素的异常变化也会对渔业资源造成巨大的危害，如秘鲁凤尾鱼产量的急剧下降。由于渔业资源的波动性，渔业生产存在不确定性，风险较大。

6）整体性

某一渔业种类与其相互依赖的其他种类，以及与它赖以生存的各种自然环境条件，既互相联系，又互相制约。一种资源要素或环境条件的变化会引起其他相关资源的相应变化。同样，人类捕捞活动也会影响其资源状况。

2. 渔业资源的经济学特性

1）高排斥成本（High Exclusion Costs）

渔业资源的本质特性（如洄游性、流动性）决定了渔业管理的高成本，即在渔业管理中，要排斥目标渔民之外的其他渔民同时使用某一渔业资源需要极高的成本。某一渔民减少其捕捞强度，不可能影响渔业资源数量的大小，除非全部或大多数渔民都同意停止他们的捕捞行为。因此，每个渔民都会增加其捕捞强度，这样就产生了高排斥成本。

避免高排斥成本的传统方法是建立有效的组织结构（如产权制度、基于社团的共同管理方法）和可操作的管理方法。在现行的渔业资源管理方法中，至少有四种方法和途径可以用来解决高排斥成本的问题，即通过个人配额的分配实现资源的私有化，通过政府干预规定渔获量的大小、组成和捕捞强度，实行以社团为基础的渔业管理制度以及上述措施的综合管理方法。

2）社会陷阱和“搭便车”行为（Social Trap in Fisheries and Free Rider Behavior）

在渔业资源开发利用和管理中，若没有渔获量限制的协议，降低一个捕鱼者的渔获率，其结果是降低了其他渔民的捕捞成本，但并没有增加经济效益（因为在公开入渔的情况下，最终都发展到生物经济平衡点，即总收入与总成本相等的位置）。因此，每一个渔民都将增加其捕捞强度和渔获率，这样就损害了渔业资源，从而产生了对所有渔民都不利的长期效果。按照谢林的说法，这就造成了渔业资源开发利用中的社会陷阱。个体渔民的短期目标、微观目标与他和其他渔民期望的长期目标不一致。渔民的短期目标、微观目标是尽可能地获得更多的渔获量，以增加他们的边际效益，而长期的宏观目标（社会目标）是要达到最大的可持续产量。在实际的渔业活动中，未来鱼类种群可利用水平的不确定性导致长期目标往往被短期的边际效益所代替。

3）高交易成本（High Transaction Costs）

海洋渔业资源的开发和利用往往有较高的交易成本，这也减弱了渔业资源在时间上的有效配置。通常，交易成本包括信息成本、执行或政策成本和条约（合同）成本。

（1）信息成本（Information Costs）。渔业资源管理往往需要极高的信息成本。信息成本来自不同学科的科研投入，即生物学、生态学、统计学和社会经济学等学科的科研投入。这些科研是必要的，目的是监测渔业资源的种群动态和种群大小、海洋环境、渔获量和捕捞努力量的变化，以及由于市场需求和渔业资源波动所产生的时间偏好的变化。捕捞强度的增加通常并不伴随着科学和渔业信息量的增加，而是导致管理不善和过度捕捞的产生，从而增加捕捞成本，并使资源租金相应地减少。大部分自然系统、生物、社会、政治和经济因素都具有不确定性，这使得情况更加复杂，大大增加了无效益资源利用者的数量、种群衰退和经济租金消失的可能性。

（2）执行成本（Enforcement Costs）。由于渔业资源的产权难以分配与确定，渔业管理的执行或渔业政策的实施需要高成本。在许多情况下，渔业管理和渔业措施执行的范围极为广泛，同时在一些沿岸海域第三者容易进入（娱乐性渔民可以手工采集生长在潮间带的鱼类），因此渔业管理执行的成本是巨大的，但是效果往往也不明显。当这种情况发生时，无法执行的权利往往成为一个空的权利。高的执行成本和低的捕捞作业成本，已导致许多沿岸渔业资源衰退。

（3）条约（合同）成本（Contractual Costs）。假定捕捞者通过法律途径获得对某些渔业资源开发和利用的权利，这些开发权利往往是通过集体的形式（如渔业团体）获得的，在这种情况下就会出现条约成本的问题。因为要培育和建立这种组织形式需要一定的成本，同时需要确定谁来支付这一成本（渔民还是国家）。在一个没有行业组织（协会、渔业团体等）的国家和地区，且渔业资源开发利用者为数量巨大的个体船主（如中国近海海洋渔业），要通过协议来达成某种条约，是极为困难的，需要的合同和条约成本很高。

3. 渔业资源的分类

渔业资源按水域分布来分，可分为内陆水域渔业资源和海洋渔业资源。其中海洋渔业资源是目前人类最重要的渔业资源。根据联合国粮食及农业组织的统计，目前世界捕捞产量在9 000万吨左右，其中海洋捕捞产量为7 800万～8 000万吨，占总捕捞产量的85%～90%。渔业资源种类繁多，主要的类别有鱼类、甲壳类、软体类、藻类和哺乳类等，各类群的数量相差很大，其中，鱼类是渔业资源中数量最大的类群。

海洋渔业资源按所在水层不同，可分为以下几种：第一，底层种类，主要栖息于底层，多以鳕科和无须鳕科鱼类为主。第二，岩礁种类，栖息于岩礁区，如石斑鱼。第三，沿岸中上层种类，在大陆架海区栖息于中上层的种类都属于这一类型，主要为鲱科、鳀科、鲹科和鲭科鱼类。第四，大洋性中上层鱼类，主要栖息于大陆斜坡和洋区透光层的表层，如金枪鱼类。

中国横跨热带、亚热带和温带三大区域，渔业资源的种类组成复杂，但单鱼种的资源量和渔获量较低。主要海区的主要水产经济动植物种类见表4-1。

表4-1　中国沿海主要水产经济动植物种类的分布

海区	主要经济动植物种类的分布
黄海	小黄鱼、带鱼、鲐、太平洋鲱、蓝点马鲛、日本鳀、海鳗、青鳞鱼、白姑鱼、牙鲆、日本枪乌贼、对虾、中国毛虾、鹰爪虾、毛蚶和海带等
东海	带鱼、大黄鱼、小黄鱼、绿鳍马面鲀、银鲳、蓝圆鲹、鲐、海鳗、马鲛、竹荚鱼、曼氏无针乌贼、鳓、梭子蟹、中国毛虾、牡蛎、缢蛏、泥蚶、海带、紫菜等
南海	蓝圆鲹、蛇鲻、金线鱼、马六甲鲱鲤、二长棘鲷、大眼鲷、黄鲷、日本金线鱼、深水金线鱼、红鳍笛鲷、黄鳍马面鲀、鲐、金色小沙丁鱼、牡蛎等

4.2.2.2　渔业生物模型

1. 种群数量变动的基本规律与模型

对资源数量变化产生影响的因素有很多，但是从最根本的角度来分析，大致可以将其归纳如下：渔业生物自身的生物学特性、生活环境因素的限制和人类的捕捞因素等。自身的因素包括繁殖、生长和死亡等，而环境因素包括水温、盐度、饵料生物、种间关系和敌害生物等。

总的来说，种群数量变动是种群补充程度和减少程度的对比关系变化的结果。引起两者的对比关系变化的原因，基本上可以归结为两类，一类是自然的因素，另一类是人为的因素。二者又可以细分为许多因素，有些因素对补充和减少种群数量都有影响。综上所述，影响渔业资源种群数量变动的因素可以归纳为五大类，即资源的补充、生长、自然死亡、人为的捕捞和环境因素。

影响渔业资源种群数量变化的因素很多，也很复杂。通常情况下，渔业资源种群数量变化是多种因素综合作用的结果。捕捞是影响鱼类种群数量变化的一个重要原因，适度的捕捞能够使种群数量减少的同时，被一些种群的再生部分弥补。但是，过度的捕捞会使种群数量因为没有得到足够的补偿而打破生态系统的平衡，从而使得资源量大幅降低，这就是人们常说的“不可持续利用”。

1931 年，英国著名渔业资源学专家罗素在总结了苏联学者巴拉诺夫等对渔业理论研究的基础上，对渔业资源数量变动的研究进行了系统性概括。罗素指出，“捕捞加强，可以使渔获量增加，但到最高限度以后，鱼捕得越厉害，渔获量也减少得越厉害”。为此，他根据资源群体数量增加和减少的四个因素，提出资源数量变动的基本模型。

影响渔业资源群体数量变化的四个因素（自然死亡、生长、捕捞和补充）及其数量变动如图 4–7 所示。罗素提出的资源数量变动基本模型的表达式为

$$B(t+1)=B(t)+R+G-M-Y \tag{4.19}$$

式中，$B(t)$ 表示 t 时刻可利用资源群体的资源生物量，$B(t+1)$ 表示 $t+1$ 时刻可利用资源群体的资源生物量，R、G、M 和 Y 分别表示 t 时刻至 $t+1$ 时刻时间段内的补充量、生长量、自然死亡量和产量（即渔获量）。

从上式可以得知，当 $Y<(R+G-M)$ 时，资源量增加，即 $B(t+1)>B(t)$；当 $Y>(R+G-M)$ 时，资源量减少，即 $B(t+1)<B(t)$；当 $Y=(R+G-M)$ 时，资源量保持平衡，即 $B(t+1)=B(t)$。

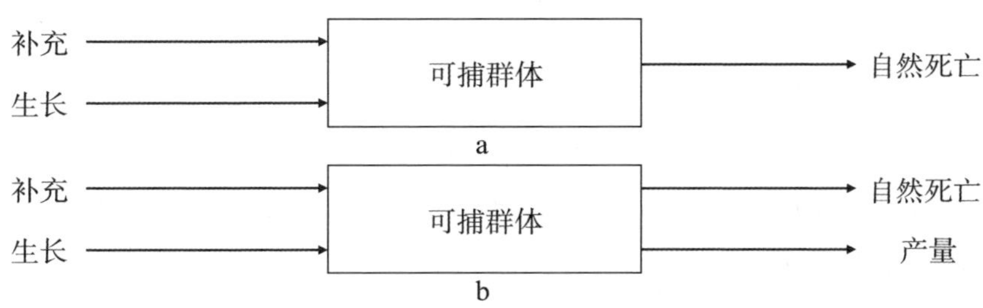

a 为无渔业时；b 为有渔业时。

图4–7 可利用渔业资源群体数量变动图

被捕捞的资源群体由于自然死亡和捕捞数量减少，它依靠幼鱼长到能被捕捞的规格以及资源群体中现有鱼的生长来补偿。在没有渔业（未开发）的情况下，通过补充和生长获得的资源增长量补偿由于自然死亡所造成的资源量减少，从而达到平衡。随着渔业资源的捕捞开发，又增加了资源的一项损失，即捕捞所增加的死亡使

资源中的捕捞群体数量减少，使群体年龄偏小，最后，当捕捞增加到渔业条件所能允许的最大规模时，就建立了新的平衡。

2. 渔业资源的种群增长模型——逻辑斯蒂增长模型

为探寻可再生资源的经济规律，对渔业资源的合理使用分析将从生物学和经济学两个角度展开。每个渔业经济模型均建立在生物模型的基础之上，常见的生物种群增长模型有逻辑斯蒂增长模型、几何增长模型、指数增长模型等。逻辑斯蒂增长模型用于描述有限环境条件下待开发的种群数量动态变化特征，指数增长模型则用于描述无限环境条件下最典型的种群数量动态变化特征。

逻辑斯蒂增长模型是指，一般情况下鱼类种群数量受到种群密度、环境中的食物、空间和其他可供资源等因素的限制，其增长往往会经历开始期、加速期、转折期、减速期和饱和期等时期，种群数量随时间呈现S形增长，有一个极限值。这个极限值由特定环境下的资源情况来确定，我们称之为负载容量，用K来表示。由于受到环境负载容量K的限制，一个未开发利用的资源群体的种群数量以X_{∞}为极限值，如图4-8所示。

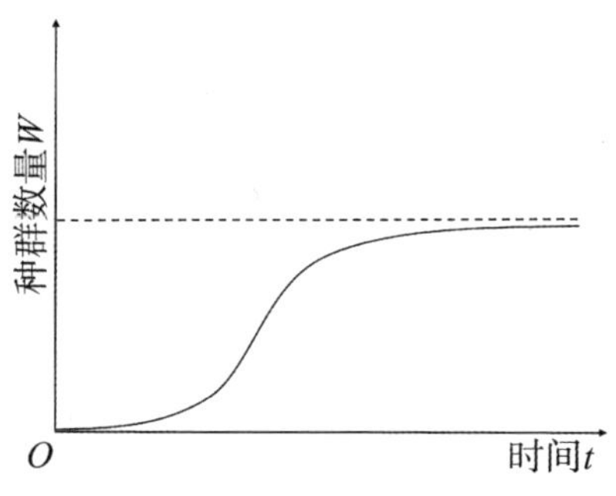

图4-8　鱼类种群生长的Logistic方程

根据逻辑斯蒂增长方程，用x表示生物量，假定渔业种群在不受人为因素影响下的生物量变化特征为

$$\frac{\mathrm{d}x}{\mathrm{d}t}=F(x)=rx\left(1-\frac{x}{K}\right) \tag{4.20}$$

式中，x代表种群数量，r为种群内禀增长率，K为负载容量（自然平衡态生物量）。

3. Schaefer生物学模型

当存在人为因素影响时，即渔业资源被开发利用时，种群数量变化受到收获率（h）的影响。假定收获量与资源存量成正比，则有：

$$h(t)=qEx \tag{4.21}$$

式中，q代表收获系数，E表示收获强度，x为种群数量。

渔业经济学家主要运用Schaefer生物学模型估算生物量的净增长。生物量的增长可以用下面简单的微分方程来描述：

$$\frac{dx}{dt}=F(x)-h(t)=rx\left(1-\frac{x}{K}\right)-qEx \tag{4.22}$$

当$dx/dt=0$，即$h(t)=F(x^*)$，生物量在x^*点保持不变，则有：

$$x^*=K\left(1-\frac{Eq}{r}\right) \tag{4.23}$$

由此，可以得到可持续的产出量公式：

$$Y=qEK\left(1-\frac{Eq}{r}\right)=aE-bE^2 \tag{4.24}$$

式中，$a=qK$，$b=(Kq^2/r)$。

上式由生物学家谢弗提出，被称为Schaefer生物学模型。其图像是一条抛物线，如图4-9所示。

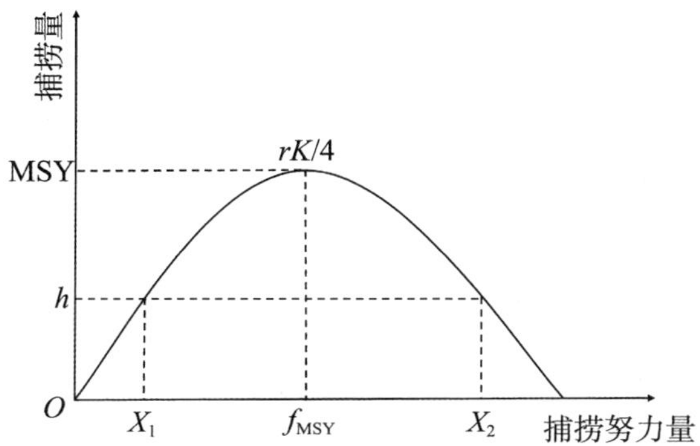

MSY为最大持续产量；f_{MSY}为捕捞努力量。

图4-9　Gordan-Schaefer模型的产量-捕捞努力量曲线

在不计生产成本的情况下，所能获得的最大产值就是最大持续产量（Maximum Sustainable Yield，MSY）。随着捕捞努力量水平的增加，平衡产量将增加到最大持续产量水平（Y_{MSY}），之后随着捕捞努力量水平的增加而持续下降。

对Schaefer模型求导后可得，资源的最大可持续产量为$Y_{MSY}=rK/4$，此时的生物种群数量水平为$X_{MSY}=K/2$。

传统上，渔业资源管理是海洋生物学家的研究领域。海洋生物学家坚持认为合适的管理目标应达到MSY，才能使资源得到“全部利用”。根据Schaefer模型，如果资源下降到X_{MSY}以下，则肯定发生了生物学意义上的过度捕捞。

但是经济学家反对MSY准则，因为它忽略了捕捞投入量中捕捞的成本以及收益的真实性质。正是由于经济学家的这种观点，渔业资源管理者逐渐丧失对MSY准则的兴趣。

4.2.2.3 渔业经济学静态分析

戈登运用传统的、静态的微观经济学方法构造了一个渔业经济模型。几年后，谢弗发表的论文为Gordon经济模型提供了坚实的生物学基础。因此，渔业模型通常被称为Gordon-Schaefer模型。同时，戈登提出了最大经济产量（Maximum Economic Yield，MEY）以及经济学过度捕捞（Economic Overfishing）的概念，标志着渔业管理生物经济模型研究正式开始。

Gordon-Schaefer模型是单一鱼种模型，并有以下两个假定：第一，单位渔获物P的上岸价格固定不变，上岸价格精确地代表了捕鱼的边际社会效益。第二，单位捕捞努力量的成本固定不变，是捕鱼的边际社会成本的真实度量。

渔业的总收益TR可表示为

$$\mathrm{TR}=pY=p(aE-bE^2) \tag{4.25}$$

渔业总成本TC可表示为

$$\mathrm{TC}=cE \tag{4.26}$$

因此，渔业的利润π为

$$\pi=\mathrm{TR}-\mathrm{TC}=p(aE-bE^2)-cE \tag{4.27}$$

为求得利润π的最大值，对上式进行求导，使得$\mathrm{d}\pi/\mathrm{d}F=0$，则可以得到最大经济可持续产量$Y_{\mathrm{MEY}}$，捕捞努力量$f_{\mathrm{MEY}}$和最大经济收益$\pi_{\mathrm{MEY}}$分别为

$$Y_{\mathrm{MEY}}=\frac{a^2}{4b}-\frac{c^2}{4bp^2} \tag{4.28}$$

$$f_{\mathrm{MEY}}=\frac{a^2}{2b}-\frac{c}{2bp} \tag{4.29}$$

$$\pi_{\mathrm{MEY}}=\frac{(pa-c)^2}{4bp} \tag{4.30}$$

另外，求解最大值后可以得到渔业的最大经济利润。如图4-10所示，边际收益（MR）等于边际成本（MC）时，捕捞努力量为E_{MEY}。当捕捞努力量超过E_{MEY}时，边际成本超过了边际收益，开始出现报酬递减规律，即经济学上的过度捕捞。

经济学家的渔业静态模型对渔业政策制定者产生了决定性影响，但当经济学家的渔业静态模型越来越受到政策制定者的欢迎时，经济学家却发现了静态模型的弊端，从静态分析转向了动态分析。

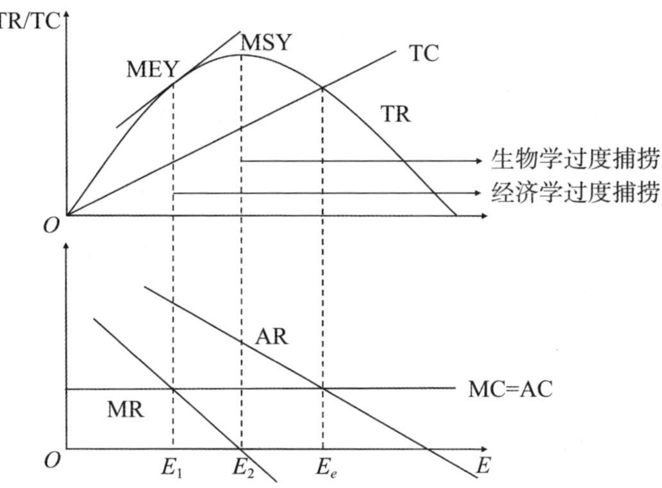

横坐标 E 为捕捞努力量；纵坐标 TR / TC 为总收益与总成本之比；TC 为总成本；TR 为总收益；MC 为边际成本；AC 为平均成本；MR 为边际收益；AR为平均收益；MSY 为最大持续产量；MEY 为最大经济产量；E_1、E_2 和 E_3 分别为 MEY、MSY 和自由准入条件下的渔业均衡。

图4-10　Gordon-Schaefer 模型的生物经济分析

4.2.2.4　渔业经济学动态分析

在进行渔业静态分析后，戈登在 1956 年的论文中清晰而有力地指出了动态方法对渔业经济学研究的必要性。他认为，“一个渔场开发的最优水平必须定义为某种类型的时间函数。也就是说，需要考虑协调捕捞率、鱼类的群体动态和经济的捕捞时间表或投资资本利率的相互关系，以实现每单位时间的最优捕捞量”。但是求解动态模型十分困难，直到最优控制理论在渔业经济学中得到应用，问题才得以解决。1976 年，应用数学家科林 · 克拉克对最优控制理论在渔业经济学中的运用进行了全面的论述。

假设生物量 $x(t)$ 称为状态变量或被控制变量，通过改变捕获率 $h(t)$ 控制 $x(t)$。如果捕获率小于可持续产出水平，生物量将增加，此时 $dx/dt>0$；如果捕获率大于可持续产出水平，生物量将降低，此时 $dx/dt<0$。因此，$h(t)$ 可称为控制变量。

在假定时刻 t，渔场的经济收益可表示为

$$\pi(x, h) = [p - c(x)] h \tag{4.31}$$

资源的最优配置是指资源所有者从资源开发中得到利润（经济租金）的最大贴现值，目标函数可表示为

$$\max PV=\int_0^T e^{-\delta t}\pi(x,\ h)\,dt=\int_0^\infty e^{-\delta t}\{p-c[x(t)]\}h(t)\,dt \tag{4.32}$$

式中，δ为贴现率。同时约束条件为$x(t)\geqslant 0$和$0\leqslant h(t)\leqslant h_{max}$，$h_{max}$为任意上界。

将$h(t)=F(x)-\frac{dx}{dt}=F(x)-\dot{x}$代入上式，得到：

$$\max PV=\int_0^\infty e^{-\delta t}[p-c(x)][F(x)-\dot{x}]\,dt \tag{4.33}$$

令$\varphi(t,\ x,\ \dot{x})=e^{-\delta t}[p-c(x)][F(x)-\dot{x}]$，运用经典欧拉（Eular）公式求最大值的必要条件为

$$\frac{\partial\varphi}{\partial x}=\frac{d\partial\varphi}{dt\partial\dot{x}} \tag{4.34}$$

对于单一解$x^*(t)$，可以得到以下公式：

$$F'(x^*)-\frac{c'(x^*)F(x^*)}{p-c(x^*)}=\delta \tag{4.35}$$

上式没有包含时间参数t，所以解x^*是一个稳定的状态值，该解是最优平衡水平的种群规模。

变形后得到下式，是一个修正的黄金分割率公式，可以确定社会应该对资源投资或者撤资的规模：

$$\frac{d\{[p-c(x^*)]F(x^*)\}/dx^*}{p-c(x^*)}=\delta \tag{4.36}$$

公式左边为增长的资源投资所带来的边际可持续资源经济租金除以投资成本（即当前捕捞所放弃的经济租金），可以解释为边际资源投资的产出或资源的“自有利率”（Own Rate of Interest）；右边δ为社会贴现率，该公式表明社会对资源的投资应该达到使资源的自有利率等于社会贴现率。

继续假设x^*为唯一解，种群初始水平为$x(0)$，可以对最优收获策略进行简单的分析：收获率$h^*(t)$应使种群水平$x=x(t)$尽快达到x^*。假设h_{max}为最大可能的收获率，可以得到下式：

$$h^*(t)=\begin{cases} h_{max} & x>x^* \\ F(x^*) & x=x^* \\ 0 & x<x^* \end{cases} \tag{4.37}$$

相应的最优种群生物量水平 $x=x(t)$。如图 4-11 所示，如果 $x(0)$ 在点 A，即 $x>x^*$，最优收获率为最大收获率 h_{max}，使得种群数量从 x 减少至 x^*；如果 $x(0)$ 在点 B，即 $x<x^*$，最优收获率为 0，渔场应该关闭，使得种群数量从 x 增加至 x^*。当 $x(0)=x^*$ 时，$h^*(t)=F(x^*)$，x^* 为最优解，即最有收获策略。

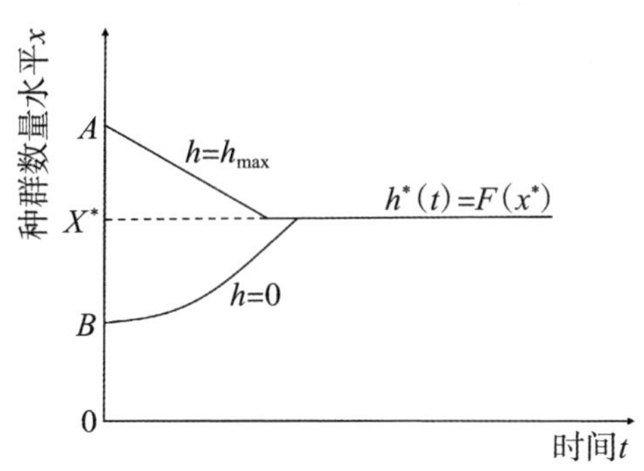

h 为捕获率；t 为时间；x 为种群数量水平。

图4-11　最优收获策略

4.2.2.5　渔业资源管理

渔业资源管理理论与方法在人类社会经济发展和渔业资源开发利用的过程中逐步形成，并且随着科学技术的进步和人类对人与渔业资源关系认识的深化而不断拓展。在渔业管理理念形成的过程中，渔业资源管理的功能、方式和内容不断加强，逐步形成一系列规范制度与措施，有效地保证了渔业资源管理目标的实现。

1. 渔业资源管理的内涵

渔业资源管理是指为了平衡渔业资源供给与人类需求之间的关系，以渔业自然生态环境系统与社会经济系统的内在联系为基础，以实现社会、经济和生态最大效益为原则，以渔业资源可持续利用为目标，采取经济、社会、法律等管理手段规范人们在渔业资源开发利用中的行为，从而实现渔业资源在不同时期的优化配置。

渔业资源管理理念的形成经历了比较漫长的演变过程。渔业资源保护和管理理念在中国古代早有记载。《逸周书·文传解》中记载，“川泽非时不入网罟，以成鱼鳖之长”；春秋战国时代，则有保护怀卵鸟兽鱼鳖以利“永续利用”的思想；孔子在《论语·述而》中主张“钓而不纲，弋不射宿”；孟子则抨击“竭泽而渔”的行为；战国时期的荀子把自然资源的保护作为治国安邦之策，特别注重遵从生态学的季节规律，重视自然资源的持续保存和永续利用；《田律》是秦朝的环境法律，也是世界上最早的环境法律之一。这些都是朴素的自然资源管理理念的体现。

但是，由于海洋的浩瀚无际和人类活动能力的低下，19 世纪以前，海洋鱼类“捕之不竭，用之不尽”的观点十分流行。19 世纪的工业革命带来了社会、经济、科学和技术的飞速发展。蒸汽机的发明和广泛使用使人类的活动空间不断扩大，海洋内蕴藏的渔业资源被不断开发。海洋的浩瀚无际与人类科技水平的关系是相对的。科学与技术的进步，使人类对资源的开发利用能力不断提高。19 世纪末，在渔业资源极为丰富的北海，捕捞鱼体越来越小，单位渔船渔获量不断下降，出现了捕捞过度现象。

捕捞过度现象的产生，使人们逐步认识到渔业管理的重要性。1894 年，丹麦渔业资源专家针对沿岸比目鱼渔获量下降的现象指出，“施加在渔业资源的过度捕捞压力，如果能恢复到捕捞量不超过资源再生产能力的水平，人类无疑可以持续地从同一海域获得更大的利益”。1921 年，苏联渔业科学家巴拉诺夫开始定量研究捕捞对鱼类种群数量的影响，探讨渔业资源变动的规律。罗素和格雷厄姆等也对渔业资源数量变动理论作出大量贡献。20 世纪 50 年代中期，谢弗、贝弗顿和霍尔特等科学家分别从理论上对最大持续产量、过度捕捞对种群的影响以及种群动态进行了研究，建立了一系列渔业资源数学评估模型，为现代渔业管理理论奠定了生物学理论基础。1954 年，戈登将经济效益与成本的概念首次引入渔业资源管理当中，创立了开放式公共渔业的经济理论，提出了最大经济产量的概念。在此之后，许多学者都从经济、社会的角度，结合渔业资源的生物学特性，提出了渔业资源管理的理论和研究方法，为渔业资源的可持续利用提供了政策和理论依据。

2. 渔业资源管理的目标

渔业管理目标的形成和演变与人类对渔业资源变动规律的认识、渔业资源的生物学特性、渔业资源的物品属性和社会经济发展水平相关，并随着认识程度的提高而不断完善。渔业管理目标指的是通过控制渔业资源的多种因素从而获得预期的经济、社会和生态利益。这些利益的获得通过保护渔业资源所需的持续数量水平，以食品、价值、就业和从事渔业者的收入等形式表现，达到投入和产出之间的平衡。由于社会在发展，社会需要和价值都在不断变化，所以即使在同一国家、同一地区，具体的管理目标也会随时间发生变化。

渔业资源管理目标涉及生物、经济、社会、政治和国际关系等众多复杂因素。不同国家在不同时期常常根据本国国情以及渔业资源特征选择不同的管理目标。由于各种渔业资源本身具有特殊性，发达国家与发展中国家的国情和经济发展状态存在差异，所以建立普遍适用的渔业管理目标是不太现实的。但就某一种具体的渔业而言，在一定时期确定合理的管理目标并使其逐步完善是可行的。总体来讲，渔业资源管理的总体目标大致可以分为生态目标、经济目标、社会目标和可持续发展目标。

1）生态目标——最大持续产量（Maximum Sustainable Yield，MSY）

最大持续产量的概念由约尔特等提出，经格雷厄姆和谢弗在理论上加以完善，用抛物线方程描述了捕捞努力量和捕捞产量的关系后得以广泛应用。

最大持续产量理论以渔业资源的生物学特性为基础，以最大持续渔获量为目标，这是国内外沿用的传统渔业管理目标，也是主要渔业国家确立渔业管理目标的基本理论。中国最早在20世纪60年代初就以最大持续产量为管理目标。同时，美国、日本等渔业发达国家在签订有关多国间渔业协定时，大多也以最大持续产量为协议的管理目标。1956—1977年的日苏渔业协定指出，“维持西北太平洋最大持续产量与人类的利益和日苏两国共同利益相一致”。1965年的日韩渔业协定中也明确约定，“对两国共同关心海域的渔业资源，希望维持其最大持续产量”。这个目标作为对渔业的一般性指导是有意义的，能有效地防止补充型捕捞过度，防止种群衰退。该理论的不足之处是仅仅考虑渔业资源的生物学特性与捕捞开发程度之间的关系，未考虑渔捞成本与渔业收益的经济学关系以及渔业行为的社会效益。

2）经济目标——最大经济产量（Maximum Economic Yield，MEY）

考察一种渔业的效果，衡量它对社会的贡献，至少要考虑渔获量大小和它的价值，考虑取得这个渔获量支付的总消耗，考虑投入和产出两个方面以及两者的差值大小、利润和亏损。渔业利润是衡量渔业成就最好的标准之一。所以，以最大经济产量为渔业管理目标是比较合理的。

戈登指出，“从经济学的观点来看，许多讨论渔业管理理论的文献都忽视了成本因子。渔业本身对社会的经济贡献，必须从总产出中减去各种生产成本，才能得到净产出。商业性渔业的经济目标是获得最大纯经济产量，而不应该是最大持续产量”。1967年联合国粮农组织在第14次会议上提出了最大经济产量理论对资源管理的必要性，使最大经济产量超越了理论阶段，成为渔业管理政策的目标之一。

由于一个种群的数量有限，要使渔业利润最大，只有限制渔船数量才能达到目的。此时允许投入的渔船数量往往要比单一生物学项为管理目标时允许投入的渔船数量少得多。例如，黄海、渤海蓝点马鲛渔业以最大经济产量为管理目标时应控制的捕捞努力量为2 863个单位，以最大持续产量为管理目标时应控制的捕捞努力量为3 911个单位。前者约比后者少27%，就会减少相应的就业机会。对于一种已经发展的渔业，用行政措施削减捕捞努力量，如果处理不当，可能会带来更大的社会问题。以最大经济产量为渔业管理目标，虽较为合理，但是至少在短期内无法被社会接受。

3）社会目标——最大社会产量（Maximum Social Yield，MSCY）

在社会效益管理目标下，渔业资源管理强调渔业资源的有序开发，在保证生态效益和经济效益的同时，充分考虑渔业资源开发的社会效益，如提高社会就业水平、缩短贫富差距。

渔业资源是流动性资源，在开放性入渔的条件下，捕捞努力量会不断增加，致使捕捞成本逐步接近渔获收益平衡点（生物经济平衡点），捕捞利润趋于零。在这种情况下，必须削减渔民数量以使捕捞努力量水平恢复至获得最大经济产量水平。渔业是高风险、高投入的产业，专业捕捞渔民缺乏职业选择性和流动性，退出捕捞渔业的能力相当弱。因此，不少渔业管理者认为，在考虑渔业管理方案时，控制入渔渔民数量，综合考虑生物、经济和社会因素，对实现最大经济产量有相当重要的意义。1982 年，帕纳约托第一次将提供劳动就业机会这一社会因素引入生物经济模型（如图 4–12 所示），提出了综合生物、经济和社会因素的渔业管理目标——最大社会产量。该理论认为，渔业管理不仅要考虑渔业资源的生物特性、经济效益，也要考虑社会稳定，安排更多劳动力从事渔业生产。

在渔业人口众多、经济不发达、存在大量失业的经济社会，捕捞渔民的工资远低于社会人力资源的平均机会成本。由于社会普遍存在失业和捕捞渔民自身条件的限制，捕捞可能成为渔民唯一可选择的职业。在这种状态下，捕捞渔民的劳动力机会成本可能接近于零，因为渔业劳动力资源是社会没有利用的闲置劳动力资源。此时，计算捕捞成本时可以忽略人力资源成本，如图 4–12 所示的 TC′ 曲线。成本曲线 TC′ 与收益曲线交点处的社会捕捞努力量很大，远远超过最大可持续产量，结果造成捕捞过度和渔业的不可持续发展。

充分就业是经济增长和社会稳定的条件之一。尤其是对发展中沿海国家的沿岸渔业来说，保持社会稳定、实现比较充分的就业是沿岸海洋渔业经济可持续发展的必要条件。在充分就业和开放式自由入渔的状态下，捕捞努力量一般会大于获得最大持续产量的捕捞强度，此时渔业的捕捞成本曲线为 TC（含人力资源机会成本）。在 TC =TR 处，渔业生产获得正常利润，将 TC 曲线向上平移使其与收益曲线相交，获得最大经济产量。获得最大社会产量的捕捞努力量 f_{MSCY} 通常远远高于获得最大经济产量的捕捞努力量 f_{MEY}。如图 4–12 所示，在捕捞努力量 f_{MSCY} 点，剩余利润虽然比f_{MEY}状态下低（$dg<ab$），但是从社会总利润（工资+利润）来考虑，f_{MSCY}状态下的社会总利润较高，其差为df。因此，尽管最大社会产量下的企业纯经济利润低于最大经济产量下的纯经济利润，但最大社会产量下的社会总剩余利润高于最大经济产量下的社会总剩余利润。

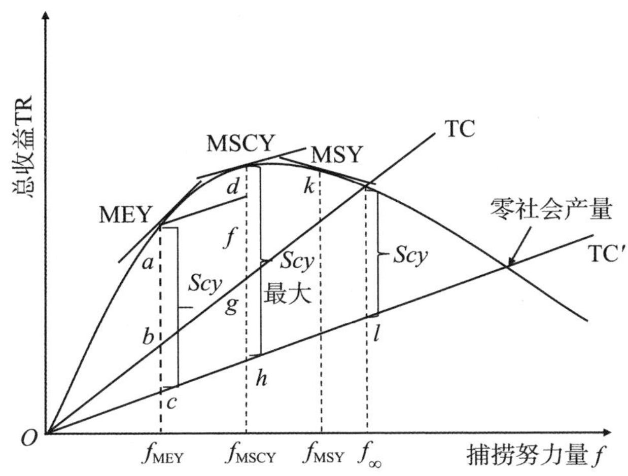

TC为总成本；f为捕捞努力量；MEY为最大经济产量；MSCY为最大社会产量；MSY为最大持续产量。

图4-12　渔民缺乏其他就业机会的最大社会产量曲线图

4）最佳持续产量（Optimum Sustainable Yield，OSY）和最佳产量（Optimum Yield，OY）

第二次世界大战后，欧美等主要渔业国家一直以最大持续产量和最大经济产量为管理目标。这两个目标有绝对基准，但是各国经济发展和社会环境的巨大差异使实现这两个目标困难重重。1974年美洲水产学会召开的“渔业管理理念——最佳持续产量”研讨会上，反思了最大持续产量理论的利弊，提出了最佳持续产量。罗德尔最初提出了最适产量的概念，认为对任何鱼类资源的利用应综合考虑生物、经济、社会和政治价值，使全社会获得最大效益。同时，他还提出了200海里专属经济区管理体制和渔业可持续发展的概念。1976年，挪威卑尔根举行的海洋哺乳动物的科学议会提出渔业管理除涉及商品、就业、收入等经济和商业目标外，还有维持生态平衡的生态目标。如果综合考虑渔业生产的长短期利益平衡，渔业管理目标的范围将更为宽广，仅以最大持续产量或最大经济产量为最终管理目标显然是不够的。

为了克服最大持续产量或最大经济产量管理目标的缺陷，最佳持续产量和最佳产量管理目标被引入渔业管理。最佳持续产量是指在生物和经济意义上保证一个时期内对某种资源“最佳”利用的产量或利用率。最佳产量是指“综合考虑生物、经济、社会和政治价值，使人类从给定渔业资源种群获得最大利益的产量”。最佳产量不一定是持续产量，可以根据各种短期因素规定为一年或两年的产量。最佳持续产量是可持续产量，通常两者都低于或相当于最大持续产量。最佳产量不是绝对概念，它随管理目标的重要性发生变化。渔业管理同时获得生物、经济、社会和政治四个方面的价值最佳非常困难，这四个目标有时甚至互相对立。

总之，上述各个管理目标相互矛盾，所期望的社会、经济和生态利益等各不相同，应控制的最佳条件也有很大差异。例如，想要从某种渔业资源获得最大经济效益和理想的能源消耗，就必须严格控制渔船数量。想从某种渔业资源获得增加就业机会的社会利益，就必须以牺牲渔业的经济效益和增加额外的能源消耗为代价，不能同时兼得，有时还要冒着种群衰退的风险。

国家的具体情况和执行的政策，基本上决定了采用何种管理目标。决策者的责任是在某种水平上决定如何从渔业资源获得何种社会利益，提出明确的管理目标。科学家的职责是根据决策者提出的目标和若干要求解决的具体问题，提出选择范围和相应的科学依据，以及对资源和渔业的发展前景进行预测，供决策者参考。

3. 渔业资源管理系统的组成

通常，渔业资源管理主要集中在生物学方面，集中于被捕捞的个别主要种群。采取的管理措施是为保持原有的平衡，或改变原有的平衡建立一种新的平衡，以达到预期的管理目标。管理措施通常是控制渔获量，或限制捕捞努力量，或限制网目尺寸（相当于限制允许第一次被捕捞的个体大小），可供选择的范围不大。如果我们把渔业资源管理系统从传统的生物学范围扩大到社会经济等范围，把自然系统与社会经济系统看成一个整体，这样渔业资源管理系统就包括三个部分：第一，环境子系统，包括气象、物理水文、化学和动力学，这些因素将会影响和改变生物生产力及生产过程和捕捞作业条件；第二，生物子系统，包括种群本身的生物学和补充特征以及种间关系的相互影响等；第三，社会子系统，包括社会的、经济的和管理中的传统势力等。上述划分方法扩大了渔业资源管理系统，使其可供选择的范围较大，渔业资源管理系统的可靠性得到了提高，改进了稳定性。

1）环境子系统

天气系统、内陆和海洋的物理特性等的变化都会对种群的数量和分布产生重要影响。例如，秘鲁的鳀鱼、日本和美国加利福尼亚近海的沙丁鱼，都在太平洋中部周期性地发生的厄尔尼诺现象这种物理因素的影响下产生过灾难性的后果。浙江近海冬汛带鱼渔获量的高峰年与厄尔尼诺现象的对应关系十分明显，而拉尼娜现象则会导致带鱼减产。虽然不能控制天气状况和海洋物理状况，但是有可能对这种灾难性的变化进行预测。根据这种预测，渔业管理机构应该拟订一个应急计划，以便对灾难性的天气状况和海洋物理状况变化作出反应，以减少损失。

人类的生产生活也能影响局部水域的理化性质、种群的数量分布和渔业生产。可能产生影响的途径有：向水域投放人工装置，创造庇护场所，增加种群数量和渔获量，如人工鱼礁；排放或控制营养物质或污染物入海；在江河上建闸、筑坝，影响湖水面积和入海的淡水流量；核电站排水从而造成热污染等。

2）生物子系统

生物成分包括正在被捕捞的种群的渔业生物学特征、补充特性和资源状况以及生态系统中种间关系的相互影响。对正在被开发种群的管理在绝大多数情况下是根据单一种群模型的评估资料以及权衡各种有关因素后确定的。但是，捕捞不仅影响已开发种群的数量及其动态特征，而且有可能影响处于同一生态系统中的其他种群的数量。所以，在一个特定的生态系统中，一个种群的开发和管理会对整个鱼类群落产生较大的影响，而单种群模型不能预测这种影响。

因此，生物成分包括正在被捕捞的特定渔业资源，以及生态系统中的其他生物种类。为了从这些渔业资源获得既定的社会利益，可供选择的渔业管理措施有以下几种。

（1）产量分配系统，或称配额（Catch Quota）。配额分配管理是根据渔业资源评估结果，把可供捕捞的产量分配给生产者。这种分配只涉及一定时间内的某一种群。这种分配可以在国际间进行，也可以在国内进行。200 海里经济专属区内的渔业资源管辖权归所属国，资源如何分配，别国不能干涉。至于公海的渔业资源分配，通过国际机构协商，达成协议，共同遵守。定额分配只限制产量，不限制渔船数量，一旦渔获物达到额定数量，不能再继续捕捞。

（2）渔船登记系统。在一个划定的海域，在一定时间范围内，获得许可的渔船才能进入该海域投网作业。采用这种办法管理渔业，只限制渔船数量，不限制产量。

（3）渔获物的生物学特性。控制渔获物的生物学特性也是常用的渔业管理措施之一，最重要的特性是第一次被捕出个体的体长。通过控制网具类型和网目尺寸，以控制渔获物的生物学特性。

（4）禁渔期和禁渔区。为了保护鱼类种群的数量和补充过程不被破坏，要划定禁渔区和相应的禁渔时间，为鱼类种群的产卵、索饵等划定一个保护海域。

上述渔业管理措施是根据单鱼种模型的资源评估资料确定的。但是，捕捞不仅影响已被开发种群的数量及其特征，而且影响未开发种群的数量。所以，在特定生态系统中，开发和管理一个种群的渔业，其产生的影响是很大的，单鱼种模型不能预测这种影响。如果渔业管理的目的在于保持整个生态系统的平衡，而不是保持一个种群的数量水平，那么必须应用生态系统模型。这样才能了解开发一个种群对其他种群产生何种影响，防止单鱼种模型的顾此失彼现象。

3）社会子系统

在渔业管理系统中的社会成分，实际上是指人的作用。开发利用一种渔业资源将涉及许多人的利益，包括直接生产者（渔民、渔工和船主）、间接生产者（建造渔船、渔港等的工人）和消费者等。他们会通过各种方式影响渔业决策，维护自身的利益。渔业管理机构有责任照顾各个方面的利益。渔业管理机构通过提出管理目标、制定政策、合理分配资源、确定渔业管理措施来均衡各方面的利益。捕捞活动一方面会影响渔业种群数量，干扰海洋生态系统；另一方面，捕捞活动也能改变人类社会某种范围内的经济状况。只有把捕捞活动控制在可接受的水平，才能从渔业资源获得预期的利益。自然因素的变化有时能导致渔业的灾难性后果，同样地，如果渔业管理不妥，也能导致渔业的灾难性后果，所以，在渔业管理系统中社会成分很重要。

4. 渔业资源管理决策过程中面临的问题

在渔业决策过程中，各国科学家的作用和参与的程度有所不同，因此渔业决策需要渔业资源评估资料。这些评估资料大多由各国科学研究机构、国际性组织和渔业主管部门提供。中国的渔业资源研究和决策所需的渔业资源评估资料由渤海、黄海、东海、南海相关海区水产研究所、海区局和沿海各省水产研究所提供。

渔业资源评估资料包括对种群的损害性影响和判别、对资源的利用程度、预测种群在各种捕捞方式下的影响以及种群的动态特征和渔业发展前景等内容。科学家如何将这些资料介绍给决策者，决策者如何利用这些资料制定管理政策来保证渔业的持续发展，都会遇到不少问题和困难。在渔业决策过程中，科学家和决策者主要面临以下几个难题。

1）非独家经营

所有的渔业资源评估方法和相应结果的应用，都是建立在没有明确限制条件的基础上，这个限制条件就是独家经营。克拉克在其编著的《数学生物经济学》中谈到了这个问题。渔业生产是开发利用渔业资源。渔业资源有再生产能力，表现为繁殖和生长，有资本特性。想要保持渔业的持续发展，必须保护渔业资源。保护资源实质上是一定时间过程内的动态最优化控制问题。渔业资源利用不合理指的是渔业资源在时间上分配错误，其结果或是产量下降，或是经济效益不佳，还有可能导致种群衰退。产生这种现象的主要原因是经济利益引发的竞争。这种情况在世界和中国渔业发展史上到处可见，至今还在不断发生。

多数种群在生长过程中形成了跨度很大的时空动态特性。生产者利用这种特性在任何时间的某一地理位置上都可进行捕捞作业。在多数情况下，这种作业是在管理政策允许的范围内进行。例如，黄海、渤海区的中国对虾，一年生，产卵场在黄海、渤海区内海湾沿岸的浅水区，越冬场在黄海中南部。在中国，除禁渔期外，在对虾整个生命活动和洄游过程中的不同海区都可进行捕捞作业。20 世纪 50 年代到 60 年代，中国主要捕捞生殖洄游进入各产卵场的生殖群体，在春汛作业。日本捕捞越冬洄游和越冬期的群体，在冬汛作业。当时中日产量比约为 4∶6。从 1961 年开始，中国将春捕改成秋捕，执行春保秋捕的管理政策，并制定了详细的管理措施，希望在保护对虾资源的基础上对资源进行可持续利用，发展对虾渔业。进入 20 世纪 80 年代，由于对虾渔业资源利润大，吸引了大量投资，渔船数量过多，捕捞努力量长期失控，而且各省、各捕捞者之间竞争激烈，特别是大量捕捞亲虾用于育苗养殖，使对虾种群长期处于补充型捕捞过度，产卵亲体数量严重不足，最终导致对虾种群数量在极低的水平处波动。对虾捕捞量从年产 2 万 ~ 3 万吨下降到目前不足千吨的水平。

因此，非独家经营的渔业资源开发利用模式给渔业管理政策与措施的制定、执行与实施等造成了很大的困难，甚至会导致渔业资源的衰退而无法恢复。

2）资料问题

资料问题主要是可靠性和准确性问题。资料可靠性属于科学审定范围。科学家提供给渔业决策部门的资源评估资料，其可靠性理应被确认。但往往由于不可控因素的干扰，资料收集受到各种条件的限制，如方法问题、经济支持问题。收集的资料不全面，可能还会造成误差。研究一种特定的渔业资源，首先要收集基础资料，包括渔业统计、环境、市场经济和若干海上调查资料等。经过几个层次的分析，最终提交决策部门的结论性资料主要有种群动态特征、对资源的利用程度、捕捞方式、环境和亲体对种群数量的影响，以及在此基础上的收获策略、管理措施和选择范围、对资源和渔业发展前景的预测。收集原始资料时的方法等误差，经过误差传递，最终导入结论性资料中。在正常情况下，科技人员要对寓于原始资料中的误差加以审定。但是往往由于各种原因，科技人员也说不清误差程度和对结果的具体影响，仅由统计分析资料给出一个可置信限和标准差，并且可置信限和标准差有时较大。决策者可能很难从这些资料中挑选出适于决策使用的资料。另外，还有可能渔业资源评估资料不太符合当前的经济、政治和社会需要。这就使得实施合理的科学建议变得较为困难。科学家往往着眼于保护资源，维护已有的生态平衡，着重考虑从渔业资源获得长期社会利益，而忽视了当前社会需要。因此，要求决策者权衡各个方面，把各种利益调节到当前社会可接受的水平是相当困难的。

由于上述问题和困难影响渔业资源管理的决策，决策者在采取措施时往往犹豫不决。再加上难于协调国与国、省与省、地区与地区生产者之间的利益，尽管有合理的、有充分科学证据且要采取紧急措施的建议，可是由于一时难于接受和实施而放弃，以致有些种群在捕捞的影响下衰退甚至灭绝了。

5. 渔业资源管理方法与措施

根据渔业资源管理理念、渔业资源的生物特性和物品属性、经济和社会特征，渔业资源管理方法与措施大体上可以分为三类。

1）公开（自由）入渔和限制入渔

欧美主要渔业国家普遍认为渔业资源是人类的共有财产。受该理念的影响，欧美国家一般推崇自由入渔的管理理念和措施，反对实行渔业许可、渔业权等限制入渔的渔业管理措施。自由入渔管理理念者认为渔业资源是人类共有财产，产业活动应该公开，任何公民都可以自由进行渔业生产活动。根据该理念，渔业管理只能实施渔期、渔场、渔具等间接的管制措施（设立禁渔区和禁渔期）和控制总渔获量的产出管理措施。限制入渔的管理措施建立在渔业资源是区域公民或社会团体财产的理念之上，主要包括征税（渔获物或渔业生产者征税）、设立渔业许可制度控制渔船数量和新入的渔业者数量以及建立渔业权与专有权制度等。

自由入渔和限制入渔不仅在管理理念上有原则性的差异，由此产生的管理措施也有较大差异，不同历史时期管理措施的变迁过程见表4-2。

表4-2　自由和限制入渔管理方法的变迁

时间	资料来源	自由入渔	限制入渔
1961年	联合国粮食及农业组织渔业规划经济效果检讨会	规定禁渔区、禁渔期、渔获比例及渔具类型	收税，渔业许可证制度，渔业专有制
1967年	联合国粮食及农业组织世界农业白皮书第Ⅳ章	限制捕捞规格、禁渔区、禁渔期、渔具、总渔获量、总努力量	设立渔业许可证制度，收税

续表

时间	资料来源	自由入渔	限制入渔
1983年	联合国粮食及农业组织渔业管理专家会议	渔获量限制，间接限制渔期，限制渔场、渔具、渔获物比例等	渔业许可证和渔船数限制，收税，渔业权制度
1991年	日本国际渔业研究会/国际渔业经济与贸易研究所渔业管理会议	渔获量限制，国际和国内渔获量比例限制，间接限制渔获物比例、渔场和渔具等	渔业许可证和渔船限制，渔业税，渔业产权制度，TAC制度，企业比例

2）投入和产出控制管理

根据微观经济学的生产理论，渔业资源管理措施可以分为投入控制和产出控制管理措施。投入控制管理是指在渔业资源开发利用过程中对渔业生产过程中投入的人力、物力、资金等加以控制的管理方式。管理制度主要为捕捞许可证制度，管理措施包括规定渔期，限制渔场、作业时间、渔船数量、渔具以及船员等。产出控制管理是通过控制渔获产出以控制捕捞强度的管理方式。主要管理措施有总可捕量制度、个体渔获配额制度、个人可转让渔获配额制度和限制单船渔获量制度等。

3）被动性和主动性渔业资源管理措施

禁渔期、禁渔区、幼鱼保护区、最小捕捞体长、网目尺寸、限制网具类型和作业方式等传统管理措施可被视为被动性渔业资源管理措施。被动性渔业资源管理措施比较容易实施，但渔业资源管理效果与捕捞死亡之间缺少明确的函数关系，定量分析不同管理措施对捕捞死亡的影响非常困难。

典型的主动性渔业资源管理措施包括限制捕捞努力量和限额捕捞等，是现代主流的渔业资源管理措施。主动性渔业资源管理措施具有灵活性，管理者可以根据渔业资源的动态变化，通过调整管理力度，控制渔获量和捕捞努力量，使管理强度适应渔业资源的变化。

6. 国际海洋渔业管理的发展趋势

20世纪90年代以来，大量关于渔业资源养护和管理的文件和协定，如《坎昆宣言》《里约宣言》和《21世纪议程》相继出现。渔业资源养护和管理与自然资源环境保护相结合，渔业发展与世界贸易及人类健康、安全、福利相结合的渔业资源开发利用理念逐步深入人心。渔业资源管理者或渔业资源管理组织认为，制定国家渔业政策与法规必须考虑沿岸地区的综合发展情况，渔业资源的可持续利用应成为国际渔业管理的最高目标。

未来，世界海洋渔业管理的发展趋势主要是根据《负责任渔业行为守则》的内容和可持续渔业的目标，进一步完善渔业管理的具体措施和方法。国际海洋渔业管理的发展将沿着下列路径演进。

（1）海洋渔业管理将由定性管理向定量管理演变。国际渔业管理将由定性的渔业管理向总可捕量制度、个人渔获配额制度和个人可转让渔获配额制度等定量的渔业管理体制演变。

（2）海洋渔业管理将由宽松的管理体制向严格的管理体制演变。“公海自由捕鱼”时代已经结束，不利于渔业资源养护和管理的宽松的渔业管理体制将受到冲击。渔业管理措施和标志将日益标准化、具体化和严格化。例如，将建立严格的渔获量统计制度。

（3）海洋渔业资源管理的范围将进一步扩大。海洋渔业资源的管理将由对单一目标种群的管理发展到对与目标种群相关的种群及相关生态系统的管理。例如，渔业管理将扩展到对海鸟和海兽的管理，由对捕捞渔业的单一管理扩展到对水产养殖业和加工业的管理。

（4）区域性合作管理组织在海洋渔业管理中的作用将不断提高。国家管理渔业资源与环境的低效率，使海洋生态系统综合管理的理念逐步深入人心。因此，区域性与分区域合作管理组织的管辖权将越来越得到重视。

4.2.3 海洋可再生非生物资源——可再生能源

4.2.3.1 海洋可再生能源概述

地球表面积约为 5.1×10^8 平方千米，其中陆地表面积约为 1.49×10^8 平方千米，约占地球表面积的 29%；而海洋表面积约为 3.61×10^8 平方千米，约占地球表面积的 71%。一望无际的汪洋大海，不仅为人类提供航运通道、水产和丰富的矿藏，而且还蕴藏着巨大的海洋能量。

海洋可再生能源，即海洋能资源，通常以海水温差能、海水盐度差能、潮汐能、波浪能、海流（潮）能及海洋风能等多种形式存在，一般不包括海底或海底下储存的煤、石油、天然气等化石能源，也不包括溶解于海水中的铀、锂等化学能源。其产生原因主要是太阳和月亮对地球的引力变化，还有太阳辐射。

海洋能资源按储能形式可分为三类：第一，海洋机械能，如潮汐能、波浪能、海流能及海洋风能；第二，海洋热能，通常表现为海水的温度差；第三，海洋化学能，如海洋盐度差能。

海洋能资源按照来源可以分为三类：第一，来自太阳辐射能的能源（波浪、海流、海洋热能、含盐浓度差能、海洋生物质能等）；第二，来自地球本身的能源（铀、氘、氟、锰团块等）；第三，由地球和其他天体相互作用生成的能源（潮汐、潮流等）。

4.2.3.2 海洋可再生能源的类型

1. 潮汐能

潮汐能是指海水潮涨和潮落形成的水的势能，潮汐能的能量与潮量和潮差成正比。潮差的较大值为 13 ~ 15 米，一般说来，平均潮差在 3 米以上就有实际应用价值。潮汐具有明显的地理差异性，中国沿海潮差变化剧烈、复杂，潮时变化较大。局部海区跨过多种潮波，潮波进展极不规则，个别地段相距 10 ~ 20 千米，潮差相距 3 ~ 4 小时。

潮汐能利用的主要方式是发电。潮汐发电的基本原理是利用潮波的能量，通过水轮机转化为机械能，再由水轮机带动发电机变为电能。由于潮波能量有动能和势能之分，所以，利用潮汐发电的方式也分为两类：第一类是利用潮波的动能发电。通过利用涨潮、落潮时水的流速直接冲击水轮机发电。但是由于潮流密度通常较低，并且流速也不稳定，因而用这种方式发电产生的电量不高。所以，一般情况下不采用这种方法发电，当然在一些特殊地形或者流速特别大的地区除外。第二类是利用潮汐的势能发电。在海湾或河口筑拦坝堤，利用坝堤内外涨潮、落潮期间的水位差产生的势能发电。虽然利用这种方法可以产生较大电量，但是基础工程建设规模也较大。

2. 波浪能

波浪是海水运动的主要形式之一。波浪可以用波高、波长和波周期等特征来描述。波浪能是指海洋表面上的波浪（风浪）在运动过程中所产生的动能和势能。波浪能是海洋能源中能量最不稳定的一种能源。波浪能实质上是从风能到波浪能的转化，它的能量传递速率和风速有关，也和风与水相互作用的距离有关。贮存的能量通过摩擦和湍动而消散，其消散速度的大小取决于波浪特征和水深。深海区大浪的能量消散速度很慢，从而导致了波浪系统的复杂性，使它常常伴有局地风。

波浪能利用的主要途径是发电。其发电装置结构简单，成本也相对较低，并且可与消波、近海养殖、海水提铀等相结合。目前，波浪能利用仍有技术未取得突破，但各国都已经采取积极措施研究波浪能的开发与利用。因此，波浪能利用的前景是光明的。

3. 海流能

海流亦称洋流，是指海洋中的海水朝一个方向不断流动，犹如河流具有固定流动路线一样，产生的一种不易觉察的海流动力。海流能是指海水流动的动能，主要是指海底水道和海峡中较为稳定的流动以及潮汐导致的有规律的海水流动所产生的动能。海流能的能量与流速的平方和流量成正比。相对波浪能而言，海流能的变化要更平稳且有规律得多。海流能一般流速为 1 ~ 4 米 / 秒，能量密度小，不易开发。

海流能的主要用途是发电，它的发电原理是利用海流的冲击力使水轮机高速旋转，再带动发电机发电。目前，世界海流能发电技术仍处于试验研究阶段。

4. 海水温差能

温差能是指海洋表层海水和深层海水水温之差的热能。太阳的光辐射经过折射和散射后被海水吸收，导致海水温度升高。但是由于接受太阳光照射强度的差异，海洋中海水的温度并不相同。随着深度逐渐加深，海水温度受太阳照射的影响逐渐减小。到了 500 ~ 600 米的海水深处，海水温度受阳光照射的影响更小，水温终年保持在 4.5 ℃左右，变化极少，甚至可以说是恒温的。这样，不同海区海水上下温差的大小就有所不同，一般来说，越是靠近赤道的海区，其海水温差就越明显。

利用这一温差可以实现热力循环并发电，其基本原理就是利用热带海域的表层海水与深层海水之间的温差来驱动发动机，通过发动机转动产生电能。

5. 海水盐差能

盐差能是指海水和淡水之间或两种含盐浓度不同的海水之间的化学电位差能。盐差能外在表现形态通常是渗透压、稀释热、吸收热、浓淡电位差以及机械化学能等。海洋中各处的盐度是不同的，随温度和深度的变化而变化。江河淡水和海洋海水的含盐量差别明显，一般来说盐差能主要存在于河海交接处。通常，海水（盐度 3.5%）、河水之间的化学电位差相当于 240 米水头差的能量密度，这种利差可以利用半渗透膜（水能通过，盐不能通过）在盐水和淡水交接处实现。同时，淡水丰富地区的盐湖和地下盐矿也可以利用盐差能。

盐差能是海洋能中能量密度最大的一种可再生能源，具有大储量、无污染等特点，主要被用来发电。盐度差发电也可以称为渗透压发电，其所需的水头，不需要采用拦河大坝堵塞水流通路，而是通过在海水和河水之间设置半渗透膜产生的渗透压形成的。

6. 海洋风能

海洋风能是利用海洋风力来获取电力或其他能源的一种重要的能源形式。海洋风能开发是指在沿海及其岛屿利用风能来开发电力的活动。未来，随着海上风电场技术的发展与逐步成熟，海上风电将来必然会成为重要的可持续能源。

海洋风能作为一种可再生能源，利用前景非常广阔。中国的海洋风能利用与风能发电比较发达的国家（比如德国、丹麦、美国）相比还有一定的差距，风能总体利用水平还不够高，风电设备还不够完善。

4.2.3.3 海洋可再生能源管理

1. 中国沿海海洋能资源开发与利用

《中国海洋21世纪议程》明确提出："推进海洋再生能源开发利用的规模和速度。积极发展潮汐能、波浪能、温差能等开发利用技术，推进海洋能开发向规模大型化、用途综合化的方向发展。在主要海岛广泛应用海洋能发电技术，并以此推动海岛的可持续发展。"中国海洋能资源的开发利用除了潮汐能利用形成了较小的规模外，波浪能研究已进入示范试验阶段并取得一定的成果。在潮汐能开发利用的研究中，许多部门正在开展关键技术研究，取得了一定的突破。而其他形式的海洋能，如海水盐差能、温差能的研究与开发尚处在实验室原理试验阶段。

2. 中国海洋可再生能源开发利用存在的问题

1）海洋基础工作比较滞后，海洋能资源开发技术不完善

由于海洋的复杂性、研究的艰巨性和投资的有限性，有关海洋调查与监测的研究和海洋环境基本规律的研究相对缺乏，中国近海地区的资源和环境条件尚未明确。自20世纪80年代对海岸带、海涂及海岛资源进行综合调查以来，近年来对近岸海域资源的综合调查较为匮乏。已有的调查资料对海洋资源环境的认识并不能满足目前及今后经济社会发展的需要，海洋基础研究的落后制约了海洋能资源的开发利用。

在技术和经济领域，与成熟的化石能源使用技术相比，许多海洋能源开发技术在发电、可靠性、功率输出密度、运行成本、可维护性指标等方面仍处于起步阶段。有些技术还未掌握，只能依靠从国外引进，自主创新能力不高。此外，海洋能源利用技术的投资不足，缺乏足够的资金支持，在海洋能源开发、实验等方面组织不协调，难以形成规模。

2）海洋科技体制有待改革，海洋能资源科技产业化机制不健全

中国每年都有大量的科学研究成果产生，但真正完成转化的不多。一方面，

这些成果尚不成熟，离解决海洋中的一些问题还有一定差距；另一方面，缺乏有效的成果转化机制。按照一般情况，一项成熟的技术成果成功地完成产业化过程，其间研究开发、中试和成果商品化三者之间的资金投入比例一般为 1∶10∶100。然而，目前关键的问题是中试的经费问题。这部分经费无法解决，使得许多实验成果难以向产业化迈进。

海洋科技体制尚未发生根本性改变，造成重复建设和资源浪费，国家财力分散。海洋科技难以与经济相结合，海洋能科技成果转化和海洋能科技产业化的机制不健全，比例低；科技对经济发展的贡献率与国家的要求相差较远；缺乏有创新能力的科研人员、科技产业化人才、管理人才和高技术人才等。

3）扶持政策供给不足，产业发展的有效投入机制尚待建立

中国海洋能高技术研究的投入主要以国家的投入为主，企业所占比例较少。在国外海洋高科技研究与开发中，企业投入占主要比例，在海洋高技术研究开发阶段，企业投入占比较少。科技成果出来后再去寻找企业进行科技产业化的结果是造成成果转化脱节，使科技转化为生产力的时间拉长。在海洋能资源开发与利用方面，更没有科技创业投资公司、风险投资基金等投资机制，这些都阻碍了海洋能科技产业化的发展。

4）开发难度大、投资周期长，短期难见效益、风险大

海洋是一个连续的、永不停息的运动水体。与陆地相比，海洋环境更为复杂多变。海洋能资源尽管总量很大，但能流强度不高，并且对海洋开发技术的要求很高。此外，海洋能资源开发投资较大。经济效益最好的潮汐能发电站的成本是火力发电站的 1.6～4 倍，并且短期内难见效益，获得投资收益的周期较火力发电站长。海洋能资源开发是密集型、综合性的科学技术应用，涉及很多领域、很多环节，任何一个环节出现纰漏都会给整个工程带来重大损失。因此，海洋能资源开发具有较大的投资收益和建设风险。

4.3 海洋不可再生资源经济理论

4.3.1 海洋不可再生资源的内涵与特征

4.3.1.1 海洋不可再生资源的概念

海洋不可再生资源是指不能运用自然力增加其存量和流量的海洋自然资源。海洋不可再生资源的禀赋是固定的，因此可用数量逐渐减少。在某一时间点上的任何使用都会减少后续时间点可供使用的数量。根据海洋不可再生资源是否能重复使

用，又可分为循环利用和不可循环利用两类，前者如大多数矿物，包括铜、金等金属资源，经过利用虽然不会完全消失，但其数量会有所损耗；后者如石油、煤和天然气等能源资源，一旦利用便不复存在。

4.3.1.2 海洋不可再生资源的特征

1. 资源的不可再生性

海洋不可再生资源在自然环境下不能迅速再生，或者说其再生速度极其缓慢。这种资源可在一定时间内耗竭性使用，即一旦这种资源被消耗殆尽，它们就不复存在；或者说，即使它们最后能够重新生成，但是再生过程过于缓慢，以至于这种再生不存在任何现实经济意义。如果资源存量一旦减少为零，再进一步开发就是不可能的了。而且，资源的开采成本不仅取决于当前资源开采所使用的要素投入量及价格，也取决于过去开采时的要素投入量以及当前开采对未来资源开采收益的影响。即使有一定的资源存量，进一步开发也是不经济的。

2. 资源消耗的不可逆性

海洋不可再生资源一旦开采，其消耗量不可能在短期内恢复到原储量水平，不能像一般商品那样可以根据价格变化而增加或减少。这个特点与资本品“一旦制造出来就只能按折旧速率消耗”的特点相似，对经济学中的一般均衡的存在性定理构成威胁。因为一般均衡的存在性定理要求所有的商品都可以任意增加或减少，以便对价格变化作出足够灵敏的反应，而任意增加不可再生资源是不可能的。

3. 资源的可替代性

可替代性是因不同的资源具有相同或相近的效用。以能源资源为例，石油、煤以及其他能源资源，在一定条件下都可以为人类提供能量。又如，过去工业产品以金属为基本材料，随着科技的发展，很多工业产品的零部件由塑料、复合材料等非金属制品所替代，并且在硬度、质量、材质等方面有更优越的品质。因此，海洋不可再生资源是可以相互替代的。

4.3.2 海洋不可再生资源的类型

1. 海洋石油

据估计，世界极端石油储量约为 1 万亿吨，可采储量约为 3 000 亿吨，其中海底石油约为 1 350 亿吨。到 20 世纪末，海上石油年产量达到 30 亿吨，约占世界石油总产量的 50%。中国在不同海域都发现了新的油田，据科学家估算，中国海上石油储量可达 22 亿吨左右，中国的海底石油储量占总石油储量的 10% 至 14%。由于发现了丰富的海上石油资源，中国有可能成为世界五大石油产油国之一。

2. 海洋天然气

根据科学家估算，中国的海洋天然气储量约达480亿立方米，而且各个大海区不断有新的气田发现；中国的海底天然气资源量占全国天然气资源的25%～34%，该数据体现了中国海上天然气开发可观的前景。

3. 滨海砂矿

中国的滨海砂矿资源也十分丰富，在过去的30多年里，我们已经发现了20多种滨海砂矿，其中13种滨海砂矿资源有较好的开发利用前景。中国海岸地区已发现了191个不同类型的砂矿床，储量超过16亿吨，涵盖60余种不同类型的砂矿，全球范围内已发现的滨海砂矿的矿物几乎都能在中国沿海找到。作为世界上滨海砂矿种类较多的国家之一，中国仅在华南沿海就拥有2 720万吨的滨海砂矿资源。辽东半岛沿海地区有丰富的海岸砂矿，如金红石、锆英石、玻璃石英、金刚石等。中国海岸砂矿主要以海积砂矿为主，混合堆积砂矿次之，多数矿床以共生、伴生矿的形式存在。海积砂矿中的砂堤、砂矿是主要含矿矿体，也是主要开采对象，其中许多矿物的含量都在中国工业品位线上，适合开采。

4. 深海锰结核

深海锰结核是一种富含有价金属的大洋海底自生沉积物，在数千米的海洋深处历经千百万年的沉积而形成，其物质源主要包括火山喷发物、生物残骸、玄武岩屑等，经过金属元素在海洋水体中运移和反应在特定的核心物质上缓慢沉积而成。深海锰结核由于特殊的环境因素有很多陆地资源没有的物理化学特性。这些特殊的物理化学特性对开发某些功能材料非常重要，赋予了深海矿物潜在的直接应用价值。随着陆地可供开采的资源日渐枯竭，锰结核将成为人类获取有价金属资源的重要来源，开发利用锰结核是保障国家有价金属资源的重要战略举措。

5. 其他海洋矿产资源

目前，人们已经发现的海洋矿产资源除以上四大类以外，还有煤、铁等固体矿产资源，热液矿藏，可燃冰等。其中，世界许多近岸海底大量的煤炭、铁矿资源已经被开发利用，亚洲一些国家有大量的海底锡矿，并在这些矿床上发现了20余种海底固体矿产。海洋热液矿产资源是近年来国际上广泛关注的海洋矿产资源之一，具有很高的开发利用价值，世界上几个比较先进的海洋勘探与采掘技术公司都在这方面投入了大量的资金，研发出多种实用的海洋采矿设备。可燃冰是一种具有高能量密度、低杂质、无二次污染、厚度大、分布广泛、储量丰富等特点的新型矿产，具有广阔的应用前景。20世纪以来，日本、苏联、美国均已发现大面积的可燃冰分布区，中国也在南海和东海等区域发现了可燃冰。根据估算，单是中国南海就有700亿吨石油当量的可燃冰资源，这几乎是中国现有陆地石油资源的1/2。随着全球石油和天然气资源日益匮乏，可燃冰的出现给人们带来了新的希望。

4.3.3 海洋不可再生资源的最优配置

4.3.3.1 霍特林模型

海洋自然资源的配置一直是海洋资源经济学关注的核心问题。海洋自然资源的配置，不仅包括静态配置，即同一时期不同需求者之间的配置，还包括动态配置，即不同时期海洋自然资源的利用问题。

不可再生资源的一个典型问题就是不可再生资源的最优开采率。应该以多快的速度开采？如何在现在和未来利用之间找到准确的平衡点？1931年，霍特林对不可再生资源的这些问题进行了详尽、严密的分析，并成为动态最优化在经济学领域的最早应用。在制定最优化开采政策的过程中，问题之一就是如何在一段时间内对固定数量的资源进行最好的配置。该问题可以通过下面的公式简单地表示：

$$\max\int_{t=0}^{t=T} U(c_t)\,\mathrm{e}^{-\gamma t}\mathrm{d}t \qquad (4.38)$$

约束条件为

$$S_t=S_0-\int_{t=0}^{t=T} c_t\,\mathrm{d}t,\ \frac{\mathrm{d}S}{\mathrm{d}t}=\acute{S}-c_t,\ S_t\geqslant 0,\ \forall t\in[0,\ T] \qquad (4.39)$$

式中，$U(c_t)$代表资源消耗的瞬间效用；γ代表贴现率，满足$\gamma>0$；c_t代表时间t时的资源消耗速率；S_t代表时间t时的总剩余量；S_0代表不可再生资源的初始量；T代表时间范围（可确定或不确定）。

如果我们直观地看资源的最优配置，必须选择一个消费水平使得边际消费效用的现值在所有时期内保持不变。资源可以储存，这表示对资源的配置可以在不同时期内无成本变换。

海洋资源的跨时期配置问题，实际上是配置的动态效率问题。动态有效配置的要求，是资源使用净收益的限制最大化，从而使资源的使用达到均衡。

4.3.3.2 海洋不可再生资源的两期配置

假定一种具有固定供给的不可再生资源在两期内使用，且资源在两期内的储量是充足的。同时，在两期内需求不变，保持为常数。边际支付意愿可用公式P=8−0.4Q表示（P为价格，Q为资源量），不可再生资源的边际开采成本MC为2，且固定不变。

如图4-13所示，需求曲线与供给曲线相交，对应的均衡资源量是15个单位。如果资源总供给量大于等于30个单位，两个时期间的配置就很容易实现高效率，而不需要考虑贴现率。因为供给充分，每个时期都能得到所需的15个单位资源量，时期Ⅰ的消费不会影响时期Ⅱ的消费。在这种情况下，两个时期均实现本期的静态高效率标准，时间不是一个重要的标准。

但是，当供给数量小于30个单位，如假定等于20个单位时，怎样决定有效配置呢？按照动态效率标准，有效配置是指两期净收益的现值最大化。两期净收益的现值为每期净收益的现值之和。下面举例说明如何计算一种配置的净现值。

假定在时期Ⅰ配置15个单位，在时期Ⅱ配置5个单位。时期Ⅰ净现值等于图4-13（a）供给曲线之上、需求曲线之下的阴影面积，为45。时期Ⅱ的净现值为图4-13（b）中从原点到5的供给曲线之上、需求曲线之下的阴影面积，再乘以1/（1+*r*），*r*为贴现率。如果*r*=5%，则时期Ⅱ收益的净现值为22.73，两期收益净现值为45+22.73=67.73。

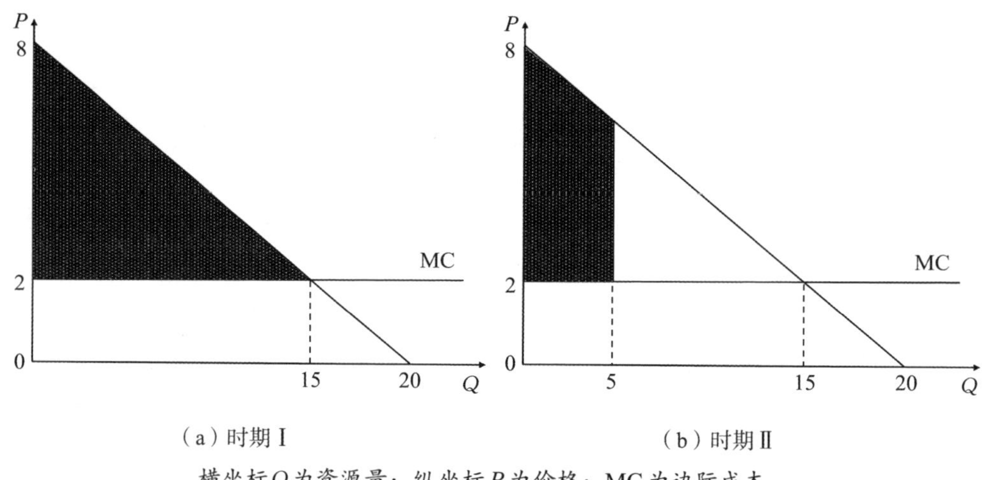

（a）时期Ⅰ　　（b）时期Ⅱ

横坐标*Q*为资源量；纵坐标*P*为价格；MC为边际成本。

图4-13　不可再生资源充分供给时两期有效配置

但是，据此并不能确定上述净现值之和为最大值，也不能保证资源配置为最优配置。而要确定净现值之和为最大值，通常有两种方法：一种是借助计算机，试算所有和为20的组合，选择收益净现值最大的组合；另一种方法是根据经济学基本原理，资源配置的动态最优化必须满足的条件为两个时期边际净收益现值相等。

两期边际净收益的现值如图4-14所示。时期Ⅰ的净收益曲线从左向右看，净收益曲线与纵轴交于6，因为在8时需求为0，边际成本为2，而最大边际净收益等于最大边际收益减去边际成本，所以最大边际净收益为 8−2=6。在需求为 15 时，其边际净收益为 0，因为此时支付意愿正好等于成本。

时期Ⅱ的净收益曲线从右向左看，时期Ⅱ使用资源的数量从右向左增加。这样，沿着水平轴的任何一点，形成了两期配置的 20 个单位，轴上的任何一点形成了两期间的唯一配置。另外，由于时期Ⅱ边际净收益需要贴现，时期Ⅱ边际净收益的现值曲线与纵轴的交点不同于时期Ⅰ，交点较低。假设贴现率 r=10%，则边际净收益为 6，其现值为 6/（1+0.1）=5.45。

两期有效配置就是两期边际净收益的现值曲线的交点，即边际净收益相等。净收益总现值就是时期Ⅰ的边际净收益曲线下从原点到有效配置点的面积，加上时期Ⅱ的边际净收益的现值曲线从右轴到有效配置点的面积，即 $aebO_2O_1$ 的面积，此时面积最大。

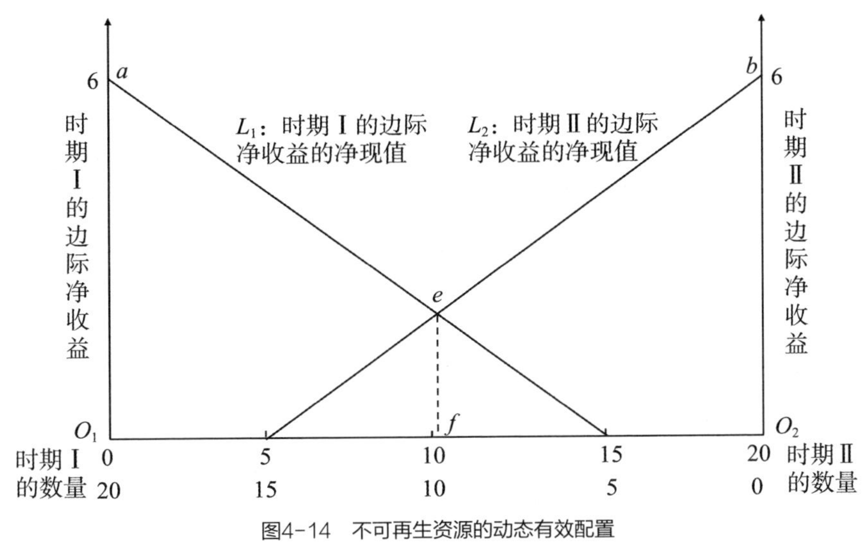

图4-14　不可再生资源的动态有效配置

当稀缺的资源跨时配置时，存在一个机会成本，称为边际使用者成本。资源是稀缺的，现在较多地使用会减少未来的使用机会，因此必须考虑边际使用者的成本。当存在 30 个单位以上的资源时，边际使用者成本为 0，但当仅存在 20 个单位的资源时，就存在资源的稀缺性，在这种情况下边际使用者成本不再为 0。如图 4−14 所示，边际使用者的现值用两个现值曲线的交点值 e 来表示，e 为高效率资源配置点，根据公式可以计算得到 e 为 1.905。在 e 点上，两个时期净收益现值之和最大，每期的边际净收益的现值也是相同的。

根据两期的边际净收益现值曲线得出两期的有效配置数量分别为 Q_1=10.238

和 Q_2=9.762，代入支付意愿方程 P=8−0.4Q，可得资源在两个时期的价格分别为 P_1=3.905 和 P_2=4.095。

在一个有效的资源市场中，供给不仅应考虑资源的边际开采成本，也应考虑资源的边际使用者成本。在资源充足的情况下，资源的供给价格等于边际开采成本；在存在稀缺的情况下，资源的供给价格等于边际开采成本和边际使用者成本之和。因此，每期的边际使用者成本是价格与边际开采成本的差值。如图 4−15 所示，在时期Ⅰ，边际使用者成本的现值为 1.905；在时期Ⅱ，边际使用者成本的现值为 1.905，而实际的边际使用者成本为 1.905（1+r），当 r=10% 时，时期Ⅱ的边际使用者成本为 2.095。因此，两期边际使用者成本的现值是相等的，实际的边际使用者成本随时间不断上升。

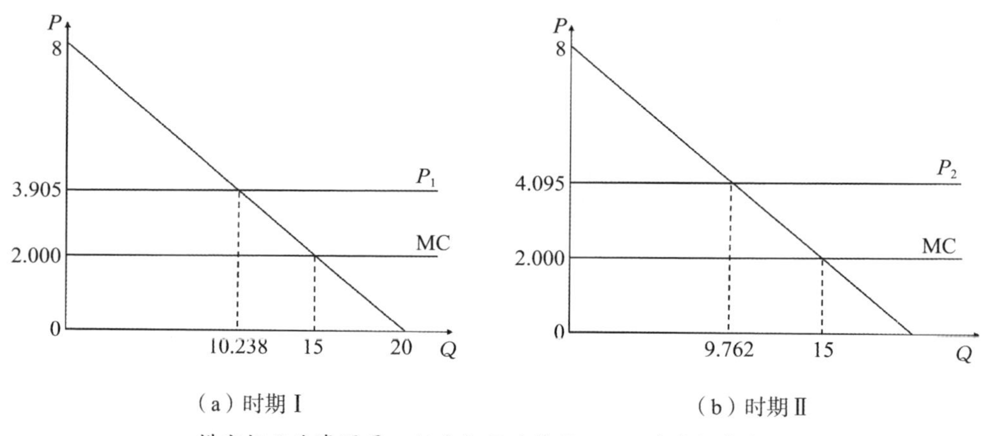

横坐标Q为资源量；纵坐标P为价格；MC为边际成本。

图4−15　不可再生资源的动态有效配置

将上述案例用一般数学公式表达，考虑资源配置净收益的现值在两期内达到最大。设 r 为贴现率，Q_t 表示在第 t 期的资源利用数量，第 t 期的需求函数为 $P(Q_t)$，总收益 B 为需求函数的积分（即需求曲线以下的面积）：

$$B(Q)=\int_0^Q P(x)\,\mathrm{d}x \tag{4.40}$$

边际净收益 $B'(Q)$ 为反需求函数，即 $B'(Q)=P(Q)$，假定资源的边际开采成本为常数，即 $C(Q)=c$，因此在第 t 期开采数量为 Q_t 的资源的总开采成本为 $C_t=cQ_t$，c 为边际开采成本。资源在两期的动态配置必须满足净收益最大化：

$$\max_{Q_1,\ Q_2}\left\{B(Q_1)-cQ_1+\left(\frac{1}{1+r}\right)\left[B(Q_2)-cQ_2\right]\right\} \tag{4.41}$$

如果资源的总有效数量为$\overline{Q}$，约束条件为两期总的开采率不应超过$\overline{Q}$：

$$Q_1+Q_2\leqslant\overline{Q} \tag{4.42}$$

建立拉格朗日方程求解最大化问题：

$$L=B(Q_1)-cQ_1+\left(\frac{1}{1+r}\right)[B(Q_2-cQ_2]+\lambda(\overline{Q}-Q_1-Q_2) \tag{4.43}$$

最大化的必要充分条件如下：

$$\frac{\partial L}{\partial Q_1}=P(Q_1)-c-\lambda=0 \tag{4.44}$$

$$\frac{\partial L}{\partial Q_2}=\left(\frac{1}{1+r}\right)[P(Q_2)-c]-\lambda=0 \tag{4.45}$$

$$\frac{\partial L}{\partial \lambda}=S-Q_1-Q_2=0 \tag{4.46}$$

在动态有效配置中，时期Ⅰ的边际净收益的现值$P(Q_1)-c$应等于λ。时期Ⅱ的边际净收益的现值也应等于λ。因此，两期边际净收益的现值必须相等。这种关系在图4−15中已经清楚地显示出来。边际使用者成本的现值用λ表示。因此，拉格朗日方程表明，时期Ⅰ的价格$P(Q_1)$应等于边际开采成本c和边际使用者成本λ之和；时期Ⅱ的价格$P(Q_2)$等于边际开采成本c加上时期Ⅱ高的边际使用者成本2（$1+r$）。这表明，边际使用者成本的当期值随着时间不断上升，而其现值不变。

4.3.3.3 海洋不可再生资源的多期配置

首先，保持前述边际开采成本为常数、需求为常数的假设，时间由两个时期延续到n个时期。图4−16（a）表示不可再生资源开采量随时间变化的趋势，图4−16（b）表示不可再生资源的总边际成本和边际使用成本随时间变化的趋势。总边际成本为边际开采成本和边际使用成本之和。多期配置情况与两期配置情况相似，尽管边际开采成本不变，但边际使用成本随着时间逐渐增加。边际使用成本的增加，反映了随着资源稀缺性的增加，资源消费的机会成本提高。

随着时间的延续，边际成本上升，资源的开采量逐渐下降，直到最后为零。如图4−16所示，当时间t=9时，总边际成本为8，等于人们愿意支付的最高价格，资源需求（消费量）和供给（开采量）同时为零。可见，即使边际开采成本不变，有效的配置可以使资源缓慢地耗竭，避免了突然耗竭。

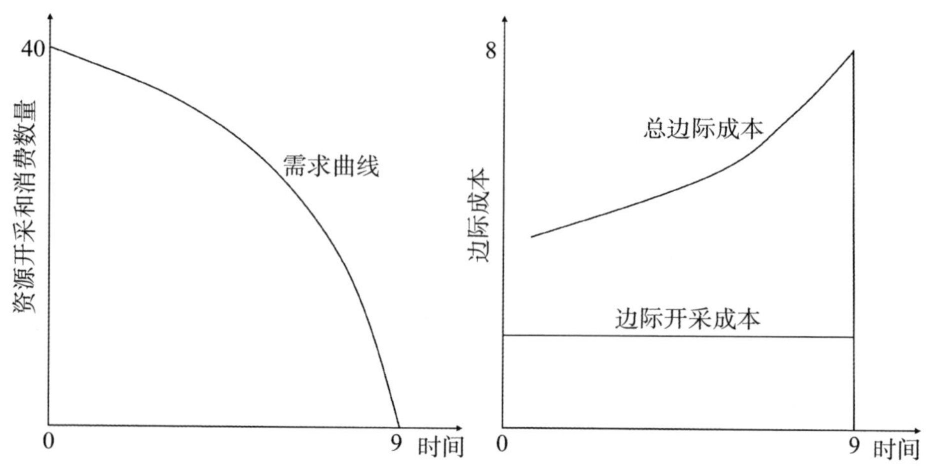

图4-16　没有替代资源且边际开采成本为常数时，资源开采和消费数量与边际成本之间的关系

可以用一般数学公式表达多期、不变成本、无替代的不可再生资源的跨时期最优配置。根据前面推导的净收益现值最大化条件公式，可得：

$$\frac{P(Q_t)-c}{(1+\gamma)^{t-1}}-\lambda=0，t=1，2，\cdots，T \tag{4.47}$$

$$\sum_{t=1}^{T}Q_t-\overline{Q}=0 \tag{4.48}$$

如何解释 λ？从约束优化理论来讲，它可以理解为 t 时间资源约束的影子价格。在这个案例里，λ 表示边际使用成本的现值，也可以把 λ 称为稀缺租金（Scarcity Rent），因为在最优解中 λ 等于价格和边际开采成本之差，是稀缺资源拥有者所获得的租金。

4.3.3.4　存在不可再生资源替代时的资源配置

下面我们讨论两种不可再生资源的转换。例如，煤和天然气，一开始某地区的煤比天然气的边际开采成本要低，这时当地普遍使用煤作为燃料，但是随着煤的资源量不断减少，煤的总边际成本高于天然气的总边际成本时，人们就改用天然气作为燃料。

假设有两种可替代的不可再生资源，边际开采成本为常数，第一种资源的边际成本较低，第二种资源的边际成本较高，在适当的条件下，边际开采成本低的不可再生资源能够被边际开采成本高的不可再生资源所替代。此时，资源之间的有效配置如图4-17所示。

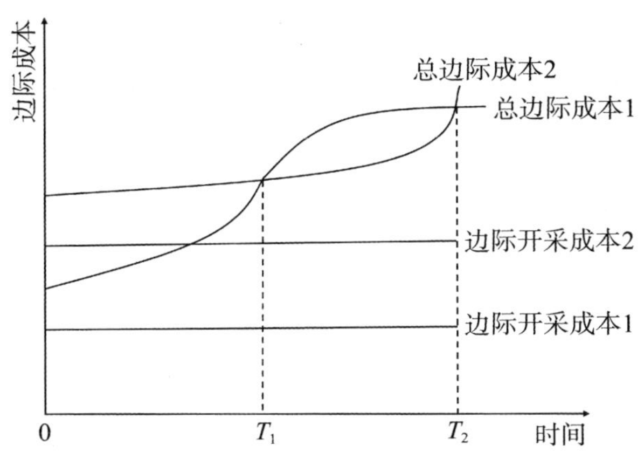

图4-17 两种边际开采成本不变的不可再生资源之间的替代

首先，在转折点 T_1 以前的时期，人们使用边际开采成本较低的第一种资源，随着第一种资源使用数量的增加，资源的稀缺性也增加，边际使用成本增加，总边际成本也增加。到转折点 T_1 时，两种资源的总边际成本相等，两种资源都可消费。在转折点 T_1 之后，只有总边际成本低的第二种资源才会被利用。而随着时间的延续，第二种资源的总边际成本也会逐渐增加，最终两条总边际成本曲线又会相交，该交点对应于横轴 T_2，又实现了第一种资源对第二种资源的替代。

可见，不可再生资源随着时间的延续实现了周期性的彼此间的相互替代，但无论怎样替代，只要人们存在边际支付意愿，两种资源最终还是会耗竭，只是相对地减慢了资源的耗竭速率。

以上讨论了两种不可再生资源的相互替代，下面讨论以不变边际成本获得可再生资源作为替代时，不可再生资源的有效配置问题。假设存在可替代某种不可再生资源的一种可再生资源，并且以不变的边际成本（对于可再生资源，边际成本等于边际开采成本）供给，比如可以用太阳能替代石油或者天然气，那么这时应如何对资源进行有效配置。

通过举例说明，假设不可再生资源存在完全替代，消费者对替代资源的支付意愿为单价是6时，可以无限供应该资源。这样可再生资源替代不可再生资源最终将会发生，因为它的边际成本（6）小于不可再生资源的最大支付意愿（8）。当存在单位成本为6的完全可替代资源时，不可再生资源的总边际成本永远都不会超过6，因为只要作为替代资源的可再生资源更便宜，社会总会用它来替代不可再生资源。因此，当不存在替代资源时，最大支付意愿给不可再生资源的总边际成本设置了上限。而当存在替代资源时，如果替代资源的边际成本更低，那替代资源的边际成本为不可再生资源的总边际成本设置了上限，但是却使得边际开采成本固定在更高的水平上，如图4–18所示。

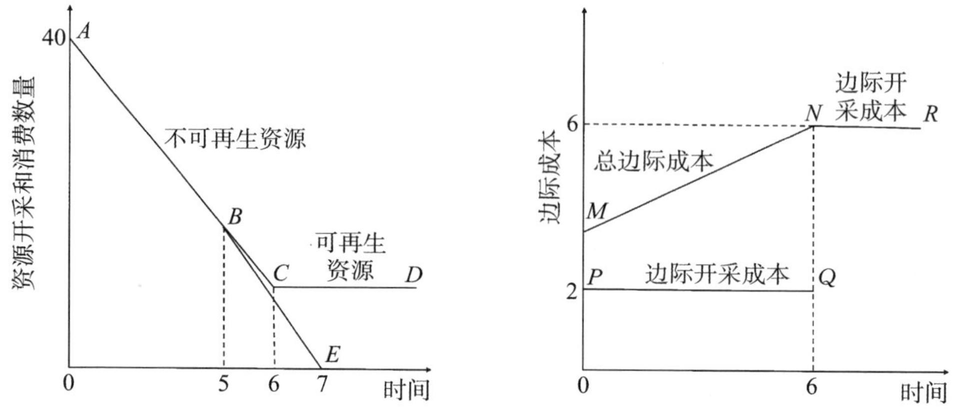

图4–18　具有替代资源且边际开采成本为常数时，资源开采和消费数量、边际成本随时间变化的趋势

从图4–18（a）可以看出，在有效的资源配置中，实现了不可再生资源向可再生资源的平稳过渡。资源的开采量随着边际使用成本的增加而逐渐减少，直到替代资源出现，并最终代替它。由于可再生资源的边际开采成本高于不可再生资源，所以提高了人们对不可再生资源的支付意愿。可再生资源的出现，提高了人们对不可再生资源的早期支付意愿，从而导致了对不可再生资源的快速开采（如图4–18中折线*BE*），直到不可再生资源的总成本等于可再生资源的边际开采成本时，人们对不可再生资源的开采才会停止，转而开采可再生资源。在本例中，转换发生在第6期（对应于*C*点），当没有可再生资源替代时，最后一单位资源将在第8期耗竭。

从图4–18（b）中可见，可再生资源的使用开始于转折点，在转折点之前，只使用不可再生资源，在转折点之后，只使用可再生资源。这种资源的相互替代导致了资源成本的变化。在转折点之前，不可再生资源相对便宜；在转折点上，不可再生资源的总边际成本（包括边际使用成本）等于替代资源的边际成本。

4.3.3.5　边际开采成本递增时的资源配置

前面我们扩展了对不可再生资源有效配置的分析，包括多期配置、存在完全替代的不可再生资源和可再生资源的配置。下面，我们进一步分析不可再生资源的边际开采成本随着开采量的增加而上升的情况。这种情况在现实中是普遍存在的，例如，矿物品位的降低和采掘深度的加大都会带来开采成本的上升。这种情况和前面的分析相同，但描述边际开采成本的函数稍微复杂，边际开采成本随着开采数量的增加而上升。这种资源的动态有效配置可以通过净收益的现值最大化得到，而收益采用修正的开采成本函数，其资源有效配置的变化趋势如图4-19所示。

这种情况与前面相比，最大的差别在于边际使用成本。在前面的分析中，边际使用成本在时间上是以百分比率 r 增加的，当边际开采成本随着开采量的增加而增加时，边际使用成本随着时间的增加而降低，直到下降为零，过渡到可再生资源。

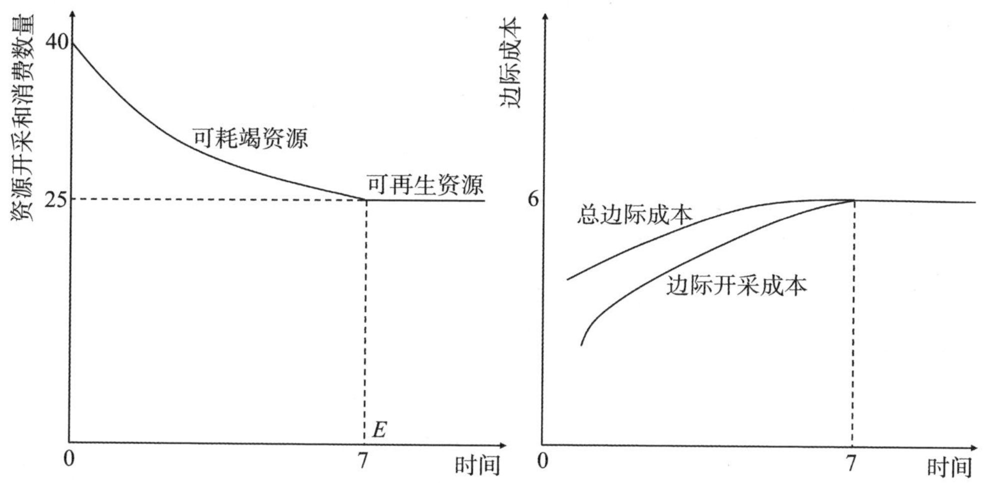

图4-19 具有替代资源且边际开采成本递增时，资源开采和消费数量、边际成本随时间变化的趋势

边际使用成本反映了放弃未来边际净收入的机会成本。这与恒定的边际开采成本相反。当边际成本随时间增加时，未来开采的机会损失将会减少。边际开采成本越大，说明随着开采的资源越多，从未来资源获取的净收益将越小。最后，当边际开采成本足够高时，初始边际开采成本可以忽略不计。此时，边际使用成本降至零，总边际成本等于边际开采成本。应当指出，不可再生资源在成本不变的情况下其所有储量都将完全耗尽。而在成本递增的情况下，储量将会耗竭，但在地质中仍有一些未被开采的资源储量，由于开采的代价太高而被保留下来。

4.4 海洋资源可持续发展理论

4.4.1 资源、环境与经济系统

经济与环境之间的相互依赖关系如图4-20所示。经济活动包括生产和消费，位于环境之中，二者都来自环境服务。并非所有的生产活动都是可消耗性的，还有一些生产活动的产出被增加到可再生的资本存量中，继续与劳动力一起发挥作用。

生产过程中所产生的废物再次进入环境，消费也是如此。消费没有生产活动的中间过程，是直接利用从环境到个人的舒适服务流的过程。

1. 环境所提供的服务

经济系统可简化为生产（厂商）和消费（家庭）两个主体。图中，环线 R_1 代表资源在生产部门的再循环，R_2 代表消费部门内部的资源再循环。通常，环境提供资源基础（E_1）、废物“沉淀”（E_2）、舒适性基地（E_3）、生命支撑功能（E_4）四种服务功能。在经济–环境系统中，自然资源提供的第一个主要服务是资源基础。根据现有资源的利用与未来可利用能力之间的联系，自然资源可分为可再生资源与不可再生资源。具体地，可再生资源主要指动植物群落，不可再生资源主要指矿物，如化石、燃料。可再生资源在某一时点的存量可通过种群自然繁衍来补充。如果在一定时间内，资源利用率低于自然生长率，资源存量就会增加；如果利用率与自然生长率同步，那么资源就可以被无限期地利用，这种利用率对应的产量通常被称为“可持续产量”。因此，利用率大于可持续产量意味着资源存量的减少。不可再生资源除了在地质时期外，不能进行自然再生产，现在使用越多意味着未来使用越少。

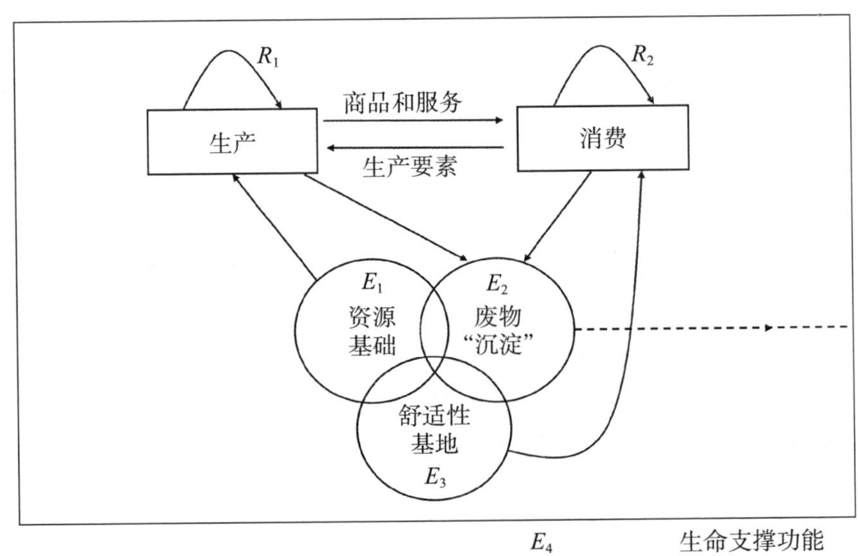

图4-20　资源-环境-经济大系统

其他环境提供的服务还包括废物“沉淀”、舒适性基地、生命支撑功能等。由于经济活动和环境的相互关系非常普遍和复杂，四种环境服务之间的相互作用使得复杂性增加。下面，拟用河口湾作为实例进行说明。

假定有一个河口湾，是实现当地经济发展的资源基础，人们可以在这里捕鱼，也可以将其用作废物沉淀池，将城市污水排放到这里，也可以将其用作舒适服务的资源，为了休闲目的进行开发。在没有进行商业开发利用的情况下，作为海洋生物的繁衍场所，其生存和发展是必要的，但是，商业开发利用对海洋生物的影响很大。在排污量与河口湾净化量相等的条件下，上述两种作用均可共存。但是，如果排污量超过了净化量，则不但会对河口湾的水质环境产生影响，还会对其他功能产生不利影响。比如，河流的污染会对鱼类的繁衍造成极大的阻碍，甚至会造成捕捞的停业；在对公共卫生造成损害的情况下，会使河口湾的游憩和娱乐功能下降，比如禁止游泳；同时，也会对一些不具经济价值的非商业性物种造成威胁，导致与河口湾生态系统相关的物种相继灭亡。

2. 环境服务的替代

自然环境提供了四个具有替代可能性的基本服务功能。例如，环境功能的循环替代有两种方式：一是减少对废弃物沉淀功能的需求；二是只要可以替代环境中的资源开采，循环物质就能减少对资源基础功能的需求。仍以河口湾为例，在将污水排入河流前，污水可以经过多阶段的处理。在不同的处理水平下，对能够被河口湾同化的污水，可适当进行降级处理。此时，以污水处理厂等形式存在的资本，可以代替废弃物沉淀的自然作用，其代替程度与污水处理厂的处理水平有关。

自20世纪70年代以来，人类通过反思长期以来传统经济增长战略所引起的人口、资源、环境问题，在此基础上提出了新的发展模式，即可持续发展模式，该模式正逐渐成为全球社会经济发展战略。发展战略的改变代表着经济增长模式和资源配置机制的改变。本小节主要讨论了两个问题：一是可持续发展的理论基础和实现途径；二是如何理解可持续发展的资源经济含义，或如何通过资源配置模式的转变来实现可持续发展。

4.4.2 可持续发展概述

4.4.2.1 可持续发展的概念

可持续发展是人类关于经济、社会、资源和环境协调发展的全新战略思想。1972年6月5日，联合国在瑞典斯德哥尔摩召开了人类环境会议，向全人类警示：人类只有一个地球。会议通过了《人类环境宣言》，并向全世界发出呼吁：“人类业已到了必须一致行动共同对环境问题采取更审慎处理的历史转折点。”世界环境与发展委员会于1987年在《我们共同的未来》报告中，第一次对可持续发展进行了全面、详细的阐述，并给出了权威性的定义：“可持续发展是既能满足当代人的需要，而又不对后代人满足其需要的能力构成危害的发展。”该定义被国际社会普遍接受。其核心思想是，健康的经济发展应以生态可持续性、社会正义和人民积极参与自身发展决策为基础。它的目标是既满足人类发展的各种需要，又保护资源和生态环境，不威胁后代的生存和发展，特别重视各种活动的生态合理性，强调应鼓励对资源和环境有利的经济活动，否则应该放弃。1992年，在巴西里约热内卢召开的联合国环境与发展大会上100多个国家和地区的政府首脑共同签署了著名的《里约环境与发展宣言》(又称《地球宪章》)，一致提出世界各国要遵循可持续发展战略。这体现了当代人类社会的新思想，使可持续发展成为全球的共同行动战略。当前，可持续发展原则已成为全球社会经济发展与自然资源开发考虑的关键要素。

4.4.2.2 可持续发展理论的形成与发展

可持续发展理论的产生和发展大致经历了四个阶段，每个阶段都有一个里程碑：第一个阶段，1972年召开的人类环境大会；第二个阶段，1980年颁布的《世界自然资源保护大纲》；第三个阶段，1987年发表的研究报告《我们共同的未来》；第四个阶段，1992年召开的联合国“环境与发展”国家首脑大会。

1. 第一个里程碑

1972年在斯德哥尔摩召开人类环境大会，提出人类正面临因资源利用不当而造成的生态破坏和环境污染问题，发表了经济必须与环境协调发展的观点。这是人类首次在世界范围内正视经济发展与环境之间的相互关系，即使并未明确提出可持续发展思想，但人们已经认识到了保护环境的重要性。可持续发展理论就是在环境与经济发展的讨论之中产生的，此次大会被认为是可持续发展理论史上的第一个里程碑。

2. 第二个里程碑

1980年，国际自然与自然资源保护同盟和世界野生生物基金会发表《世界自然资源保护大纲》，这是可持续发展理论史上的第二个里程碑。《世界自然资源保护大纲》提出：“必须确定自然的、社会的、生态的、经济的以及利用自然资源过程中的基本关系，确保全球可持续发展。”这是最早提出可持续发展概念的国际文件。

3. 第三个里程碑

1987年，以布伦特兰夫人为首的世界环境与发展委员会发表研究报告《我们共同的未来》，这是可持续发展理论史上的第三个里程碑。这一研究报告客观分析了全人类社会经济发展的成功经验与失败教训，提出了可持续发展的明确定义，并制定了全球可持续发展战略和对策。可持续发展被广泛接受和认可，引发了全球对该问题的热烈讨论，极大促进了该理论体系的形成。

4. 第四个里程碑

1992年，巴西里约热内卢召开联合国“环境与发展”国家首脑大会，这是可持续发展理论史上的第四个里程碑。本次会议通过了《里约宣言》《21世纪议程》和《生物多样性公约》等纲领性文件，形成了对于可持续发展的共识，认识到了环境与经济发展密不可分的关系。本次大会的召开，标志着可持续发展从思想和理论走向实践，已经成为人类共同追求的实际目标。1994年3月，中国审议通过了《中国21世纪议程》，表明中国也制定了符合国情的可持续发展战略。

4.4.2.3 可持续发展的基本原则与特征

1. 可持续发展的基本原则

1）公平性原则

公平是指机会选择的平等性，可持续发展的公平性，包括三层含义：第一，同代公平，即同一代人之间的公平。可持续发展应满足所有人的基本需要，并有机会满足他们对更高生活水平的愿望。因此，为了给予世界公平的分配权利和公平的发展权利，应将消除贫穷视为可持续发展中的一个特别优先事项。第二，代际公平，即世代之间的垂直公平。当代人不能因为他们自己的利益而破坏人类世代满足其需要的自然资源和环境，应给予世世代代公平利用自然资源的权利。第三，对有限资源的公平配置。目前，有限的自然资源的分布非常不均匀。例如，约占世界人口26%的发达国家人口消耗了全世界80%以上的能源、钢铁和纸张等，而发展中国家的经济发展则面临着严重的资源限制。因此，可持续发展不仅要实现当代人民之间的公平，而且要实现当代人民与子孙后代之间的公平，为所有人提供实现美好生活愿望的机会。

2）可持续性原则

人类经济和社会发展不能超出资源与环境承载力是可持续性原则的核心。资源与环境是人类生存与发展的基础和条件，离开资源与环境人类的生存与发展就无从谈起。资源的永续利用和生态系统可持续性的保持是人类可持续发展的首要条件。可持续发展要求人们根据可持续性的条件调整自己的生活方式，在可能的生态范围内确定自己的消耗标准。这一原则从另一侧面反映了可持续发展的公平性原则。

3）共同性原则

可持续发展是全球发展的总体目标，全世界人民应共同遵循其体现的公平和可持续性原则。而且，为了实现这一总体目标，还需要联合采取全球行动。从广义上讲，可持续发展战略就是要推进人类之间、人类与自然之间的和谐。如果每个人在考虑和安排自己的行动时，都能考虑到这一行动对其他人（包括后代）及生态环境的影响，并能真诚地按共同性原则行动，那么人类之间及人类与自然之间就能保持一种互惠共生的关系，也只有这样，可持续发展才能实现。

2. 可持续发展的基本特征

总的来讲，可持续发展具有三个基本特征。

（1）可持续发展鼓励经济增长。因为经济增长是国家实力和社会财富的体现。与此同时，可持续发展在注重增加数量的同时，也追求提高质量、提高效益、节约能源、减少废物等，转变传统的生产和消费方式，实行清洁生产和文明消费。

（2）可持续发展应以保护自然为基础，并与资源和环境的承载能力相协调。因此，在发展的同时必须保护自然资源和环境，这既包括控制污染又要求提高环境质量，在保护生命支持系统、保护生物多样性、维护地球生态系统完整性的同时，确保以可持续的方式使用可再生资源，并在地球的承载能力范围内保持发展。

（3）人类可持续发展应与社会进步相适应，以改善和提高生活质量为目标。当代社会和经济发展的一个不可避免的事实是，世界上大多数人口依然处于贫困或半贫困状态。可持续发展必须与解决大多数人口的贫困问题联系起来。对发展中国家来说，贫穷和不发达是其资源和环境遭到破坏的基本原因之一。只有消除贫困，我们才有能力保护和建设环境。世界各国处在不同的发展阶段，有不同的具体发展目标。然而，发展的内涵应包括改善人类生活质量，改善人类健康和创造一个保障人民平等、自由和免受暴力的社会环境。

以上三个特征表明，可持续发展包括生态、经济和社会三个方面的可持续性，三者是相互关联、不可分割的，片面孤立地追求经济的可持续性，必将导致经济崩溃；单一地追求生态的可持续性并不能最终阻止全球环境的衰退。生态可持续性是基础，经济可持续性是条件，社会可持续性是目标，人类共同追求的应该是自然–经济–社会复杂体系的可持续、稳定和健康发展。

4.4.3 海洋资源可持续发展

1. 海洋资源持续发展理论

可持续发展的基本含义就是保证人类社会具有长远的持续发展能力。由此出发，海洋资源可持续开发利用所坚持的基本点如下：第一，必须满足当代人的需求，尽可能使海洋资源得到最充分、合理的利用，以便为人类社会的发展提供更多的物质、精神支持；第二，在满足当代人需求的同时不能牺牲、损害后代人的利益，要保证海洋资源具有可持续性。

海洋生态过程的可持续是海洋资源可持续利用的基础。利用资源的同时，要注意保护资源种群多样性、资源遗传基因多样性；另外，要在不影响海洋生态系统完整性的前提下，整合资源开采方式，减少资源利用中的冲突和矛盾，提高资源产出率。

2. 海洋资源协调发展理论

海洋资源协调发展，首先表现为经济发展与环境之间的协调，其次是长远利益与短期利益之间的协调，再次是陆地系统与海洋系统及各利益部门之间的协调。海洋资源开发利用涉及许多行业，协调发展是客观要求，如石油、交通、水产、旅游、盐业等各行业要协调发展，各得其所；陆地系统、海洋系统相关部门应协调合作，共同保护海洋生态环境；海洋开发与海洋资源和环境的承载能力应协调一致，以保持海洋资源的可持续利用。同时还要注意到邻近区域所有开发的内容及其彼此之间可能产生的影响，力求每一类开发活动所产生的负面影响减少到最低限度。海洋资源开发程度越高，这种协调功能越要加强，最终形成综合管理体制。

3. 海洋资源公平发展理论

公平性是一个涉及哲学、经济、伦理等多领域的范畴，具有多层含义。现代意义上的公平性要求当代人对海洋资源的开发利用不应对后代人开发利用海洋资源造成不良影响。从可持续意义上讲，公平性包括代内公平和代际公平。海洋资源的可持续开发利用就是要尽最大可能，保证既能在同代人之间，又能在当代人和后代人之间实现海洋资源的合理配置。因此，海洋资源的可持续开发和利用实际上是一个不断进行调整而逐步趋向合理的过程。

本章小结

本章立足于新古典经济学的基本原理并结合海洋资源的相关特征，系统阐述了自然资源优化配置理论、海洋可再生资源经济理论、海洋不可再生资源经济理论和海洋资源可持续发展理论的内涵与特征，尝试构建海洋资源经济学的基本理论框架。

【知识进阶】

1. 简述海洋资源经济学的主要研究领域和基本理论。

2. 什么是帕累托最优，帕累托最优需要具备哪些条件?

3. 试比较海洋可再生资源与海洋不可再生资源利用过程的差异性。

4. 简述可持续发展的概念和基本原则，并分析实现海洋资源可持续管理的意义。

5. “资源开采不一定是破坏性的……不一定造成后代的贫困……伤害后代的是国家收入从通常渠道转向自然资源的保护。”请解释这段话并展开讨论。

5 海洋自然资源核算

知识导入：海洋自然资源种类繁多、用途广泛，开展海洋资源的价值核算是一项极其复杂的工作。海洋资源核算是对一定时间和空间内的海洋自然资源的分布状况和利用情况进行全面了解和评估的过程。通过核算海洋资源，我们可以清楚地了解海洋资源的种类、数量和质量，以及它们的利用效益和环境影响。这有助于我们更好地管理和保护海洋资源，并制定海洋经济可持续发展的政策和策略。本章在对自然资源核算的提出背景和国内外发展历程进行介绍的基础上，着重阐述自然资源核算的内容与方法，并据此提出开展海洋自然资源核算的方法与体系。

5.1 自然资源核算的提出

5.1.1 自然资源核算提出的背景

5.1.1.1 不计自然资源消长的国民经济核算体系

国民经济核算指的是在一定时间和范围内，对国民经济的人力、物力、财力、资源及其利用所进行的计量，对生产、分配、交换、消费各环节所进行的计量，以及对经济运行中形成的总量、速度、比例、效益所进行的计量。目前，国际上通行的国民经济核算体系有两种，一种是物质平衡表体系，简称MPS（System of Material Products Balances）。该核算体系最早起源于苏联并逐渐发展完善，中国过去采用的就是这种方法。另一种是国民账户体系，是许多西方国家在长期开展收入统计的基础上发展起来的，后被联合国修订成为新的国民账户体系，简称SNA（System of National Accounts）。中国现在实施的国民经济核算体系是在吸收了MPS和SNA两大体系的优点的基础上形成的。1992年，中国国民经济核算体系又进行了新的改革，用国内生产总值代替国民生产总值，并将其作为主要的核算指标。

在资源环境问题尚未影响人们的生活质量、威胁经济社会可持续发展的年代，MPS和SNA两大核算体系发挥了巨大的作用。随着经济发展和人口增长，环境污染、生态破坏、资源减少等问题日益突出，不仅严重地削弱了生活福利，甚至威胁着人类的生存。现行的国民经济核算体系以国民生产总值和国民生产净值为主要指标，存在只重视经济产值及其增长速度，而忽视资源基础和环境条件的严重缺陷：第一，只记录人造资本的消耗，很少或没有考虑自然资源的投入及环境问题；第二，没有将自然资源作为国民财富加以核算；第三，将环境治理费用加入国民生产总值，而环境破坏带来的损失未从国民生产总值中扣除。这是造成人们单纯追求产值，互相攀比速度，而不顾资源耗竭、环境恶化的重要根源之一。这种核算体系的缺陷对经济社会发展产生了错误的导向作用，使经济发展呈现虚幻增长的假象，同时造成经济发展的资源基础不断削弱的资源空心化现象。在这种情况下，依然沿用传统的国民经济核算体系来度量经济发展状况显然是不合理的。因此，原有的国民经济核算体系必须进行改进。

5.1.1.2　自然资源核算的提出

资源是人类赖以生存和发展的物质基础，资源储备是国民财富的重要组成部分。一个国家经济社会的发展，与其资源的丰裕度和开发、利用、保护的水平密切相关。鉴于传统国民经济核算体系存在的固有缺陷及其产生的错误导向和严重后果，世界上越来越多的国家、组织机构和学者就“国民经济核算应当反映资源环境因素”这一观点达成共识。他们都在积极研究并探寻国民经济核算体系的改革途径，致力于将资源环境核算纳入国民经济核算体系中。1992 年里约热内卢召开的“联合国环境和发展会议”通过了《21 世纪议程》，该文件第 1 部分第 8 章“将环境与发展问题纳入决策过程”中指出，“扩大现有国民经济核算制度，以将环境和社会因素纳入会计体制，至少将所有会员国附属自然资源核算制度包括在内”，“将把综合环境和经济会计制度设计为一种能够在国家发展决策过程中起重要作用的制度”。可见，只有在确立资源价值观及合理定价方法的基础上对资源进行核算，并将其纳入国民经济核算体系，才能揭示经济发展的实际水平和资源耗竭的实际程度，才能将经济发展与资源有效利用和保护有机结合，才能避免经济发展出现资源短缺和资源空心化现象，最终才能确保资源的可持续利用。

对自然资源进行核算是一种必然的趋势，也是可持续发展所必需的基础环节，它对社会经济的发展和资源的可持续利用具有导向、监测和预警的作用。因此，自然资源核算是实现可持续发展战略不可缺少的一个重要部分。中国必须牢固树立和践行“绿水青山就是金山银山”的理念，站在人与自然和谐共生的高度谋划发展。实施全面节约战略，推进各类资源节约、集约利用。党的二十大报告指出，“尊重自然、顺应自然、保护自然，是全面建设社会主义现代化国家的内在要求”。因此，自然资源核算是中国经济可持续发展进程中着力推进的重要任务之一。

5.1.2 自然资源核算的意义

自然资源核算具有以下三个方面的意义。

1. 为合理开发、利用、保护自然资源提供基础信息

通常对自然资源的核算，既要进行实物量核算（Physical Accounting），又要进行价值量核算（Value Accounting），同时包括质量核算。实物量核算不仅反映出自然资源数量的增加或减少，而且反映出社会经济发展对自然资源的需求状况以及下一周期自然资源的供需矛盾。自然资源价值量核算不仅可以用货币指标来反映自然资源存量的变化，而且可以与国民经济核算指标联系起来，反映出自然资源对社会经济发展的保障程度。自然资源的质量核算则更是直接反映出自然资源质量变化状况。这些信息无疑能帮助我们更有效地开发、利用和保护自然资源。

2. 有助于全面、可观地评价社会经济发展状况及未来潜力

自然资源是社会经济发展的物质基础，然而以国内生产总值为核心的传统国民经济核算体系的最大弊端是诱使人们单纯追求经济产值和经济增长速度，而不顾自然资源过度开发，因此造成资源浪费和破坏，不仅最终导致自然资源不断衰竭和生态环境不断恶化，而且带来社会经济发展的虚假繁荣，甚至对未来社会经济的发展产生严重影响。因此，要全面、客观地分析一国社会经济的真实发展状况和未来发展潜力，不仅要对经济发展情况进行评估，而且要对资源环境价值进行测算，消除这种由于消耗资源、破坏环境而带来的国民经济虚假增长。这就需要在一个通用结构中分析资源环境与经济问题，把经济信息与资源环境信息融合在一起，而这些资源环境信息就需要通过对自然资源的核算而获得。由此可见，自然资源核算对全面、客观地评价社会经济发展状况及未来发展潜力是极其重要的。

3. 实现可持续发展的必然要求

可持续发展战略提出发展是多重目标的发展，是协调、持久的发展，是经济、社会、环境和制度等方面的协调发展。联合国环境和发展会议通过的《21世纪议程》第一部分第8章“将环境与发展问题纳入决策过程”中指出，“建议在所有国家建立国家综合环境和经济会计制度”，“制订促进可持续发展的全国战略”。可以看出，对资源环境进行核算是可持续发展战略的必然要求，通过对自然资源进行核算，把资源环境信息导入国民经济核算体系，将经济与资源环境结合起来度量国家社会经济发展的可持续性。

5.1.3 自然资源核算的国内外发展历程

20世纪70年代以来，随着经济活动对资源环境利用强度的增加，资源环境与

经济发展之间的矛盾日益突出。国际通用的SNA核算体系的弊端也逐渐凸显，特别是其重视经济产值和经济增长速度，忽视了资源环境生态对于社会经济可持续发展的潜在效益，未能反映环境损害、生态破坏对社会经济发展产生的负面影响，未能揭示自然资源耗减以及环境保护支出的费用，对国家（地区）的可持续发展产生了不利影响，形成了经济的“空心化”现象。因此，国内外不少学者陆续提出对区域环境、资源进行核算，一些政府和组织在此方面也进行了积极的探索与实践。

5.1.3.1 国际自然资源核算发展历程

国际上关于自然资源核算的探索开始于20世纪70年代，学者们尝试建立量化指标度量区域资源环境与经济社会发展的关系。比较具有代表性的指标包括1971年麻省理工学院首次提出的生态需求指标（Ecological Requisite Index，ERI），该指标定量揭示了经济增长对环境因素产生的压力。1972年，威廉·诺德豪斯等提出净经济福利指标（Net Economic Welfare，NEW），引发了学者们对资源环境计量的关注。1989年，罗伯特·莱皮托等提出重点考虑资源损耗与经济增长率之间关系的国内生产净值（Net Domestic Product，NDP），并计算了印尼1971—1984年扣除石油、木材等资源损耗后的经济增长率。1989年，赫尔曼·戴利等提出了可持续经济福利指标（Index of Sustainable Economic Welfare，ISEW），尝试将反映社会因素的更多指标纳入体系中，区分了经济活动中的各类成本与效益，从而给出了真实的经济增长率。1992年，联合国环境和发展会议提出将环境和资源要素纳入国民核算体系中，并最终推出了一个综合环境与经济核算体系（System of Integrated Environmental and Economic Accounting，SEEA）。1995年，联合国提出了可持续发展指标，综合考虑社会、经济、环境及政府组织与民间机构等多要素行为。上述指标从经济、社会、环境等角度出发，反对将GDP（Gross Domestic Product）作为国家发展的最终目标，尝试将反映资源环境的要素纳入其中，为自然资源核算体系的建立和完善提供了理论支撑。

同时，许多国家也开展了自然资源核算实践活动。挪威是较早进行系统的自然资源核算研究的国家。1978年，挪威统计局负责自然资源核算和环境核算的相关研究工作。随后不久，挪威统计局着手编制自然资源（包含森林资源、能源资源、矿产资源和渔业资源在内）实物核算账户，并在1987年公布了项目研究的初步成果——《挪威自然资源核算》，该报告提出将自然资源分为物质资源和环境资源，在此分类基础上，初步建立了自然资源实物核算框架。借鉴挪威的经验，1985年，芬兰统计局建立了芬兰自然资源核算框架体系，核算内容侧重于森林资源分类核算、环境保护支出费用的核算和空气排放核算。在此基础上，芬兰将其与国民核算连接起来，最终编制了包含环境核算的国民经济核算矩阵（National Accounting Matrix with Environmental Accounts，NAMEA）。1978 年，法国成立了自然资源核算委员会，出版了由法国统计局和环境部合作编写的《法国的自然资源核算》，阐述了社会经济中有关环境资源核算的原则和方法，并建立了包含森林资源、内陆资源和动植物资源的初步实物核算账户。1992 年，美国商务经济研究局着手相关工作，最终在联合国SEEA的基础上建立了经济环境一体化卫星账户（Integrated Environmental and Economic Satellite Accounts，IEESA）。日本从 1993 年开始对 SEEA 体系进行系统研究，构建了较为完备的 SEEA 实例体系，并估算了日本 1985—1990 年的绿色 GDP（Greened Gross Domestic Product）。

在众多的资源环境核算体系中，被大众接受和相对成熟的是综合环境经济核算体系 SEEA。该体系由联合国等五大机构共同颁布，形成的时间不长，却得到了一致的肯定。作为对 1992 年联合国环境和发展会议要求各国尽快实施环境经济核算的回应，联合国等国际组织于 1993 年首次推出了《1993 年国民核算手册：综合环境和经济核算体系》（SEEA-1993）。SEEA-1993 提出后，世界银行等国际组织积极推动在墨西哥、博茨瓦纳、巴布亚新几内亚、泰国、菲律宾等国开展试点。一些发达国家如美国、日本均按照 SEEA 的思路，对本国地下资源进行了核算，编制出较为完整的综合环境经济核算体系实例。作为 93SNA（国民经济核算体系，联合国 1993 年修订版）的卫星账户，SEEA-1993 将环境核算纳入国民经济核算体系中，以各种环境核算方法为基础，但是由于提出的概念和方法没有达成一致，SEEA 体系只能以临时版本发行。2000 年，联合国公布了 SEEA 操作手册，为 SEEA 中较具实用性的模块实施提供分步指导，并阐述了 SEEA 在政策制定中的应用方向。基于各国理论方法上的进步以及在实施过程中积累的实践经验，联合国修订形成了《2003 年国民核算手册：综合环境和经济核算体系》（SEEA-2003），该版本进一步扩大了核算内容与范围，详细说明了自然资源的物理量、混合环境-经济账户及其估价方法，但未包含环境恶化的价值估价。该手册一经问世，就引起了强烈反响，无论是在理论研究方面，还是在实践应用方面，都取得了丰富的成果。联合国于 2012 年发布了《环境经济核算体系 2012-中心框架》（SEEA-中心框架），该版本对账户结构做了进一步的调整和优化，对 SEEA-2003 中不一致的内容进行了修订，是第一个环境经济核算的国际统计标准。特别是对 SEEA 中心框架采用在国家统计系统内灵活运用的模块式方法，使之能够符合各国政策背景、数据可利用性和统计能力，增强了其适用性。2021 年 3 月，联合国统计委员会第 52 届会议通过了环境经济核算体系生态系统核算（System of Environmental-Economic Accounting-Ecosystem Accounting，SEEA-EA）标准，提出设置生态系统范围、生态系统状况、生态系统服务流量（实物）、生态系统服务流量（货币）、生态系统资产货币五个账户，引导各国在其经济报告中体现森林、湿地和其他生态系统等自然资本的价值，旨在体现自然资源对经济和人类的贡献，更好地记录经济和其他人类活动对环境的影响。

5.1.3.2 中国自然资源核算发展历程

中国关于自然资源与环境核算的研究主要从资源核算、环境污染损失核算和资源环境综合核算三个方面展开。早在 1980 年初，有关学者就对资源价格与资源价值严重偏离的不合理状况进行了质疑和讨论，但尚未对资源展开系统核算。1987 年，李金昌等翻译了卢佩托的《关于自然资源核算与折旧问题》《挪威自然资源核算》及洛伦兹的《自然资源核算与分析》等研究报告，引发了国内相关人士对资源核算的关注。1988 年，国务院发展研究中心与世界资源研究所联合开展了“自然资源及其纳入国民经济核算体系”的课题研究，对资源定价、资源折旧、资源分类和综合核算以及自然资源纳入国民经济核算体系等进行了广泛研究，并取得了丰富的成果。之后，随着联合国 SEEA 的发布，中国越来越重视对资源核算的研究。1998 年，国家环境保护总局与世界银行合作开展了真实储蓄率（Genius Savings，GS）在烟台市和三明市的试点工作。2003 年，国家统计局出版的《中国国民经济核算体系（2002）》中设置了实物量自然资源核算表，并拟定核算方案，编制了 2000 年全国土地、森林、矿产、水资源实物量表。在此基础上，中国开展了上述四种资源的价值量核算。同时，国家统计局组织翻译了联合国的《环境经济综合核算 2003》，并与国家林业局联合开展了森林资源核算。

在对自然资源进行核算的同时，随着环境污染问题日益严峻，环境污染损失核算也逐渐成为学者关注的焦点问题。1980 年，中国环境科学研究院进行了全国环境污染和生态破坏的损失估算和评价，这是中国第一次系统地开展环境污染经济损失和生态破坏经济损失的估算研究。1984 年，过孝民等系统地估算了中国第六个五年计划期间的环境污染损失，在数据处理、计量方法等方面进行了有益尝试，提出了“过-张模型”。1990 年，国家环境保护局组织完成了研究项目“中国典型生态区生态破坏经济损失及其计算方法”，定量分析了中国生态破坏的经济损失。1992 年，国家环境保护局政策研究中心估算了全国的环境污染损失，并于 1998 年出版了专著《中国环境破坏的经济损失计量实例与理论研究》，该研究在环境破坏的经济损失计量研究上取得了重要进展。2000 年之后，中国环境核算研究进入快速发展阶段，世界银行、国家环境保护总局等部门先后开展了一系列的研究，在环境核算的理论、方法及实践应用方面均取得了丰硕的成果。

资源、环境核算研究的不断深入，以及经济增长与资源环境间的矛盾升级，迫使人类更加系统地了解社会经济活动对资源环境所造成的影响，以及资源耗减、环境损害和生态破坏对经济发展的制约程度。因此，近年来学者在资源–环境–经济的综合核算方面进行了系统的研究。其中，以下几项研究比较有代表性：北京大学结合投入产出表，基于SNA和SEEA核算体系构造中国的环境经济综合核算体系（Chinese System of Environmental and Economic Accounting，CSEEA），从投入产出核算、环境经济综合核算、社会核算矩阵等方面进行了深入研究。朱启贵等结合可持续发展理念的要求，探讨了资源环境核算的理论、方法和应用，结合中国实际提出了中国综合环境与经济核算体系的框架。王树林等从账户角度研究了联合国环境经济核算体系，结合中国实际设计了一套资源与环境核算账户，并计算了北京市经资源与环境调整后的绿色 GDP 指标。高敏雪等广泛吸收国际经验，比较系统地讨论了环境与经济综合核算理论与方法，从专题核算入手讨论了环境核算方法并分析了北京市水资源利用状况。2004 年，国家环境保护局和国家统计局联合开展了“综合环境与经济核算（绿色 GDP）”研究工作，对环境经济的框架、核算方法等进行了深入研究，启动了 10 省市绿色 GDP 核算。2006 年，中国发布了第一份绿色GDP 核算报告——《中国绿色国民经济核算研究报告 2004》，这也是国际上第一个由政府部门发布的绿色 GDP 核算报告，得到了国际社会的高度评价和赞赏。

综上所述，20 世纪 70 年代以来，随着自然资源核算研究的不断深入，相关理论与方法渐趋成熟，实践经验也得到不断积累与修正完善。整体而言，积极进行自然资源核算，将反映资源环境的因素纳入国民账户体系已经成为国际共识。从核算对象即自然资源类型来看，因各类资源统计与估价难度不一，各种资源的研究进展也各不相同。其中，森林资源、土地资源等的研究已经较为深入和成熟，有些资源，尤其是非耗竭性资源的核算尚没有成熟的理论和方法。从核算侧重点来看，各国对于资源环境核算研究的侧重点不同。资源依赖型的国家侧重于资源核算，生态环境形势严峻的国家侧重于环境经济损失的核算，而面临着资源耗减与环境污染双重考验的国家则侧重于从综合考虑资源环境的角度出发进行核算。从核算方法来看，主流的测算方法可以分为实物量核算和价值量核算。实物量核算是在对自然资源及其利用情况进行翔实统计的基础上，以账户等形式直观反映某类自然资源的数量及其使用情况。该方法已基本能满足揭示自然资源资产存量及其变化的需求，而且不受估价方法的限制。价值量核算是在实物量核算和合理估价的基础上，对不同资源存量及其变化统一度量。由于价值量核算缺乏统一规范的核算方法，当前实物量核算方面的研究成果多于价值量核算方面的。然而，如何对资源与环境要素进行科学估算是资源环境价值核算的核心与难点所在。现有的核算方法众多，不同核算方法对同一资产的估算结果不尽相同，可靠性和可比性不强，导致对资源环境进行全面核算面临巨大困难。目前资源环境核算仍是一个充满挑战和亟待探索的研究领域。

5.2 自然资源核算的内容与方法

5.2.1 自然资源核算的内容

自然资源核算的内容可以从以下四个方面去理解。

1. 实物量核算和价值量核算

从核算的层次来看，自然资源核算可以分为实物量核算和价值量核算两大部分。这两种核算方法并非相互独立，它们互为补充，同等重要。实物量核算是开展价值量核算的前提和基础。其中，实物量核算包括数量核算（Quantity Accounting）和质量核算（Quality Accounting）两个方面，主要反映自然资源的存量和流量特征。而价值量核算通过统一的货币来估算自然资源的货币价值，是人们最关注的一种资源核算形式。

2. 存量核算和流量核算

从核算的时间来看，自然资源核算包括存量核算（Stock Accounting）和流量核算（Flow Accounting）两方面的内容。静态的存量核算可以用来评估某一时刻的资源总量与经济总量的关系，并可对区域间的资源总量进行横向比较；而着眼于动态的流量核算则有助于认识一个国家或地区随经济增长而发生的自然资源基础变化，有助于分析资源流与经济流之间的动态关系。

3. 总量核算和类型核算

从核算的对象来看，自然资源核算可分为总量核算（Overall Accounting）和类型核算（Category Accounting）。总量核算包括自然资源的分类核算和综合核算。而类型核算是指对某类自然资源的单独核算（如对丛林的核算）。对于类型核算来说，实物量核算和价值量核算方法均适用。然而，不同类型的自然资源具有不同的属性和功能，因此对自然资源无法进行实物量的加总核算和分析，只有价值量核算能够实现自然资源的总量加总，从而实现不同自然资源之间的比较。

4. 资源环境与经济综合核算

将自然资源核算纳入国民经济核算体系，是对传统国民经济核算体系的有力补充。1994 年，联合国统计署、环境署与世界银行等国际组织合作，正式出版了《综合环境与经济核算手册》（SEEA），完成了综合经济环境核算的开辟性研究工作，提出了环境经济核算的大体框架。此后，在历经多次讨论并汇总各方对 SEEA 的修改意见之后，最终草案在联合国统计委员会的会议后定案，即 SEEA-2003。SEEA-2003 对于编制绿色国民经济核算账户的方法和定义提供了更为一致的看法，并且重视编算过程所获得的信息资料，即更重视经济发展、资源耗减与环境质量退化的政策分析。其中，SEEA-2003 对资源、环境经济综合核算体系进行了全面阐述，把资源耗减、环境保护和环境退化等问题纳入国民经济核算体系，构建了资源环境经济综合核算基本框架，就环境对经济的贡献和经济对环境的影响进行一致分析。其目的在于，通过提供指标和描述性统计，监测经济与环境的相互作用，并将其作为战略规划与政策分析的一种工具，为经济可持续发展服务。

就目前的情况来看，SEEA（目标）重点研究以下五个问题：第一，分离并详细阐述传统（SNA）账户中所有与环境有关的流量与存量资产；第二，连接实物形式核算与货币形式核算；第三，估算环境成本和收益；第四，核算有形财富；第五，度量经环境调整的收入及相关指标。

5.2.2 自然资源的核算方法

20 世纪中叶以来，随着可持续发展理念的兴起，欧美及日本等发达国家试图将环境要素纳入国民经济核算体系，在衡量一个国家的经济产生的同时，也考虑资源的损耗和生态环境的破坏，从而综合反映环境经济的变化。他们提出用自然资源的损耗价值，生态环境的降级成本以及自然资源、生态环境的恢复费用等调整现有的 GDP 指标，把它们从国内生产总值中扣除，用绿色 GDP 替代传统 GDP。绿色 GDP 概念在 1993 年联合国统计机构正式出版的《综合环境与经济核算手册》中被首次提出，该手册还推荐了绿色 GDP 的核算方法，规范了自然资源和环境的统计标准，制定了绿色 GDP 核算中自然资源和环境的估价方法。

5.2.2.1 绿色 GDP 的含义及计算方法

1993 年联合国会同世界银行和国际货币基金组织在总结各国实践的基础上提出了“综合环境经济核算（SEEA）体系”，包括了绿色 GDP 核算。绿色 GDP 核算的目的是通过调整宏观经济总量，即通过调整 GDP，表明经济发展引起的资源损耗和环境损害程度，从而促使决策者制定相应的政策，以避免过度的资源损耗和环境破坏。

绿色 GDP 是扣除了自然资产（包括资源、环境）损失之后的新创造的真实国民财富的总量指标。目前对绿色 GDP 有不同的定义。狭义上主要是将资源环境因素纳入传统 GDP 计量，代表“经资源环境因素调整的国内产出”，即

绿色 GDP = GDP－自然资源损耗和环境退化损失－资源、环境恢复费用支出（恢复支出）－环境损害预防费用支出（预防支出）－由于非优化利用资源而进行调整计算的部分 （5.1）

广义的绿色 GDP 除了资源环境因素之外，还把更多的内容纳入 GDP 调整之中，比如在扣除“资源环境虚数”的同时，还要扣除“人文虚数”，即有

绿色 GDP=传统 GDP－自然部分的虚数－人文部分的虚数 （5.2）

此外，如果按照 GDP 生产法、收入法、支出法的核算体系，绿色 GDP 的核算方法还包括以下三种，如表 5-1 所示。

表5-1 绿色GDP生产法、收入法、支出法的核算体系

方法类型	计算公式
生产法	绿色 GDP=各行业增加值之和； 增加值=总产出－中间消耗－资源环境损害+环保部门新创造价值； 资源环境损害=生产过程资源耗竭全部+生产过程污染全部+资源恢复过程资源耗竭全部+资源恢复过程环境污染全部+污染治理过程资源耗竭全部+污染治理过程环境污染全部+最终使用资源耗竭全部+最终使用环境污染全部； 环保部门新创造价值=资源恢复部门新创造价值全部+环境保护部门新创造价值全部
收入法	绿色 GDP=劳动者报酬+生产税净额+固定资产折旧+营业盈余+绿色净效益； 绿色净效益=原有环境效益现实使用价值+改善环境效益现实使用价值－环保费用现实使用价值－潜在污染损失的现实使用价值
支出法	绿色 GDP=居民消费+政府消费+固定资本形成总额+存货增加+货物和服务的净出口－环境保护成本； 环境保护成本=环境治理费用+为预防环境破坏而投入的费用+给受害者补偿的费用+发展环保产业投入的费用+资源闲置的损失+按新生产要素组织方式而可能导致的损失

在绿色 GDP 核算中，虽然存在资源损耗和环境退化的价值无法直接通过市场买卖来衡量的技术上的困难，但绿色 GDP 基于传统 GDP 的核算理论和思路，从生产法、收入法和支出法三个角度阐述了其内部结构，为分析经济生产的产出结构、投入结构，生产要素的分配结构以及经济产品的最终使用结构提供了详细的数据体系，完整地衡量了经济总体生产活动的最终成果，为判断宏观经济增长及其走势提

供了衡量尺度。绿色 GDP 核算有利于改变单纯的经济增长观念，不仅反映了国民经济收入总量，还反映了资源损耗、环境污染和生态破坏程度，能更全面地反映经济增长的可持续性。

5.2.2.2 绿色 GDP 核算理论基础

绿色 GDP 核算主要依据可持续发展理论、福利经济学理论和环境经济学理论。

1. 可持续发展理论

1992 年，联合国环境和发展会议通过《21 世纪议程》，提出了可持续发展战略。从此，可持续发展观念得到各国的普遍认可，为国民经济核算的改革指导了方向。可持续发展理论追求人与自然、环境与经济的协调发展，其和谐发展的思想内涵如下：健康的经济发展应建立在生态的持续能力、社会公正和人民积极参与自身发展决策的基础上。它特别关注各种经济活动的生态理性，强调对环境有利的经济活动应予以鼓励，对环境不利的经济活动应予以摒弃，建立生态道德，树立生态意识，增强保护环境的责任感。在发展指标上，可持续发展理论不再单纯地将 GDP 作为衡量发展的唯一指标，而是用社会、经济、文化、环境、生活等指标来综合衡量发展，从而把眼前利益与长远利益、局部利益与全局利益有机统一起来。依据这一理论，国民经济核算应该考虑到生产过程中对自然资源的消耗和对环境的损害，并将经济活动对环境的利用作为追加的投入，从而提出经济与环境结合的综合核算思路，得到生态产出指标或叫绿色 GDP。

2. 福利经济学理论

西方福利经济学理论对绿色 GDP 指标的提出及设计思路有非常重要的影响。英国著名福利经济学家庇古于 20 世纪初创立了福利经济学理论体系。他认为一国的经济福利是个人经济福利的总和，而每个人的经济福利又是由他所得到的商品和劳务的效用构成的，因此经济福利和国民收入是对等的，对其中之一内容的任何表述，就意味着对另一内容的相应表述。在福利经济学的指导下，国民经济产出核算不应只考虑显性的成本与收益，还应考虑经济活动的外部性，特别是要从现行的 GDP 中扣除外部损害成本，并由此提出关于绿色 GDP 的具体核算方法。如果外部经济活动的规模大于外部不经济活动的规模，则绿色 GDP 的规模大于现行 GDP 的规模，即社会福利大于经济福利；反之，外部不经济活动的规模大于外部经济活动的规模，则现行 GDP 的规模大于绿色 GDP 的规模，即经济福利大于社会福利。

3. 环境经济学理论

环境经济学是研究如何运用经济科学和环境科学的原理和方法，分析经济发展和环境保护的矛盾，以及经济再生产、人口再生产和自然再生产三者之间的关系，选择经济、合理的物质变换方式，以便用最小的劳动消耗为人类创造清洁、舒适、优美的生产和工作环境的学科。环境经济学理论主要包括：第一，环境资源的稀缺理论。该理论认为自然资源是一种稀缺资源。随着工业化的发展，土地、森林、矿产、空气、水等成为稀缺的资源。第二，环境资源的外部性理论。该理论认为环境资源给人类带来许多的外部经济，但人类生产活动总是将外部不经济性反馈给自然。第三，环境资源的公共利益与公共选择理论。该理论认为环境资源具有明显的公共财产和公共权益。第四，环境资源的价值理论。传统的经济学认为资源是没有价值的，这种观点导致人类无节制地开发、利用资源，造成资源的巨大损失和浪费。环境经济学从经济学角度计算环境污染治理的成本与收益，计算污染造成的社会福利损失和污染对人类健康的危害，并从政府决策、市场调控等不同途径寻找治理环境污染的有效对策。

5.2.2.3 国内外主要绿色GDP核算体系

绿色国民账户以框架形式发展可以追溯到1982年维克托·布尔默-托马斯开发的“社会核算框架”（The Social Accounting Framework）和联合国统计委员会建立的“环境统计发展框架”（The Framework for the Development of Environment Statistics）。以框架体系来构建复杂、大量的指标之间的联系使得指标之间的层次和关系非常清晰，有助于更好地理解经济活动和生态作用之间的相互关系。目前国际上几个重要的绿色国民经济核算修正体系有联合国的SEEA、佩斯金教授发展并应用于菲律宾的ENRAP（Environment and Natural Resources Accounting Project）、欧盟统计局开发的SERIEE（European System for the Collection of Economic Information on the Environment）、荷兰统计局开发的NAMEA（National Economic Accounting Matrix with Environment Accounts）。其中，联合国开发的SEEA体系是目前相对成熟、获得认可度最高的绿色国民经济核算体系框架。

1. SEEA

SEEA是由联合国推出的环境与经济综合核算体系，其发展经历了三个阶段。

第一阶段，20世纪70年代初至80年代。这一阶段从环境角度研究环境统计的方法和模式，编写了《环境统计资源编制纲要》一书，并且正式开展环境核算研究工作，提出需要在现行的SNA中引入包含环境调整的国内生产净值（Eco-Domestic Product，EDP）和国内净收入（Net Disposable Income，EDI），以便更好地核算经济活动带来的环境损失以及剔除环境预防支出费用等。

第二阶段，20 世纪 80 年代末至 90 年代中期。这一阶段提出环境与经济综合核算体系的初步框架。1992 年联合国环境和发展会议通过的主要文件《21 世纪议程》中，多次提到环境价值（包括资源价值和生态价值）和环境核算问题。1993 年，联合国统计局首次公布了综合环境和经济核算体系（SEEA-1993）的编制手册。SEEA的基本框架如表 5-2 所示。

表5-2 SEEA的基本框架

核算项目	经济活动					环境
	生产	国外	最终消费	经济资产		其他非生产自然资产
				资产	非生产自然资产	
期初资产存量						
供给						
经济使用						
固定资本消耗						
国内生产净值						
非生产自然资产的使用						
非生产自然资产的其他积累						
货币量形式的环境核算中的环境调整的总量						
持有损益						
资产物量的其他变化						
期末资产存量						

第三阶段，SEEA-1993 颁布之后，若干国家根据 SEEA-1993 编制了本国的绿色国民经济核算体系，也有许多学者提出改进建议。因此从 1997 年开始，联合国统计局再次委托 1993 年成立的伦敦小组负责更新发展 SEEA。目前，伦敦小组已完成修改版 SEEA-2003，且已被联合国、欧盟、国际货币基金组织、世界银行和经济合作与发展组织五个机构所接受，成为正式出版物。SEEA-2003 的主要内容包括环境保护支出账、非生产性资产实物账、环境经济综合账、自然资源损失及环境质量损失账等内容。SEEA-2003 用净价格法、现值法、使用者成本法三种方

法计算自然资源损失，并用维护成本法或损害评估法对环境品质下降进行评估。SEEA-2012提出环境经济核算体系中心框架（SEEA-CF），采用国民经济账户体系的核算概念、结构、规则和原则，设置实物型供应使用表、功能账户（如环境保护支出账户）和自然资源资产账户，重点统计核算水资源、矿物、能源、木材、鱼类、土壤、土地以及生态系统、污染和废物等信息。同时提出环境经济核算体系实验性生态系统核算（SEEA-EEA），作为对中心框架的补充。SEEA-EEA采用生态系统的实物量核算方法，以及符合市场估价原则的生态系统估价方法，为各国推进对生态系统的核算提供途径。2021年3月，联合国统计委员会第52届会议通过了环境经济核算体系生态系统核算（SEEA-EA）标准，提出设置生态系统范围、生态系统状况、生态系统服务流量（实物）、生态系统服务流量（货币）、生态系统资产货币五个账户，引导各国在其经济报告中体现森林、湿地和其他生态系统等自然资本的价值。

与传统的国民经济核算体系SNA相比，SEEA核算有以下特点。

（1）资产的范围扩大。在SNA中，资产只是指生产资产，而SEEA除了原有的生产资产外，还包括非生产自然资产，一是处于机构单位控制下的自然资产，包括土地、矿产品和森林等，二是没有处于机构单位控制下的自然资源，包括海洋和河流中的鱼类资源、热带雨林和其他原始森林、空气等。SEEA将经济活动引起的这类资产的变化也计入成本。

（2）提出环境成本的概念，并区分了自然资源耗减和恶化的虚拟成本和环境保护支出两种成本形式。SEEA中环境保护服务支出的类别如表5-3所示。在SEEA中，把原先在辅助活动范围内进行的有关环境保护支出的活动作为独立的带有可分清的产出和中间消耗的基层单位处理，这种方法能全面地衡量和估价社会在预防和治理环境质量下降及其影响方面的实际付出。

表5-3　SEEA中环境保护服务支出的类别

代码	类别
37	再循环
90	污染和废物的处理，环境卫生的维护和类似活动
90.1	垃圾的收集、运输、处理和处置
90.2	废水的收集和处理
90.3	废气的净化

续表

代码	类别
90.4	噪声的消除
90.5	未列入上述类别的其他环境保护服务
90.6	环境卫生维护和类似服务

注：表中使用的是与环境保护活动有关的国际标准产业分类方法。

（3）修正了国内生产净值指标（NDP），提出了生态国内产出指标。EDP是在SNA的国内生产净值的基础上减去经济活动的虚拟环境费用而得出的，是在考虑国民经济各部门对包括自然资产在内的所有资产在经济使用的情况下，衡量一国社会总体发展水平的指标。

（4）引入资本积累概念，代替SNA中的资本形成概念。SEEA中的资本积累概念不仅包括传统生产资本的变化，而且还包括由耗减和降级引起的资本存量的减少，还包括自然资产作为经济资产被合并以及与生产活动相联系的经济决策引起的自然资产在经济运行中的转移。

（5）将政府提供的环境保护服务作为独立的基层单位。如果政府消除的是政府自身污染造成的影响，那么此类服务的产出作为政府消费处理；如果此类活动是帮助生产者消除他们造成的环境要素恶化的影响，那么此类服务的产出作为资本形成处理。这一处理方式适用于政府环境保护活动，如净化湖泊和水流，恢复被工业污染、采矿业污染的土地地力等。

2. ENRAP

ENRAP由美国经济学者佩斯金于1989年创立。1990年起，美国援外总署以提供援助的方式试行“环境和自然资源账计划”。其目标是将环境视为一个生产部门，使用新古典一般均衡架构作为衡量经济福利的一个指标，得到经环境修正过的国民经济核算账户，并提供环境政策管理所需的基本资料。

ENRAP扩展了SNA资产及生产范围界限，主要内容包括自然资源消耗、环境所提供的废弃物服务及环境品质服务、环境损害、净环境利益、家庭非市场生产。计算环境社会损失成本（如污染对人体健康的损害），不仅计算对环境有害的减项项目，也计算对环境有利的加项项目。其特点如下。

（1）包括传统的国民经济核算体系中具有市场交易价格的资本所提供的服务，并且将那些不具有市场交易价格的环境资源服务纳入。佩斯金将无市场的环境资源服务分为三类：为环境资源所提供的投入服务、为环境资源所提供的产出服务以及环境污染损失成本。并采用影子价格的计量方法对这三类服务的价值进行估量。

（2）ENRAP账表结构在继承传统国民经济核算体系的内容的基础上，增加了三个新的项目：环境提供的废弃物处理服务、环境损害及环境提供的直接服务。ENRAP还提出了净环境利益（Net Environment Benefit，NEB）的概念，NEB代表环境服务价值（环境提供的废弃物处理服务与直接服务之和）与损失（环境损害）之间的差异。

3. SERIEE

SERIEE，即欧洲环境经济信息收集体系，是欧盟在第五次环境行动计划中，在可持续发展共识的基础上设计的环境与资源整合账户体系，并以卫星账户的方式将环境保护活动与国民所得账进行连接。欧盟统计局于1994年出版SERIEE手册。主要内容包含两个卫星账户和一个资料收集及处理系统。第一个卫星账户为环境保护支出账户，第二个为资源使用及管理账户。SERIEE仅计算环境保护支出，不计算各种污染损害成本。其特点如下。

（1）强调自然资源实物账的重要性，在经济活动方面，特别重视在缓解和预防环境恶化，环境监测、恢复或开发的活动方面的交易。

（2）提出用厂商竞争力的观点来研究厂商的环境保护支出及与环境相关的税收负担，并且从社会产出、就业和进口的角度来衡量所有与环境保护及其设备和相关产品相关的经济活动的价值。

4. NAMEA

NAMEA是荷兰的环境与经济整合账表体系。1993年，荷兰统计处编制完成了第一本NAMEA账，这本账户符合欧洲各国对于环境保护的要求。

NAMEA最大的特色是将三个环境账——排放物账、全球环境问题账和国家环境问题账纳入国民收入账内。这些账表在NAMEA中暂时以实物单位表示。其特点如下。

（1）将生产及消费支出分为一般和环保两项，以便计算环境保护支出和环保消费，并且明确地将环保活动和其他经济活动的产出和消费分开。

（2）根据不同污染物对环境的影响，将其转化成相同的计算单位，比如温室效应气体指标包括二氧化碳（CO_2）、氨气（NH_3）和三氧化二氮（N_2O_3）三种指标，每一种指标都可转化成GWP（Global Warming Potentials）方式表达。

（3）NAMEA以实物账的方式呈现，使统计学者较容易接受。

5. 几大绿色国民经济核算框架的比较

1）核算范围

以上几大绿色国民经济核算编制体系从不同的理论基础和编制目的出发，编制的范围和内容有所不同，但都分别对纳入体系的资产的范围进行了扩展。SEEA扩展了传统SNA的资产范围，将非生产自然资产，包括处于机构单位控制下的自然资产，和没有处于机构单位控制下的自然资源都纳入核算范围，并且将因经济活动引起的这类资产的变化也计入成本。ENRAP也扩展了SNA资产及生产范围界限，将自然资源损耗、环境所提供的废弃物服务及环境品质服务、环境损害、净环境利益、家庭非市场生产纳入核算体系。

2）结构内容

在账表具体内容的安排上，SEEA-1993和SEEA-2003都主张将国民经济核算体系中各生产部门有关环境管理的支出分离出来，以一个明确的账目来评估预期的环境维护成本和效益。NAMEA也主张将生产及消费支出分为一般和环保两项，将环保活动和其他经济活动的产出和消费分开，这也成为NAMEA的重要功能之一。但ENRAP不主张将账表中的环保经费支出分离出来，主要的理由在于ENRAP认为很多经费支出并不一定能严格地区分出到底是属于环保用途还是非环保用途，而且分离环境管理支出的成本很高，还有相当大的误差。

3）估算方法

对于自然资源折耗和环境损失的估算方法，SEEA建议采用维护成本法和损害评估法来评估环境质量下降的损失，而ENRAP基于新古典经济学的方法，以消费者“愿付价格”衡量各项环境服务的价值，对环境质量下降损失与自然资源折耗进行估算，避免用环境损害的愿付价格估算环境质量下降损失。对于自然资源折耗，SEEA提出用净价格法、埃尔·塞拉菲（El Serafy）法及净现值法来估算自然资源折耗，ENRAP主张由估计自然资源资产价值的变动来估算自然资源折耗。ENRAP采用影子价格的计量方法对环境资源所提供的投入服务、环境资源的产出服务、污染质量下降损失这三类服务的价值进行估量，利用影子价格的概念来计算不具有市场价格的资源，这和一般的国民经济核算体系有很大的区别。

4）表达方式

对于国民经济核算体系的表达方式，SEEA、ENRAP和SERIEE都采取实物和货币账户两种方式进行描述，SERIEE将实物账户与货币账户进行了系统的连接，但是不主张将各方面的自然资源实物都呈现出来，而且SERIEE没有估算环境质量下降的损失，不能整合出类似于SEEA“生态系统的国内产出水平”的指标。而NAMEA仅采用实物账的方式进行表达，不涉及货币价值的衡量。

目前，联合国对SEEA核算体系的研究不断推进，SEEA-2003也已经出版，并且在多个国家进行了试点，理论和实践都相对丰富，获得了国际社会的广泛认可。ENRAP编算范围完整，与经济学福利观点较一致，但因估算方法有争议，目前仅被菲律宾及美国部分区域采用。SERIEE注重短期效应，系统产生比较匆忙，在结构上仅限于与SNA有关的资产及流量信息，相对于SEEA而言，SERIEE的整个系统结构的定义、分类及实际编制过程都还不太成熟，有待于进一步改善。NAMEA的编制已趋于稳定，未来计划编入社会账户及社会指标，使NAMEA不仅是一个国家的重要环保依据，还要成为重要的社会福利指标。本书对上述几种国民收入核算编制系统进行了详细比较，如表5-4所示。

表5-4　几大国民收入核算编制系统比较

编制系统	SEEA-2003	ENRAP	SERIEE	NAMEA
源起	1. 1993年联合国统计局出版SEEA手册 2. 1998年出版作业手册 3. 目前已出版SEEA-2003完整手册	1. 由经济学者佩斯金所提倡（1989年） 2. 1990年起，美国援外总署以提供援助的方式协助菲律宾试行“环境和自然资源账计划”，目前仅由美国切萨皮克市及菲律宾试编	1994年欧盟统计局出版SERIEE手册	1. 荷兰统计局局长克宁提出观念及方法 2. 荷兰最早依据NAMEA结构编制空气排放物账（1991年）
主要内容	1. 环境保护支出账 2. 非生产性资产实物账 3. 环境经济综合账 4. 自然资源折耗及环境质损 5. 计算绿色国民所得指标（如eaGDP及eaNDP）	1. 将自然环境视为生产部门，可生产非市场的环境服务价值，如森林提供休闲娱乐服务 2. 将环境污染价值（包括污染对人体健康的损害）视为生产部门的负产出 3. 净环境利益（NEB）=环境服务价值-环境损害价值	1. 环境保护支出账户 2. 自然资源使用及管理账户 3. 基本资料收集及处理系统	1. 排放物账 2. 国家环境议题账 3. 全球环境议题账（包含温室效应、臭氧层破坏、酸化等环境议题）
编算范围	1. 以净价格法、现值法或使用者成本法计算自然资源折耗 2. 建议以维护成本法或损害评估法计算环境品质下降损失	1. 计算环境社会损失成本（如污染对人体健康的损害） 2. 不仅计算对环境有害的减项项目，也计算对环境有利的加项项目	仅计算环境保护支出，不计算各种污染损害成本	与环境有关的部分仅计算实物账户，无货币化结果

续表

编制系统	SEEA-2003	ENRAP	SERIEE	NAMEA
说明	SEEA编制国家中，并非全部按照SEEA架构编制完整的账表，而是选择对其经济活动较有影响力的环境议题进行试编，并根据各国国情及资料有无加以调整	1. 编算范围完整，与经济学福利观点一致，唯因估算方法尚有争议，故目前仅被菲律宾及美国部分区域采用 2. 家庭内部的非市场产出，如砍柴，自给自用的农业生产活动亦包括在内 3. 天然环境所提供的非市场服务，如国家公园供游憩观光使用 4. 污染对人体健康造成的损害	核心重点在于环境保护支出账，其环境保护支出账比SEEA的环境保护支出账详细	NAMEA矩阵中，除一般的国民所得交易账外，其余均是以数量单位表示的实物账户

5.2.2.4 中国绿色国民经济核算体系

1. 中国绿色国民经济核算体系发展历程

中国关于绿色GDP理论的研究起步较晚。1984年，中国首次从全国层面对环境污染损失进行估算，并发布了《公元2000年中国环境预测与对策研究》报告。1988年，国务院发展研究中心在国际福特基金会的资助下同美国的世界资源研究所合作，首次尝试开展了自然资源核算的课题研究“自然资源核算及其纳入国民经济核算体系”。1990年，过孝民、张慧勤对第六个五年计划时期的环境经济损失展开研究，在污染损失估算的计量方法、数据处理等方面取得了一定的成果。1996—1999年，雷明等人应用“投入产出表”的基本原理，对中国资源-经济-环境进行了综合核算，并对1992年中国的EDP和GDP进行了计算。该研究基于现代边际机会成本理论，结合中国国民经济核算实践，从投入产出核算出发，提出了一套绿色投入产出核算理论方法，并且建立了中国国家尺度上的环境经济综合核算框架（Chinese System of Environmental and Economic Accounting，CSEEA），估算出1992年全国的资源枯竭和环境退化成本约占当年GDP的4.87%。1998年，国家环境保护总局依据世界银行“扩展的财富”的思想、概念和计算方法，对中国1978年以来的国民储蓄率进行了计算与分析。该研究主要侧重将自然资源环境核算纳入国民资产负债（国民财富）核算的方式、核算途径以及实际操作的研究与实践。2000年，北京市社会科学院对1997年北京市的环境质量和资源资产的经济价值进行了绿色GDP测算，结果表明北京市的绿色GDP为当年核算GDP的74.9%，即由于环境污染和资源消耗，北京市的GDP需扣减约1/4。2001年，国家统计局开展自然资源核算工作，编制了“全国自然资源实物量表”，包括土地、矿产、森林、水资源4种自然资源。2003年8月，国家统计局、中国林业科学院和海南省统计局、海南省林业厅、北京林业大学经济管理学院等联合对海南省进行了研究，初步建立了海南省森林资源与经济综合核算的基本框架。2004年6月，国家环境保护总局和国家统计局联合主办“建立中国绿色国民经济核算体系国际研讨会”。会议提出，为落实科学发展观、实现经济社会可持续发展，中国将在未来3~6年内初步建立符合中国国情的绿色GDP核算体系框架。来自美国、欧盟、联合国、亚洲银行和中国国内的近百名官员和专家学者参加了会议。会议重点讨论了绿色国民经济核算与科学发展观、绿色国民经济核算的国际经验、建立中国绿色国民经济核算的框架、自然资源与环境核算技术方法等课题。

目前，国内国民经济核算体系研究主要集中在以下几个方面：自然资源环境核算与国民经济体系相互关系的研究；将自然资源环境核算纳入国民资产负债核算的方式及核算途径的研究；将资源环境因素纳入“生产账户”（GDP）的生产方式方法及核算途径的研究；关于“中国综合经济与环境核算体系”的核算模式、核算理论、原则与方法的研究。

2. 中国开展绿色国民经济核算的基础

关于绿色国民经济核算体系，国际上尚没有一个成熟的、具有高度可操作性的制度规范，各国研究和实践所侧重的领域、所采用的方法非常不统一，仍有许多问题没有得到很好的解决。因此，中国建立绿色国民经济核算体系，要广泛参照国际经验，最大限度地借鉴国际研究成果，保持与国际已经形成的核算模式的对接；同时要适应中国现实，依托中国环境经济核算已经取得的实际经验，体现中国经济和环境特征，保持与中国现有统计和核算基础的衔接。

20世纪80年代以来，中国已建立起比较全面的国民经济核算体系，为中国绿色国民经济核算体系的建立提供了较好的基础。国内生产总值核算、投入产出核算、资产负债核算分别从实物量上全面描述经济活动与资源耗减和污染物排放的关系，核算一国所拥有的自然资产，以及系统测度经济活动对环境的影响、经济活动的成果，计算考虑环境成本的经济产出（即绿色GDP），这几方面形成的规范的核算方法为绿色国民经济核算提供了相对坚实的核算基础，并积累了多年的数据资料。

国家和地方都已经形成相应的核算制，尤其在省一级，已经建立了除国际收支核算以外的比较完整的地区核算体系。《中国国民经济核算体系（2002）》编制了自然资源核算表，覆盖森林、水、土地、矿产四类资源。此外，矿产、森林、水、鱼类、土地等资源的基本统计系统已经具备；环境保护的监测和统计制度已基本形成；一些领域已经开展了环境经济核算，比如森林、污染损失和生态损失价值的核算。这些核算研究成果为设计中国绿色国民经济核算体系，甚至中国环境经济核算体系，提供了良好的数据基础和成果借鉴。

3. 中国绿色国民经济核算的思路

在中国，开展绿色国民经济核算的基本思路是，资源环境实物量核算–资源环境价值量核算–资源环境与经济综合核算（将资源环境要素纳入国民经济核算体系）。

1）资源环境实物量核算

资源环境实物量核算是建立绿色国民经济核算体系的重要基础和前提，也是其十分重要的核算表现形式。核算的主要内容应当包括自然资源（土地资源、矿产资源、森林及其他生物资源、水资源、海洋资源）核算和环境（陆生生态环境、水生生态环境、城市大气环境）核算。核算的方法是运用实物单位建立不同层次的实物存量账户和环境–经济供应使用表、投入产出表，描述各类环境资产的存量和变化量，描述与经济活动对应的各类自然资源和生态投入量、废弃物排放量。

2）资源环境价值量核算

资源环境价值量核算是建立绿色国民经济核算体系的关键。价值量核算具体包括两个部分：第一，运用经济学方法，如市场价值法、恢复费用法、意愿评估法，对现存经济核算中有关环境的货币流量予以核算，包括环境保护支出和环境税费的核算；第二，在实物核算的基础上，估算各种环境流量和存量的货币价值，进而将货币型核算的结果与国民经济核算的内容同步起来，对传统的宏观经济总量进行调整，正确地反映资源环境的经济价值和生态价值，表达资源环境与经济之间的有机联系。

3）资源环境与经济综合核算

将资源与环境经济价值纳入国民经济核算，正确反映国民经济的有效增长及自然因素对经济增长的完整代价，反映资源对经济的潜在支撑力和环境容纳度，以及资源环境与经济之间相互依赖、相互制约的有机联系。

高敏雪、王金南等学者建议中国环境经济核算体系的基本框架应主要由四组核算表构成：环境–经济混合核算表、环境保护活动流量核算表、自然资产存量及其变动核算表、以绿色 GDP 为中心的总量核算表。其中，环境–经济混合核算表、绿色GDP总量核算表如表5-5、表5-6所示。

表5-5　环境-经济混合核算表

经济活动类型		产业部门				最终消费	资本形成	净出口	使用总计
		Ⅰ1	Ⅰ2	Ⅰ3	Ⅰ产业总计	C	CF	X	
Ⅰ1 农业、渔业和矿业									
Ⅰ2 制造业、电力和建筑业									
Ⅰ3 服务业									
Ⅰ产业总计									
增加值									
投入总计									
自然资源消耗	矿产资源								
	森林资源								
	水资源								
废弃物排放	废气								
	废水								
	固体废弃物								

注：表5-5中，纵列表示各类经济活动，主要包括不同经济产业和消费活动；横行表示不同的资源类别以及不同的废弃物类别。

表5-6　绿色GDP总量核算表

生产		使用		
生产法	总产出	支出法	最终消费	居民消费
	中间投入（−）			政府公共消费
	国内生产总值		经环境因素调整的资本形成	
	固定资本消耗（−）		资本形成总额	固定资本形成
	国内生产净值			存货
	环境成本（−）		固定资本消耗（−）	
	经环境因素调整的国内产出		环境成本（−）	

续表

<table>
<tr><th colspan="3">生产</th><th colspan="2">使用</th></tr>
<tr><td rowspan="4">收入法</td><td colspan="2">劳动报酬</td><td rowspan="4">净出口</td><td rowspan="2">出口</td></tr>
<tr><td colspan="2">生产税净额</td></tr>
<tr><td rowspan="2">经环境因素调整的营业盈余</td><td>营业盈余</td><td rowspan="2">进口（-）</td></tr>
<tr><td>环境成本（-）</td></tr>
</table>

5.3 海洋资源核算方法

海洋资源既具有现实的经济价值，又具有生态或环境价值。由于计量海洋资源的环境或生态价值比较复杂，在此，我们只探讨海洋资源的经济价值。海洋资源价值纳入国民经济核算体系后，国民经济主要核算指标也应进行相应的调整，才能反映出一国经济发展的真实水平，从而为制定可持续经济发展政策提供决策依据。具体而言，海洋资源的核算需要根据不同的资源种类选用不同的核算方法，并建立评估模型。比如，经济海域的环境损失价值可采用生产率下降法（又称为市场价值法）来核算：评估为防止或阻止海洋环境污染与破坏而支付的费用可采用防护费用法、恢复费用法等。

5.3.1 不同类型海洋资源的核算方法

1. 近海养殖水域资源

近海养殖水域资源的价值核算可以采用收益现值法。海水养殖场每年所产生的收益是各种生产要素（包括政府管理、劳动力、总投资、海域空间资源等）共同作用的结果，总收益扣除投资成本（含正常的投资收益）、政府税收、劳动力报酬之后的剩余部分即为海域的贡献，将海域的收益折现后即为近海养殖水域资源的价值，可用下式进行核算：

$$V_1=\sum_{i=1}^{T}\frac{(R_i-I_i-C_i-S_i-T_i)}{(1+r)^i} \tag{5.3}$$

式中，V_1为近海养殖水域的价值，R_i为海水养殖每年所获得的总收益，I_i为投资成本及其正常收益，C_i为海水养殖第i年所支付的生产成本，S_i为第i年支付的劳动力报酬，T_i为第i年支付的税收，r为投资收益率，i为评估年限。

2. 海洋水产资源

海洋水产资源是指天然水产资源。为了避免重复计算，将人工增殖水产资源纳入近海养殖水域价值核算的范畴。水产资源按品种可分为鱼类、虾蟹类、贝类和藻类等，而每一类又包含许多品种。测算每一个品种的价格和存量是非常困难的，可以按每一类水产品实际捕捞量及产量加权平均价格用净价格法来评估海洋水产资源的价值，即

$$V_2=\left[\sum_{i=1}^{n}(p_i-c_i)\cdot Q_i\right]/r \tag{5.4}$$

式中，i=1，2，…，n代表海产品类别；p_i为不同类别水产品的加权平均价格；c_i为单位海产品的边际成本，包括生产性投资成本及其收益、劳动力酬金、政府税收、行业经营准入金分摊费用等；Q_i为当期海产品捕捞量；r为折现率。

3. 海洋矿产资源

海洋矿产资源包括深海多金属矿结核、大陆架油气资源、滨海砂矿资源、盐田资源等。海洋矿产资源开发具有开发周期长、投产大、难度高、风险大等特点，因此海洋矿产资源价值评估有其自身的特殊性。海洋矿产资源从勘察、勘探到开采要经历漫长的过程，有可能经历10～20年甚至更长的时间，这期间需要大量的投资。矿产资源开采后所获得的总收益，扣除折算到开采期内各年的投资成本及其收益、劳动力报酬、政府税收和其他生产要素成本，再扣除投资的风险收益，即为矿产资源本身的价值，可用收益现值法评估，即

$$V_3=\sum_{i=1}^{T}\frac{(p_i-I_i-C_i-S_i-T_i)\cdot Q_i}{(1+r+r_1)^i} \tag{5.5}$$

式中，V_3为海洋矿产资源价值；i=1，2，…，T为评估年限；p_i为单位矿产品预期市场价格；I_i为第i年投资成本；C_i为第i年生产成本；S_i为第i年所支付的劳动力报酬；T_i为第i年所支付的政府税收；Q_i为第i年矿产资源产量；r为投资收益率；r_1为风险投资收益率。应用这种方法需要预测当前和未来需求及生产成本、矿产品市场价格数据。这种方法还要求分析者选择折现率，确定储量开采年限。

4. 海洋旅游资源

海洋旅游资源包括海岸景观、岛屿景观、奇特景观、生态景观、海底景观和人文景观等，海洋旅游资源的总价值即不同类别的旅游资源评估价值之和。自20世纪50年代国外开展旅游资源经济价值评价研究至今，人们提出了许多旅游资源经济价值评估的具体方法，如旅游费用法、条件价值法、费用支出法、意愿调查

评估法等。

其中，旅游费用法依据消费者剩余理论，以游人往返于出发地和旅游目的地之间的交通费、时间价值和其他相关费用等旅行费用作为游人购买游憩服务的价格支出，在游人调查和出发地分区的基础上，建立游憩服务需求与游憩服务（旅行服务）之间的需求函数，根据需求函数计算消费者剩余，其算式为

$$C_S=\sum_{i=1}^{N}N_i\int_{\mathrm{TC}}^{\mathrm{TC}_{\max}}f(\mathrm{TC})\,\mathrm{d}(\mathrm{TC}) \tag{5.6}$$

式中，C_S为消费者剩余，N为出发区个数，N_i为第n个出发区的总旅游人数，TC为旅行费用，$\mathrm{TC}_{\max}$为边际旅游者旅行费用（游区理论最高费用）。由上式可求出消费者剩余，与消费者实际支出相加，得到消费者的支付意愿，即为海洋旅游资源价值。

5. 海洋空间资源

海洋空间资源主要用于建立港口和开辟航道。海洋空间资源的价值即各年出让港址、航道所获得的出让金现值之和。设R为每年的出让金，i为折现率，则

$$V_4=R/i \tag{5.7}$$

5.3.2 中国的海洋资源核算体系

海洋资源经济核算包括数量核算和质量核算、分类核算和综合核算、实物核算和价值核算、存量核算和流量核算，并形成了综合核算体系和相关核算账户。海洋资源核算有两方面的目的：一方面是要把环境因素对经济过程的贡献包括在生产总值内；另一方面则是以自然资产的存量及其变化为线索，反映经济过程对环境的影响。在李金昌教授提出的资源资产及其纳入国民经济核算体系中，把资源资产核算和国民经济核算分为三个层次进行：第一层次，对每一类自然资源进行核算。每一类资源的属性不同，因此需要分别核算开采量、存量和其他损失量，以反映每一类自然资源的增减变化。第二层次，对自然资源进行综合核算。通过第一层次各类自然资源的价值量指标可以求得自然资源的总量指标，以反映自然资源的总量变化。第三层次，把自然资源纳入国民经济核算体系中，全面反映自然资源在国民经济中的地位和作用。这三个层次相互联系，相辅相成，如图5-1所示。

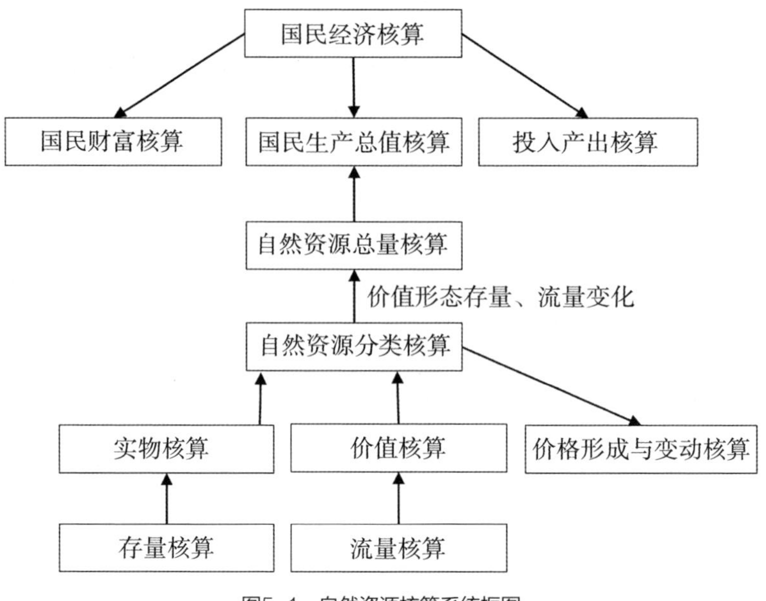

图5-1　自然资源核算系统框图

特别地，海洋渔业资源作为一种重要的海洋自然资源，其产值约占中国海洋经济的50%，但在现行的国民经济核算体系中，缺乏对海洋渔业资源的完整核算，主要表现在以下几个方面：第一，海洋渔业资源的无偿使用导致人们认为渔业资源没有价值，从而海洋渔业资源的价值和变化没有在国民经济核算体系中得到反映。第二，没有对海洋渔业资源的储存量、变化量和使用量进行核算，不能反映海洋渔业资源枯竭程度与海洋渔业经济发展之间的关系。第三，海洋渔业产量持续攀升，而资源基础却日益衰退。因此，在这种背景下，要实现海洋渔业资源的可持续利用和海洋渔业经济的可持续发展，必须重视对海洋渔业资源进行核算。

本章小结

本章详细介绍了海洋自然资源核算的发展脉络与演进过程。基于自然资源核算提出的背景、国内外发展历程和自然资源核算的意义，本章阐述了自然资源核算的内容与方法，并且在此基础上进一步介绍了不同类型海洋资源的核算方法以及中国的海洋资源核算体系。

【知识进阶】

1. 简要评述传统的国民核算体系和自然资源核算体系。

2. 自然资源核算包含哪些内容?

3. 简述自然资源核算的方法类型。

4. 简述海洋资源经济学中不同类型海洋资源的核算方式。

5. 结合中国海洋资源问题的实际，讨论如何完善中国的海洋资源核算体系。

6 海洋资源可持续利用评价

知识导入：海洋资源可持续利用是海洋资源经济学中极为重要的研究内容和研究课题，更是海洋经济可持续发展的本质和核心问题。但是，在海洋资源可持续利用研究中，如何评价海洋资源的可持续利用，评价依据、方法和标准如何确定，评价体系如何建立以全面、客观地反映海洋资源可持续利用系统的各个方面，是极为重要而现实的问题。本章重点阐述可持续性的定义与内涵、评价标准和评价方法，介绍国内外典型的可持续发展评价模式，并据此提出海洋资源可持续利用评价的目标框架。这对于理解海洋资源可持续利用的本质内涵，对海洋资源的可持续利用能力和水平进行全面而客观的评价尤为重要。

6.1 可持续利用评价

6.1.1 可持续性的定义与内涵

20世纪中叶，工业革命带来的负面影响愈演愈烈，人类生存发展所需的环境和资源因人类无边界的开发遭受日益严重的破坏，如以西方国家公害事件为代表的环境污染反噬事件不断发生。资源与环境问题日益成为困扰人类生存和发展的突出问题。在这个背景下，现代可持续发展思想应运而生，并依次经过萌芽（1962—1972年）、初步形成（1972—1986年）和正式形成（1987—1992年）三个阶段，至今其所涉及的理论与内涵仍在不断扩展。2000年，联合国首脑会议签署通过了《联合国千年宣言》，明确提出包括“确保环境可持续性”在内的千年发展目标，但其中关于资源环境议题的篇幅较少。直到2015年，联合国可持续发展峰会正式通过17项可持续发展目标才对地球资源环境可持续性的实现作出了更为系统和全面的安排。基于此，为实现资源和环境的可持续利用，正确理解“可持续性”这一概念十分关键。

6.1.1.1 可持续性的定义

近代，可持续性的概念源于人们对森林、渔业等可再生资源利用的认识。随着环境对于人类发展的限制作用进一步增强，人们对于“可持续性”的认识也逐渐引申至生态系统，现代意义上的可持续发展概念由此产生。

从生态学角度而言，1991年，世界自然保护同盟（International Union for Conservation of Nature，IUCN）提出，“可持续利用是指在其可再生能力的范围内使用该有机生态系统或可再生资源”。在此基础上，赫尔曼·戴利将可持续性划分为三个层次：第一，使用可再生资源的速度不超过其再生速度；第二，使用不可再生资源的速度不超过其可再生替代物的开发速度；第三，污染物的排放速度不超过环境的自净容量。莫汉和谢弗从生态系统角度出发，认为可持续性的概念应该包括：第一，生态系统应保持在一种不随时间衰减的稳定状态；第二，可持续性的生态系统应处在可以无限保持永恒存在的状态；第三，强调保持生态系统资源能力的潜力。

经济学家使用“可持续性”概念的历史也十分悠久。1946年，希克斯首先在《价值与资本》一书中定义个人收入时使用了“持续性”的概念。此后“持续性”概念与经济学增长理论紧密相连，具体指“如何通过构建增长政策使当代人对资源的使用，尤其是对可耗竭资源的使用不致影响后代人的福利”。1990年，皮尔斯和透纳将可持续性定义为，“在维持动态服务和自然质量的约束条件下实现经济发展净收益的最大化”。经济增长需要自然资源的投入，故“如何保证当代的经济增长而不使后代继承一个贫化的或耗竭的自然资源存量”成为关键问题。

为了理解可持续性的核心内涵，萨拉杰丁认为必须扩大对资本的理解，继而可将其作为持续性判断的基础和标准。他认为“自然-经济-社会”系统中至少有四种类型的资本：第一，人造资本，通常指自然界无法提供、人类通过后天创造生产出来的资本，如机器、厂房、道路、桥梁、房屋（与传统经济学中资本的定义基本一致）。第二，自然资本，包括可再生资源、不可再生资源和环境服务。第三，人力资本，指对个人的教育、卫生健康和营养方面的投资。随着社会技术的高度发展，人力资本在竞争中起着越来越重要的支配作用。第四，社会资本，指一个国家的法律制度、民族文化、社会凝聚力和多元化等因素。基于以上资本类型，依据不同资本替代程度的大小，可持续性可以分为四种：第一，弱可持续性，指仅保持总资本存量不变而不考虑其他四种资本的构成。第二，中等可持续性，指除了要保持总资本量不变外，还应注意资本的构成，且人造资本与自然资本可以在某一范围内进行替代。第三，强可持续性，指对不同种类的资本要分门别类地加以保持，强调在大部分生产函数中自然资本和人造资本之间不是替代关系，而是互补关系。第四，绝对强可持续性，指任何东西都不能消耗，不可再生资源绝对不能使用，可再生资源只能使用净增长的部分，这种可持续性在实践中没有现实的意义。目前，对可持续性的讨论存在两大派别，经济学家赞同弱可持续性，生态学家则支持强可持续性，而对中等可持续性和绝对强可持续性却很少涉及。

总的来说，由于可持续性自身客观存在的强综合性特点，对其进行准确定义十分困难，只能定义一个具有较大灵活性的范围。针对自然资源和环境，则应该理解为，为了保持或延长自然资源的生产使用性和自然资源基础的完整性，人类需要确保自己的消耗标准在生态可能的范围内。人类发展对自然资源的耗竭速率应充分估计资源的临界性，人类生活、生产与消费，开发资源，向环境排放污染物和能量不能超过环境的承载能力和容量。同时，我们也必须清楚地认识到自然资源利用和经济发展之间存在的辩证统一关系。人类利用自然资源进行生产的目的是发展经济，并最终实现人类生活福利水平的提高。经济发展是主流，不能简单地为了保持或延长自然资源的生产使用性和自然资源基础的完整性而以牺牲经济发展为代价。

6.1.1.2 可持续性的内涵

根据上述分析可知，关于可持续性的讨论应当是综合、整体和系统的。故其并不是指某单一系统（如经济、社会、生态）或区域的可持续性，而是指全人类的可持续性。因此，当可持续性的外延已经由生态层面进一步扩充至经济与社会层面时，其已至少具有如表6-1所示的三个方面的含义。

表6-1 可持续性的内涵

内涵要点	作用	内容和要求	关系
生态可持续性	基础	强调发展与资源和环境的承载力相协调	相互联系、相互制约，共同组成一个复杂系统
经济可持续性	条件	强调发展不仅要重视增长数量，更要追求质量、效益、节能和减排	
社会可持续性	目的	强调发展要以改善和提高生活质量为目的，与社会进步相适应	

1. 生态可持续性

生态可持续性是指生态系统受到某种干扰时能保持其生产率的能力，这是人类可持续发展的首要条件。其核心思想是保护人类赖以生存的物质基础，即人类的经济建设和社会发展不能超越自然资源与生态环境的承载能力，尤其要注意关键自然资本的存量保护，即人类需要根据可持续性的原则调整自己的生活方式，避免过度生产和过度消费。

2. 经济可持续性

经济可持续性为可持续发展提供动力，主要体现在两个方面：一是经济增长，不仅要求重视数量增长，而且要求质量改善，即经济增长的同时能够给社会带来物质和精神方面的进步和发展；二是优化资源配置，通过节约能源、提高能效、促进传统生产消费模式转型等，建立经济与资源、环境、人口、社会相协调的可持续的模式。

3. 社会可持续性

社会可持续性是指在不威胁后代生存基础和发展能力的前提下，社会在人口、卫生、文化、教育等社会事业方面能够全面发展，这是可持续发展的最终目的。社会可持续性以“全面性”为重要特点，要求在社会的一切领域、一切方面共同发展。

总的来说，“可持续性”的要求为人类的发展路径与方式均作出了限制，“可持续性”的实现对于“限制经济过度发展、限制资源过度开发、限制污染物排放、限制人口过度增长”等均提出了较高的要求。

6.1.2 可持续利用评价的相对性

可持续利用评价具有一定的相对性，具体表现在评价标准的相对性、评价指标的相对性和指标权重的相对性三个方面。

1. 评价标准的相对性

可持续发展评价的关键问题是如何确定评价标准，即用什么样的基准值作为标准来衡量一个区域或一种资源的可持续发展水平及其变化。由于各个海域的自然条件存在较大差异，而海洋资源禀赋又极易受到外界环境条件的影响，所以难以运用统一的标准对环境差异大的区域进行评价。因此，可持续发展不存在绝对的评价标准，任何的评价标准均在现实的基础上提出，都是相对的，且存在社会性、历史性和局限性。

2. 评价指标的相对性

从系统论的视角来看，海洋资源可持续利用是一个具有时空变化的复杂系统，某一时刻所反映的资源利用的主要矛盾或矛盾的主要方面可能在另一时刻发生主次矛盾转化。人们对资源利用变化的特征与规律的认识是相对的，因此，这种基于对资源变化的认识而建立起来的评价指标体系也是相对的，故定期依据区域发展情况及认识变化，不断修改、补充指标体系是有必要的。另外，中国海域分布范围广，自然条件差异大，海洋资源分布与经济发展也不平衡，因此可持续发展评价指标体系必须建立在对资源利用复合系统的一般性认识的基础上，将具体区域的特殊性纳入考虑范围。

3. 指标权重的相对性

指标的权重受多种因素影响，存在时空变化。例如，在资源利用的不同阶段，各个指标对于资源可持续利用的重要性不同，相应权重会发生变化；不同区域受自然条件、社会经济发展水平的影响不同，指标权重也因此不同。另外，指标权重确定方法同样对最终的权重结果存在影响，因此在实际选择的过程中应当综合客观条件与实际需求进行合理选取。

6.1.3 可持续利用评价的一般模式与框架

可持续利用评价是使可持续发展理论进入可操作性阶段的基础和前提，具体指依据可持续发展理论，应用科学的方法和手段对自然资源可持续利用的运行状态和实现程度进行评价，同时为自然资源的可持续利用和分配提供决策依据。综合现有研究，自然资源可持续利用评价指标体系可以归纳为以下四种模式。

1. 压力–状态–响应可持续发展模式

该模式的典型例子是经济合作与发展组织（Organization for Economic Co-operation and Development，OECD）的“压力–状态–响应”（Pressure-State-Response，PSR）指标框架模式，其逻辑结构为，人类活动对环境施加了“压力”（D / DF），进而对自然资源数量和环境质量产生影响（“状态”（S）），社会（各机构）通过颁布环境政策、一般经济政策和部门政策，以及影响群众意识和行为的变化，对这些变化作出反应（“响应”（R））。PSR模式诞生于环境指标的构建，能够突出环境所受到的压力与环境退化之间的因果关系，并通过政策手段（如采取减轻环境压力的措施）来维持环境质量，因而该模型与可持续利用理论下的环境目标密切相关。但是，对经济和社会类指标而言，压力指标和状态指标之间并不存在本质的联系。理想状态下，压力–状态–响应三个指标之间的关系作为一种动态概念，可以依此建立数学模型。

根据使用目的的不同，PSR框架模式可以衍生出不同的调整版本。例如，联合国可持续发展委员会（United Nations Commission on Sustainable Development，UNCSD）的“驱动力–状态–响应”（Driving Force-State-Response，DSR）模型、OECD指标体系框架模式、欧洲环境署（European Environment Agency，EEA）使用的驱动力–压力–状态–影响–响应（Driving Force-Pressure-State-Impact-Response，DPSIR）模型等。值得注意的是，DPSIR模型的五个要素涵盖了人类社

会与自然环境的多个层面，可以将复杂的问题分解、简化后有效综合，将分散的指标联系起来，在社会与环境之间建立良好的因果关系。而地区海洋资源可持续利用水平评价涉及该沿海地区生产生活方式、经济发展状况、海洋资源环境状态、海洋环境保护情况等多个方面，且各个要素之间互有交叉，难以用一般的方式直接建立评价指标体系。DPSIR模型则提供了一种新的思路，依照驱动力、压力、状态、影响和响应五个层次选取指标，从抽象到具体，既能将重叠的部分要素剥离，又能为整个体系提供合理的解释，且响应指标能够反映出国家的相关政策及法律法规是否完善到位，有助于方案的制订和修正，故与其他方法相比，DPSIR模型在资源可持续利用评价方面的应用更为广泛。

2. 社会–经济–环境三分量模式或主题框架模式

在社会–经济–环境三分量模式或主题框架模式中，经济、社会和环境领域常常会存在变化和不一致性，目的不同，所涉及的考察范围也不尽相同。例如，社会主题可能会涉及社会、公平、文化、社区和健康的某些方面或所有方面，环境主题或只涉及严格限定的环境问题，也可以涉及更多与生态、自然资源和环境发展相关的广义问题。许多社区可持续发展评价指标体系采用了此模式，其指标一般并非相互关联，但综合起来却能构成并反映社区关注的不同问题（主题）。典型的社会–经济–环境主题框架模式有Alberta可持续性指数、Oregon Benchmarks指标体系、可持续的Seattle指标体系等。

3. 一般可持续发展模式

根据一般可持续发展模式，自然资源可持续利用系统在总体上可分为两个子系统，一是资源–环境子系统，二是人类子系统。延续PSR模型的逻辑，人类子系统对环境子系统施加了开发利用自然资源的复杂压力，如果开发强度超过自然资源的可再生能力，自然资源将发生衰退和退化；如果人类活动造成海域污染，该复杂压力将会进一步加剧。另一方面，环境子系统对人类子系统产生自然反馈，如自然资源存量减少、质量下降，这会对人类发展和相关产品、服务供应产生不利影响。各子系统可以按照树形结构不断向下划分，并彼此产生相互作用，例如，在人类子系统中，经济子系统与人口子系统间存在着食物、劳力和服务的交换；在环境子系统中，目标种类的资源、环境和与之相关的种类关系密切。

4. 生态型可持续发展模式

切斯森和克莱顿建议在一般可持续发展模式的基础上，构建生态型可持续发展（Ecologically Sustainable Development，ESD）模式，旨在确定可持续利用的管理目标的执行情况。生态型可持续发展模式的最高层次划分标准与一般可持续发展模式一致，即从人类生产活动（如捕捞、开采）入手，分析人类活动与资源环境可持续性的双向影响（包括对资源环境系统和对人类系统的影响），并直接或通过环境间接地影响人类生活的质量。

如表6–2所示，以海洋渔业资源开发为例，加西亚等以澳大利亚某种渔业为例，提出了渔业资源生态型可持续发展评价框架，系统从左向右可以继续细分。例如，对非目标种类的直接影响可以分为"正常捕捞作业所产生的影响"和"正常捕捞作业以外的影响"，如海洋废弃物污染所导致的幽灵捕捞（Ghost Fishing）；进一步地，直接影响又可分为群体间（捕食和竞争）的影响和群体内（食物供应导致的种间竞争等）的影响。

表6–2　渔业资源生态型可持续发展评价框架

<table>
<tr><th>影响类型</th><th>子系统</th><th>分子系统</th></tr>
<tr><td rowspan="9">对人类的影响</td><td rowspan="2">食物</td><td>商业型</td></tr>
<tr><td>生计型</td></tr>
<tr><td rowspan="2">就业</td><td>直接</td></tr>
<tr><td>间接</td></tr>
<tr><td rowspan="3">收入</td><td>个人/家庭</td></tr>
<tr><td>团体/区域</td></tr>
<tr><td>国家</td></tr>
<tr><td rowspan="2">生活方式</td><td>渔民</td></tr>
<tr><td>社团</td></tr>
<tr><td rowspan="8">对环境的影响</td><td rowspan="3">目标种类</td><td>分布和资源量</td></tr>
<tr><td>种群结构</td></tr>
<tr><td>种质资源</td></tr>
<tr><td rowspan="2">非目标种类</td><td>直接影响</td></tr>
<tr><td>间接影响</td></tr>
<tr><td rowspan="3">其他方面</td><td>栖息地和水质</td></tr>
<tr><td>风景</td></tr>
<tr><td>有机体移动</td></tr>
</table>

6.2 国内外主要可持续发展评价模式

可持续发展作为重要概念和发展战略出现以来，在世界范围内被广泛接受和认可。为进一步推动其由概念和理论向实践转变，如何评价可持续发展成为亟待研究和解决的问题。现实需求赋予可持续性“综合性”的特点，单一数据或方法对于某国家或地区可持续发展情况的评价有失偏颇，故如何建立一套全面、科学、客观的可持续发展评价指标（指数）成为该领域的前沿课题之一。

学界对于可持续发展的评价指标与评价方法的探讨自20世纪80年代开始，直至20世纪90年代后，国际上陆续提出了一些直观且较易操作的可持续发展评价指标体系、定量计算方法和评价模式，同时在一些国家和地区的可持续发展评价中得到了初步应用。对现有可持续发展的评价指标及其内涵进行综合分析，可以将可持续发展评价模式分为三类。

1. 基于环境价值分析的指标体系（又称货币评价模式）

该模式包括世界银行提出的“国家财富”、可持续收入，戴利和科布提出的“可持续经济福利指数”（Index for Sustainable Economic Welfare，ISEW），科布等提出的“真实发展指标”（Genuine Progress Indicator，GPI）等。

2. 生物物理量衡量指标

例如，瓦克纳格尔提出的“生态足迹”（Ecological Footprint）模型，马尔可·史勒瑟将自然资产核算与资源环境和经济联系在一起形成的综合性动态模拟模型——ECCO（Evolution of Capital Creation Options）模型。

3. 基于系统理论的指标体系（又称综合指标体系评价法）

例如，世界自然保护同盟（International Union for Conservation of Nature，IUCN）于1995年提出的“可持续性晴雨表”（Barometer of Sustainability）评估指标体系，该体系基于“可持续发展是人类福利和生态系统福利的结合”理论建立，因此也称为“福利评估”；联合国可持续发展委员会提出的“驱动力-状态-响应”综合评价指标体系，该体系包含经济、社会、环境、制度四个维度，强调了环境压力和环境退化之间的因果关系，并得到较为广泛的应用；此外，中国科学院可持续发展研究组也从中国自身发展特性出发，构建了“中国可持续发展指标体系”等。

6.2.1 货币评价模式

货币评价是指通过构建“假想市场”来获得人们的“支付意愿”（Willingness to Pay，WTP）。WTP可代表人们对非市场产品的偏好，继而获得这些非市场产品的

“市场价值”并可进行彼此间价值的比较，从而突破了产品本身的非经济性壁垒。该方法常用于对资源、环境、生态乃至娱乐等非市场成果的衡量。在此基础上，货币评价模式是指利用共同的货币单位对非市场成果进行衡量并将其聚集为一个全面的发展评价指标。该指标的核心是，将各类自然资源存量或人类活动所造成的资源消耗或环境损失利用WTP进行经济价值评估，最终运用成本收益分析方法确定资源的配置，并对人类活动的实际效果作出评价。目前，代表性的货币评价模式主要有世界银行的“国家财富”衡量指标、绿色GNP（Gross National Product）等。

1. 世界银行的“国家财富”衡量指标

世界银行在阐述可持续发展概念及其内涵的基础上，主张可持续发展应包括经济、生态与社会可持续性三重可持续性，其核心观点是，经济可持续增长应坚持以生态可持续和社会可持续为基础。另有经济学家提出，可持续性可被理解为一种福利，而资产存量则是“福利”的主体。因此，世界银行提出可以用“资产”或者“财富”的存量作为可持续发展的量度指标，将“财富”扩展为生产资本、自然资本、人力资本与社会资本四种主要资本，并视作人类发展的基本条件。在此基础上，新的“国家财富”衡量指标应运而生，可用以评估一国或区域的可持续发展情况。

世界银行以“国家财富”或“国家人均资本”为依据度量各国发展的可持续性的方法被称为“真实储蓄”法。通过对比储蓄速率和自然资本与人造资本折损率是否符合皮尔斯所提出的Hartwick规则（可持续发展的弱可持续性测量方法），进而判断该国或区域是否处于可持续发展状态。

真实储蓄（GS）的计算公式如下：

$$\mathrm{GS}=\frac{S}{Y}-\frac{\delta_m}{Y}-\frac{\delta_n}{Y} \qquad (6.1)$$

式中，S代表储蓄，Y代表收入，δ_m是指人造资本K_m的折旧，δ_n是指自然资本K_n的折旧。

世界银行的新“国家财富”衡量指标为人们带来了新的思路，赋予了可持续发展科学的内涵，能够动态地反映可持续发展能力。该指标的核心是提倡以资本存量为指标衡量可持续发展，且此处的资本包括以统一经济价值量化后的生产、自然、人力与社会资本，与弱可持续性的概念相一致。

2. 绿色GNP/可持续收入

可持续发展评价指标体系研究的一个重要方面是如何在传统国民经济账户

中反映自然资源和环境的成本信息。在现行国民经济核算体系中，国民生产总值（GNP）指标并没有考量自然资源存量的消耗与折旧、环境退化带来的损失以及预防环境污染所需的费用，这也造成了以环境资本的存量和质量迅速恶化为代价的虚假繁荣。针对以上缺陷，许多改进的GNP衡量指标得以提出，其基本方法是在原GNP指标的基础上扣除资源环境消耗。

绿色GNP（又称可持续收入）是指在不减少现有资本水平的前提下必须保证的收入水平。资本包括人工资本、人力资本以及环境资本。根据绿色GNP的定义，可持续收入或绿色GNP的计算公式为

$$\mathrm{SI}=\mathrm{GNP}-D_m-D_n \tag{6.2}$$

式中，D_m为人工资本的折旧，D_n为环境资本的折旧。

若假设GNP没有真实反映预防环境污染所需要的费用等，则有更普遍且更具代表性的绿色GNP的计算公式：

$$\mathrm{SI}=\mathrm{GNP}-(R+A+N)-(D_m+D_n) \tag{6.3}$$

式中，R为污染治理及环境恢复费用，A为污染的防治（预防）费用，N是对自然资源进行非最佳利用以及因开采而对资源价值进行过度评估所损失的成本。

资源型经济体系最适合于利用绿色GNP进行经济产出的衡量，且受该类经济体系与自然资源退化风险之间具有强相关性的影响，该类经济体系的绿色GNP容易计算，也更有利于为政府进行经济决策提供信息基础。

6.2.2 生物物理量衡量指标

可持续发展以协调处理经济系统与生态系统的关系为主线，考察当前的人类活动是否处于生态系统承载能力之内。所以从生态学的角度出发，通过设定生物物理量评价指标来测度可持续发展的生态目标成为可持续发展研究的又一难点。当前已提出的特定生物物理量衡量指标有初级生产力、生态足迹，生物物理量评价方法主要有生态足迹模型和ECCO模型。

1. 生态足迹模型

人类的生产经济活动需要消耗自然所提供的产品和服务，进而也对生产系统产生相应的影响。可持续发展的思想内涵是，人类对于自然生态系统的开发处于系统的可承受范围内，人类的经济社会发展是可持续的。在里斯和瓦克纳格尔提出的“生态足迹”概念的基础上，1996年，瓦克纳格尔完善了生态足迹的方法和模型，用以判定人类是否生存于地球生态系统承载能力的范围内。

生态足迹模型的定义是满足任何已知人口（某一个人、一个城市或一个国

家）所消费的所有资源和吸纳这些人口产生的所有废弃物所需要的生物生产土地的总面积。生态足迹模型的本质为，通过测定现今人类为了维持自身生存而使用的自然生态系统的量来评估人类对生态系统的影响。故将一个国家或地区的资源、能源消费同其自身所拥有的生态承载力比较，即可判断其经济发展的可持续性。

生态足迹的账户模型主要用来计算在一定的人口和经济规模条件下，维持资源消费和废弃物吸收所必需的生物生产土地面积。生态足迹测量了人类生存所必需的真实土地面积。其计算公式为

$$\mathrm{EF}=N\cdot\mathrm{ef},\ \mathrm{ef}=\sum \mathrm{aa}_i=\sum\frac{c_i}{p_i} \tag{6.4}$$

式中，i为交换商品和投入的类型，p_i为i种交易商品的平均生产能力，c_i为i种商品的人均消费量，aa_i为人均i种交易商品折算的生产型土地商品，N为人口数，ef为人均生态足迹，EF为总的生态足迹。

瓦克纳格尔等利用生态足迹模型对世界52个主要国家和地区的生态足迹进行了计算与分析。结果表明：在维持当前消费水平的前提下，加拿大人均所需约7.0 hm^2生物生产土地面积和1.0 hm^2生物生产海域面积，而其人均生态承载力供给量为9.6 hm^2，尚有1.6 hm^2的人均生态潜力；中国人均生态足迹需求量为1.2 hm^2，人均生态承载力供给量为0.8 hm^2，人均生态赤字为0.4 hm^2。但在实际应用过程中，生态足迹的计算结果可能会较实际维持所需的生物生产土地面积偏小，因为生态足迹需求的超额部分要靠进口（同样是一种消耗自然资源）获得。

以1997年世界人口为基底，在已有的生物生产土地及海洋面积范围内，人均生态足迹为2.3 hm^2，如果根据世界环境与发展委员会报告《我们共同的未来》的建议，需要预留12%的生物生产土地面积用来保护地球上的其他3 000万个物种，此时的实际人均生态足迹为2 hm^2，人均生态赤字为0.8 hm^2。从全球范围而言，人类的生态足迹已超过了全球承载力的30%，即人类的生产生活消耗已超过自然的可再生能力，全球的自然资产存量在逐渐减少。

2. ECCO模型

ECCO模型由英国爱丁堡大学的马尔可·史勒瑟教授最先提出，其特点为以能量为统一价值测度单位，以能量强度为经济活动表征，常见计量单位为焦耳（J）。ECCO模型作为一种综合性评价方式，将环境、资源和经济因素联系在一起，并逐渐演化为一种动态模拟模型——在自然资产的基础上，分析比较自然资产

消耗和生产资产增加值之间的关系。该模型为技术选择、环境目标设定和相关政策的实施效果提供了一种综合性的分析工具，因其同时考虑到经济与环境长期协调发展的特性，也成了可持续发展评价的又一有力方法。

具体来说，ECCO模型首先将经济活动分为财富的增加和财富的消费两部分，将两部分资产分为自然资产和生产资产两类；而后采用能量转换分析理论，以能量单位焦耳为经济活动的主要计量单位，这克服了使用传统货币单位可能导致的不同时期存在货币价值差异、各国货币兑换率转换、长期范围内货币贬值等问题，同时也降低了多重转换、统计时可能产生的人为误差。该模型的缺点在于，能量转换系数难以确定，另外娱乐、经济发展等方面的评价也不能很好地体现。

6.2.3 综合指标体系评价

由于可持续发展是一个“自然-经济-社会”耦合系统下的综合概念，单纯利用经济核算指标、生态指标或社会发展指标进行可持续发展评价都各自存在一些缺陷。例如，采用财富流量或存量指标均属于弱可持续性范围，因为财富指标本身即隐含着自然资本、人造资本、人力资本之间可以相互取代的假设。因此，一些学者在弱可持续性指标的基础上增加了一些限制条件，要求保证一些关键资源的数量、质量及价值量不下降；随着限制条件增加，逐渐组成了由弱到强的可持续性。随着经济领域、生态领域、社会领域各方面的考量增加，指标项也随之增多，最终形成了经济、社会和生态指标相互结合的综合指标体系。

可持续发展综合指标体系的建立思路，是以系统论为指导，通过建立一套多维多层次的指标体系，从经济、环境、资源、社会等不同方面衡量目标系统的可持续性，同时得到对多个截面的发展评价。由于其全面、综合的特点，综合指标体系评价模式成为目前国际上最为常用的可持续发展评价方法，主要模式体系如下。

1. 联合国可持续发展委员会的可持续发展指标体系

1995年，UNCSD批准实施了为期5年的“可持续发展指标工作计划”（CSD Work Programme on Indicators of Sustainable Development）（1995—2000），专门用以研究可持续发展评价的指标体系，计划于2001年出版《可持续发展指标指导原则和方法》报告，并详细阐述了其指标体系、指标概念和测算评价方法。

该指标体系与《21世纪议程》有关章节相对应，分为经济、社会、环境、制度四个维度，利用DSR模式构建指标，突出了压力和环境的因果关系。1996年的初步指标体系包含指标134个，分为社会指标（41个）、经济指标（23个）、环境指标（55个）和制度指标（15个）四类，每一类均又包括驱动力、状态和响应三种指标。以第17章大洋和各种海域的可持续发展评价指标体系为例，其目标包括保护海域及其沿海地区、保护和合理利用海洋生物资源，具体指标包括驱动力指标（沿海地区人口增长率、排入海域的氮和磷、排入海域的石油）、状态指标（海藻指数、最大可持续产出与实际平均产出的比率、各海洋生物存量与最大可持续产量的比率）和响应指标（参与海洋渔业方面的公约和协定情况等）。该指标体系的缺点是，对于社会领域和经济领域指标，其驱动力指标和状态指标之间缺乏逻辑上的必然关系；部分指标界限模糊，如驱动力指标与状态指标的区分存在一定困难；另外，受所取指标数目过于庞大的影响，存在评价领域拆分不均等问题。

1996—1998年，22个国家（其中非洲6个、亚太地区4个、欧洲8个和美洲6个）在国家尺度上对上述初步指标体系进行了检验和应用，在此基础上，进一步修正得到包括经济、社会、环境、制度4个维度，15个主题和38个子主题的指标框架，并确定了包含58个核心指标的核心指标体系，其中经济指标14个、社会指标19个、环境指标19个、制度指标6个。

修正的UNCSD主题、子主题及核心指标体系向各国提供了一整套普遍认可的可持续发展评价指标体系，对于2001年后各国构建本国的可持续发展评价指标体系具有重要的指导意义。同时，核心指标体系的建立克服了UNCSD初始指标体系存在的指标重复、相关性弱、指标含义不明、计量方法未经广泛检验等不足；明确体现了国家和国际可持续发展的共同优先地位，为各国制定了向国际组织提供符合国际报告要求的国家可持续发展报告的范本，其广泛采纳将有助于促进国际范围内对可持续发展认识的一致性；另外，为国际和国家研究机构制定可持续发展的集成化指标奠定了基础。

2. 经济合作与发展组织的可持续发展指标体系

OECD成立于1961年，现有包括美国、加拿大、英国、德国、澳大利亚、日本、韩国等在内的36个成员国，在环境指标的研究中一直走在国际前列。1989年，OECD开始实施“OECD环境指标工作计划”，其目标是追踪环境进程并保证各部门（能源、运输、农业等）在政策制定与实施过程中将环境问题纳入考量，主要方式为进行环境核算。1991年，OECD正式提出了世界第一套环境指标体系，1994年提出了核心环境指标体系，并从1998年开始发布OECD成员国的体系测量结果。20世纪90年代，OECD环境指标体系在其成员国的环境报告和规划、政策目标确定、环境行为评价等方面得到了广泛的应用。

1990年，OECD提出了基于PSR模型的可持续发展概念框架——压力–状态–

响应框架，如图6-1所示。其因果关系如下：人类活动对环境施加压力（D），导致环境状态发生变化（S）；社会对环境变化作出响应（R），以恢复环境质量或防止环境退化（S）。人类活动、社会与环境直接相互作用、复杂变化。其中，状态指标体现人类活动导致的环境质量或状态的变化，压力指标表现人类活动对环境造成的压力，响应指标体现社会（各类机构及相应制度）为减轻环境污染和弥补资源破坏而作出的各类行为。

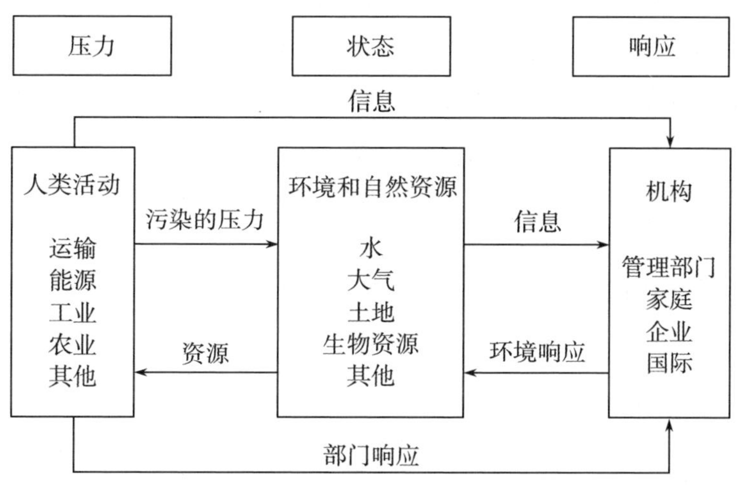

图6-1　压力-状态-响应框架

目前，“OECD环境指标工作计划”取得的主要成果有：PSR模型作为环境指标体系的共同框架；基于政策的相关性、分析的合理性、指标的可测量性等，遴选和定义环境指标；为OECD成员国进行指标测量并将测量结果整理出版。

OECD可持续发展指标体系包括三类指标体系。

（1）OECD核心环境指标体系（OECD Core Set）：约50个指标，以PSR模型为框架分为环境压力指标（直接的和间接的）、环境状况指标和社会响应指标三类，主要用于跟踪和监测环境变化的趋势，能够涵盖OECD成员国所反映的主要环境问题。

（2）OECD部门指标体系（OECD Sets of Sectoral Indicators）：包括反映部门环境变化趋势、部门与环境相互作用（正面的与负面的）、经济与政策三个方面的指标，其框架类似于DSR模型。

（3）环境核算类指标：包括与自然资源可持续管理有关的指标和环境费用支出指标，如自然资源利用强度、污染减轻的程度与结构、污染控制支出等。

另外，为方便社会了解与公众交流，OECD在核心环境指标体系的基础上遴选了10～13个“关键环境指标”，旨在提高公众环境意识，引导公众和决策部门聚焦关键环境问题。

3. 国际环境问题科学委员会的可持续发展指标体系

为了克服PSR模式下的指标体系数目冗杂的问题，环境问题科学委员会（Scientific Committee on Problems of the Environment，SCOPE）与联合国环境规划署（United Nations Environment Programme，UNEP）联合提出了一套高度综合的可持续发展指标体系构造方法及其指标。SCOPE基于环境指标必须与人类活动相互作用、相互联系的原则，认为人类活动与生态环境之间存在以下四个基本相互作用。

（1）环境能够为人类活动提供人类必需的食品等资源，在该过程中，人类将消耗自然资源（如土壤、渔业资源）。

（2）自然资源能够通过人类活动被转化为产品或能量，这些产品和能量在被使用时发生物质形态转变或能量转化，同时可能产生污染物和废弃物，并最终返回至自然环境。

（3）自然生态系统为生命支持系统提供了必需的服务功能，如营养物质循环、有机废弃物分解。

（4）水污染与空气污染所导致的环境条件恶化将直接影响人类福利。

针对以上四个“基本相互作用”，SCOPE与UNEP提出了一套分为经济、社会和环境三大部分，包括25个指标的指标体系，各指标权重由当前值和未来可持续发展所希望达到的目标值之间的差值确定。该体系指标权重的确定要求人们对未来可持续发展目标达成一致，但现实情况下，不同国家和地区的意见受自身政治、经济属性的影响普遍存在差异，故往往难以形成统一标准。

4. 联合国统计局可持续发展指标体系

1995年，联合国统计局（United Nations Statistics Division，UNSD）与政府间环境统计促进工作组合作，提出了一套可持续发展评价的综合指标；联合国统计委员会第28次会议上，同意UNSD对该指标体系进行国际汇编。UNSD可持续发展指标体系的设计框架与UNCSD可持续发展指标体系相一致。按照《21世纪议程》中9个方面的问题——经济、社会-统计、空气-气候、土地-土壤、水资源、其他自然资源、废弃物、人类居住区、自然灾害，指标分为“社会经济活动事件”“影响与效果”“对影响的响应”“存量和背景条件”4种类型，共88个。总的来说，该框架在指标分类上与PSR模式类似，“社会经济活动事件”“影响与效果”“对影响的响应”可分别对应“压力”“状态”和“响应”。该指标体系的缺点在于，指标数目较多且较为混乱，环境方面的指标过多，而经济与社会方面的指标较少，且缺少制度指标。

5. 世界自然保护同盟的“可持续性晴雨表”评估指标体系

1994年，世界自然保护同盟（International Union for Conservation of Nature，IUCN）与国际开发研究中心（International Development Research Center，IDRC）开始联合支持对可持续发展评价的研究，并于1995年提出了“可持续性晴雨表”（Barometer of Sustainability）评估体系，可以用以评估人类与环境的状况以及向可持续发展迈进的进程，该方法最初被称为“系统评估”，现称为“福利评估”或“可持续性评估”。

该评估指标体系建立的理论依据是，可持续发展是生态系统福利与人类福利的结合，其作用模式可以表述为一个“福利卵”（Egg of Well-being），生态系统如同蛋白，人类则如同蛋黄，在“福利卵”中前者环绕并支撑着后者，且只有在人类和生态系统都完好时，即蛋黄与蛋白都完好时，整体系统才能实现可持续发展。在“福利卵”假说的基础上，IUCN“可持续性评估”将生态系统福利与人类福利同等对待，具体步骤如下：首先确定需要测量的生态系统福利和人类福利的主要特征，然后依据特征选定相应的主要指标，最后将这些指标集成为指数。

生态系统福利子系统与人类福利子系统分别包括5个要素方面，每个要素方面又包括若干指标。其中，生态系统福利子系统的5个要素方面为空气（11个指标）、水资源（20个指标）、土地（5个指标）、资源利用（11个指标）、物种与基因（4个指标），共51个指标。人类福利子系统的5个要素方面为健康与人口（2个指标）、财富（14个指标）、知识与文化（6个指标）、社区（10个指标）、公平（4个指标），共36个指标。以上10个要素方面、87个指标按同等权重（取平均）分别集成生态系统福利指数（EWI）和人类福利指数（HWI），进而得到福利指数（WI）和福利/压力指数（WSI，人类福利对生态系统压力的比率）。“可持续性晴雨表”评估模型的结果可利用图表可视化（如图6-2所示），以人类福利指数为横坐标，以生态系统福利指数为纵坐标，以20为阶梯可由远到近划分出5个坐标区域：可持续发展、基本可持续发展、中等可持续发展、基本不可持续发展、不可持续发展。以此可反映可持续发展状况，图中HWI和EWI相交的点为福利指数（WI）。

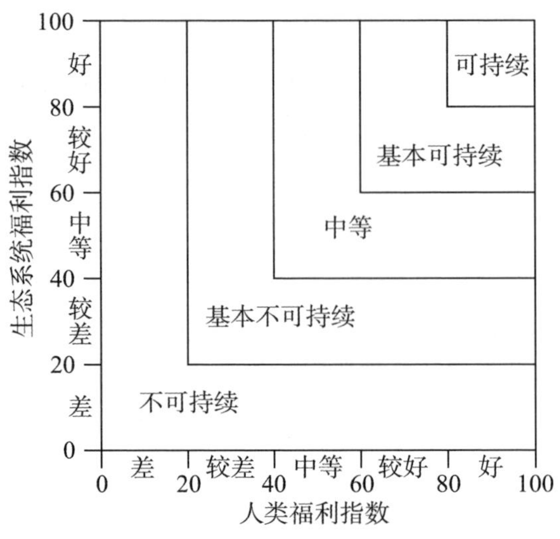

图6-2 福利评估的可持续性晴雨表

与其他可持续发展评价方法相比，“可持续性晴雨表”对人类系统和生态系统一视同仁，并利用“福利卵”的概念阐述了人类与环境之间的相互依赖关系。同时作为一种结构化分析程序，该方法可以在国际、国家、区域、地方等多尺度上应用。“可持续性晴雨表”评价指标体系及方法的不足之处在于，指标的权重化处理存在一定的主观性，缺乏科学的共享标准，且只有在存在数字化的目标值或标准时才可以计算，百分比尺度任意性太大，计算过程比较复杂，计算中的不确定性明显。

6. 美国政府的可持续发展指标体系

1996年，美国政府提出报告《美国国家可持续发展战略——可持续的美国和新的共识》，报告提出了美国的16项可持续发展原则，并将美国的可持续发展目标明确为健康与环境、保护自然、社会持续发展、资源管理、公众参与等10个方面，相应目标下又设计了若干指标来描述和反映该目标的发展变化情况。该指标体系认为，保护自然的目标在于更好地保护、利用和恢复自然资源，继而获得长期的经济、社会和环境等方面的利益。

7. 英国政府的可持续发展指标体系

英国环境部于1996年依据可持续发展战略目标构建了英国可持续发展指标体系，该体系的组织结构表征为世界环境与发展委员会对可持续发展的定义在英国可持续发展战略环境白皮书中的详细阐述，即可持续发展要求可再生自然资源的消耗量应处于其可更新量的范围内。

基于《我们共同的未来》中对可持续发展的定义，英国政府所提出的可持续发展指标体系框架共有4个目标：第一，保持经济的健康发展，提高生活质量，同时要求保护环境和人类健康。第二，必须优化利用不可再生资源。第三，可再生资源必须可持续利用。第四，尽量最小化人类活动对环境承载力所造成的损害、对人类健康和生物多样性构成的危险。每一个大目标下均包含不等个数的专题，共有21个，不同专题下又包含若干关键目标和问题，相应关键目标和问题下又包括若干关键指标，共计超过120个。英国可持续发展指标体系具有数量性、简洁性、综合性的特点，可以帮助刻画总体趋势并解决关键问题。该体系的缺点在于，所设指标只能度量经济和环境的变化，不能直接解决可持续发展的协调问题。

8. 中国政府的可持续发展指标体系

20世纪90年代，国内学界开始对可持续发展指标体系展开研究，并取得了一些成果。其中，最具代表性的是由国家统计局统计科学研究所和中国21世纪议程管理中心联合组成的课题组所构建的中国可持续发展指标体系。

该指标体系依据中国政府对可持续发展的认识和《中国21世纪议程》，从中国的国情出发，提出了中国可持续发展指标体系的初步设想；并借鉴外国经验，采用了“菜单式多指标类型”，即由反映可持续发展各个领域的关键问题的若干指标组成的指标群。中国可持续发展指标体系包括资源、环境、经济、社会、人口和科教6大部分。

（1）经济领域指标主要包括反映国民经济总量及其增长的指标、反映国民经济结构的指标、反映国民经济质量和效益的指标、反映国民经济发展能力和后劲的指标。

（2）资源领域指标主要包括资源数量（土地、森林、草地、水、海洋、矿产）及使用方面的指标和反映海洋资源的指标（海域面积，海岸线长度，海洋渔业资源的蕴藏量、捕捞量和生长量，海水养殖面积，海洋自然保护区等）。

（3）环境领域指标主要包括固体废弃物、水环境污染治理，荒漠化治理，生物多样性保护等。

（4）社会领域指标主要包括反映居民生活质量、健康与卫生、失业就业、社会保障、住宅环境等方面的指标。

（5）人口领域指标主要包括反映人口总数及其变化的指标、反映人口结构及其变化的指标、反映人口素质及其变化的指标。

（6）科教领域指标主要包括反映科学技术的指标（如科技投入、科技产出成果、科技贡献）和反映教育事业发展的指标（如教育结构、教育投入、毕业生数量、教育培训情况）。

通过对上述国内外主要可持续发展综合指标体系评价的比较，可以发现可持续发展综合指标体系的建立普遍采用“菜单式多指标”方法，即一般分为目标层、准则层和指标层；其中，准则层可以根据要求继续划分为若干层次。该类评价方法的优点是，各个国家或地区可以根据现有数据，对资源、环境、经济、社会、人口等多个方面的综合结果进行评价，同时建立总的无量纲指标，避免了不同因素间的量化问题。但该方法的不足之处在于，评价指标体系的结构往往较为复杂且具有一定的主观性；同时尽管指标数量庞大，指标信息仍可能覆盖不全；另外，未经统计处理和考量的指标信息可能存在相互重叠的问题。

6.3 海洋资源可持续利用评价方法

6.3.1 海洋资源可持续利用的概念与内涵

世界海洋面积约为3.61亿平方千米，约占地球表面积的71%，其间蕴藏着丰富多样的资源和宝藏。但是，受海洋资源与海洋环境有限承载力的限制，海洋资源的开发需要贯彻可持续性原则，故进一步考察海洋资源可持续利用是有必要的。

可持续利用海洋资源的重要性体现在：第一，资源的宝贵性。海洋资源作为人类的重要资源之一，可为人类提供各种各样的物质和能源。除了传统的海洋产品如海鲜、海藻和海洋药物之外，海洋中还可能存在新的自然资源，因此海洋资源对人类的发展和生活至关重要。第二，维护生态平衡。海洋生态系统与陆地生态系统相互关联，因此海洋资源的不合理开发与利用不仅会造成生态环境的破坏和气候变化，同时也会影响沿海社会的生计和健康。第三，支撑经济发展。海洋资源利用与海岸经济发展联系紧密，海洋经济因此形成且不断发展。

6.3.1.1 海洋资源可持续利用的概念

海洋资源可持续利用是将“可持续发展”思想应用于海洋科学领域而产生的新名词。1992年，联合国环境和发展会议发布《21世纪议程》，并指出海洋及其毗邻的沿海区域作为整体对于可持续发展目标的实现具有重要意义。同时，其要求各个国家、次区域、区域对海洋和沿海区域的管理和开发均须采取新的方针，对海洋和沿海环境及其资源进行保护，促使其可持续发展。由此，海洋可持续发展理念正式提出。2002年通过的《可持续发展世界首脑会议实施计划》，进一步提出“保护和管理经济与社会发展所需的自然资源基础”的海洋领域行动方案，并对海洋生态系统、海洋环境、海洋保护区和海洋渔业等提出了有具体时限的建设目标。《21世纪议程》和《可持续发展世界首脑会议实施计划》两个重要文件具有划时代的意义，明确了海洋在全球可持续发展中的重要地位和作用，为海洋可持续发展提供了基本的行动指南。

"海洋资源可持续利用"包含两部分内容：第一，"海洋资源"主要包括海洋空间资源、海洋生物资源、海洋矿产资源、海洋化学资源等，且不同类别的海洋资源具有各自不同的开发利用方式。第二，"可持续利用"可以理解为在利用资源时，既能满足当代人的生存发展需求，又不会给后代人留下隐患。总的来说，海洋资源可持续利用是指以可持续的方式利用海洋资源。因此，海洋资源可持续利用可定义为，坚持可持续利用的海洋经济发展观，确立海洋资源的有价观念，在海洋经济快速发展的同时有节制地进行海洋开发：对于可再生的海洋资源，需要以保持海洋资源的最佳再生能力为前提进行利用；对于不可再生的海洋资源，需要以不会使海洋资源耗尽的方式进行利用，即该方式要满足开源与节流、开发与保护相结合。具体来说，一方面，对于海洋资源的开发要兼顾当下和未来的利益，做到梯级利用、综合利用、物尽其用；另一方面，要积极开源，勘探、调查新资源，对紧缺资源要研制代用新物质、新材料。

6.3.1.2 海洋资源可持续利用的内涵

海洋资源可持续利用是实现海洋经济可持续发展战略的重要方向之一。结合可持续发展的内涵，海洋资源的可持续利用有以下基本内涵。

1. 经济可行性

从人类进行海洋资源利用的目的出发，经济收益是人类探索海洋利用方式的核心驱动要素，即该海洋资源利用方式的收益必须大于投资成本，否则该方式将不可持续存在。当为海洋资源利用加入"可持续"的限定时，需要考虑的经济收益演化为一种综合效益，即在计算海洋资源利用的"投入–产出"的基础上，将开发活动所带来的外部经济性也纳入考察范围，进行综合效益比较。以海洋油气开发为例，该海洋资源利用方式具有绝对的经济效益，但当其可能导致的资源耗竭、环境污染等生态社会的外部不经济性大于本身的经济收益时，该方式则是不可持续的。从经济学的角度考虑，海洋资源可持续利用要求综合投入产出比大于1。

2. 协同性

海洋资源可持续利用中，"利用"的范围涵盖了海洋资源开发、使用、管理、保护的全过程，而非仅指海洋资源的使用。因此，海洋资源可持续利用的协同性，即在全面认识海洋资源的经济、生态和环境的价值与功能的基础上，谋求“自然–经济–社会”系统内人与人之间以及人与自然之间的相互支持、协同演进。就“人–人”协同而言，在海洋开发过程中，各主体均以“个人利益最大化”为行动准则，在资源有限性的制约下，难免会相互影响，如海洋渔业资源的开发活动可能会挤占海洋运输的航道，此时便需要个人利益与整体利益之间的协调，需要通过各部门间的相互支持实现整体系统的运转，继而实现整体利益。就“人–自然”协同而言，自然对人类福利需求的可支持性与人的活动对自然进化的可引导性存在同步性。故人们在进行海洋资源开发时，需要不断调整自身的需求，充分发挥主观能动性，进而加快自然的自发进化过程。例如，海洋生物工程在海水养殖中的应用，使某些海水养殖品种按照人类的需求完成生长发育，实现了人与自然的协同进化。

3. 公平性

公平性是指代内公平和代际公平。海洋资源可持续利用同样首先表现为同代内和代与代之间海洋资源选择机会的公平性：第一，同代的公平性，要求海洋开发活动（生产、交换、消费等）不应造成该区域与其他区域环境资源破坏，进而导致社会的不经济性。如果海洋资源收益的分配与占有人群之间的关系呈现正态分布，那么该海洋利用方式的收益分配具有代内相对公平性；反之，如果少数人占有大量的海洋资源收益，则海洋资源收益分配是不公平的。第二，世代的公平性，要求当代人不应采取通过消耗包括自然资源在内的生态系统生产力基础以维持目前的生活水准，而可能致使后代人获得更贫困的前景或更大的危机的实践活动。如果由于不合理的利用或过度开发而损害了后代利用同一资源和环境的权利，则该利用方式是世代不公平的。

4. 高效性

高效性包含两个方面，一是高效率，二是高效用。对于海洋物质生产来讲，高效率具有两方面的内涵：一是高生产活动效率，即以尽可能低的产出代价获得尽可能多的收益；二是高资源利用率，即达到时空上在生态系统整体性的允许界限内的最大资源利用效率。高效率的最终目的是海洋资源的可持续利用要在能充分发挥其生产潜力、实现生产力的维持或持续上升的同时，在一定的时间尺度上使生产力的波动控制在一定的范围内。高效用是指海洋开发活动最终要以人的福利为目标，以人的全面发展为目的。高效用是高效率的最终衡量标准，同时也是公平性和协同性的最终体现。

6.3.2 海洋资源可持续利用的目标

根据以上分析，海洋资源可持续利用的目标如下。

1. 经济与生态利益的统一

所谓海洋资源开发的经济利益，就是通过开发利用海洋资源这一经济形式来满足主体所需要的社会经济成果供给。但事实上，人们对海洋资源的开发利用过程不仅是一个经济过程，同时也是一个生态过程，即人类活动一定会导致原有的生态环境发生改变。所以，海洋资源可持续利用强调在海洋资源开发利用的过程中实现经济利益和生态利益的有机统一，即在尽可能实现经济效益最大化的前提下，要保障海洋资源的生态质量不变或有所提高。

具体来说，经济与生态利益的统一表现在以下几个方面。

1）强化开发深度和广度

强化开发深度和广度，即在保证海洋资源可持续利用的基础上，不断提高海洋开发和服务的科学技术水平。一方面，加快先进技术的推广应用，争取最大化地综合开发利用海洋资源，提高资源的利用效率；另一方面，推动“发现新资源、利用新技术、形成和发展新海洋产业、更好地开发海洋资源”的良性循环，推动海洋经济的持续、快速、健康发展。

2）优化配置海洋资源

海洋开发应以海洋功能区划为依据，通过对各海区的多重功能进行SWOT分析和成本收益分析确定其最优化功能，同时兼顾潜在功能的开发，对暂时不能开发的功能，应保留开发空间。

3）海陆一体化开发

海洋经济具有鲜明的海陆交互性，通过实施海陆一体化战略，统筹制订沿海地区及其附近海洋区域的国土开发规划，发展海洋经济的同时注意保护生态环境，促进陆海间、区域间的协调发展。

总的来说，现实中的经济利益与生态利益关系紧密，二者相互联系、相互作用、相互制约，最终形成有机的统一体，即所谓“生态经济利益”。海洋资源可持续利用追求的就是经济与生态利益的高度统一。

2. 眼前与长远利益的统一

在海洋资源开发利用的过程中，由于人类自身存在的短视行为，常常在一定时空范围内表现出明显的短期效益追求倾向，而长期效益受折现周期、折现率及其他多种关联因素的影响，经常因为过于复杂而被忽略，最终可能导致巨大且不可弥补的损失。例如，对海洋资源的耗竭性开发能够在短期内为开发者带来巨大的收益，但因此而带来的“弊端”，如生态污染、资源枯竭总是滞后的。从长期来看，弥补“弊端”所付出的成本将远超短期所获利益的总和。

因此，海洋资源可持续利用追求的是眼前利益和长远利益的有机统一，同时这也涉及代际公平这一根本问题。这要求我们要对眼前利益与长远利益进行综合的成本收益分析，正确预见长期利益。

3. 局部与全局利益的统一

与代际公平问题相对应，正确处理局部利益和全局利益的统一问题是影响代内公平问题的关键。例如，单一形式的海洋资源开发行为可能会增加地方的局部利益，但是若考虑到生产的外部性，开发的外部成本可能会转嫁至周围地区，进而影响全局利益的实现；另一方面，有时也会存在为了追求全局利益而暂时妨碍甚至减少局部利益的情况。

故海洋资源可持续利用追求的是海洋资源开发利用过程中局部利益和全局利益的统一。因此，完善海洋综合管理体系，制定总领性的海洋开发政策，建立健全促进海洋资源可持续利用的法律法规，并逐步完善各类海洋资源开发的管理协调工作，使局部利益和全局利益最终有机结合、协调发展是有必要的。

6.3.3 海洋资源可持续利用评价路径

海洋资源的可持续利用评价是海洋资源可持续利用和管理的重要手段，其目的是在了解某一海域海洋资源利用情况的基础上，找到对其可持续利用产生制约的要素，通过可持续利用的管理、规划和技术手段来改善海洋资源的可持续利用条件，进而实现海洋资源的可持续利用。

海洋资源的可持续利用评价源于传统的海洋资源评价，是将可持续利用思想引入传统的海洋资源评价领域的产物。联合国粮食及农业组织先后于1972年和1993年颁布了《土地评价纲要》和《可持续土地管理评价纲要》；中国政府于1994年发布了《中国21世纪议程》，在第14章第二个方案领域中提出，“可持续发展是一个动态过程，需要随着经济和环境因素的变化进行不停地调整。采用可持续发展影响评价将成为一个重要的政策分析手段”，建议“制定和使用可持续发展的指标体系及其确定方法；开发可持续发展影响评价模型和计算机系统”，“制定涉及主要自然资源政策、规划和开发活动评估的可持续发展影响评价指南和管理程序”等。因此，海洋资源可持续利用的基本框架是，降低生产风险的同时保持和提高生产力、保护自然资源潜力、防止生态环境退化与水域污染、保障经济可行性和社会接受程度，并依靠以上标准来评价、检验和监测海洋资源的可持续利用程度，即形成海洋资源可持续利用评价。

一般而言，海洋资源可持续利用评价有4条路径。

1. 综合路径

海洋资源可持续利用评价的综合路径，其基本原理是将可持续性视为一个由环境可持续性、经济可持续性和社会可持续性构成的整体系统，并利用可以反映上述可持续性表征的多项指标，在对指标进行去量纲处理和重复指标信息剔除的基础上，应用线性或非线性的组合方法，采用多维指标综合路径，完成对海洋资源可持续利用的最终评价。

2. 价值路径

海洋资源可持续利用评价的价值路径，其基本原理是将海洋资源的可持续性利用视为海洋资源利用在时间维度上的延伸，表现为海洋资源存量或利用价值随时间的延长而不断上升（或至少不下降）。如果人们的福利（资源存量或价值）没有随着时间的推移而下降，则可认为海洋资源利用具有可持续性。价值路径可通过海洋资源综合价值增值指数R（$R>0$）来表现，其计算公式为

$$R=\frac{E-E_0}{E_0} \tag{6.5}$$

式中，E_0表示基期海洋资源综合价值，E表示评价期海洋资源综合价值。

实施海洋资源可持续利用评价的价值路径有利于海洋资源的资产化和货币化，能够推动将海洋资源资产核算纳入国民经济核算体系的进程，需要国民经济核算（SNA）向环境经济核算（SEEA）演进和改革。

3. 面积路径

海洋资源可持续利用评价的面积路径，其基本原理是，将人类可以确定的资源消耗量及其所产生的废弃物量，转换为具有相应生态生产力的海域面积，并将换算结果与海洋生态承载力进行比较，得出生态盈余或生态赤字的结论，进而用以评价海洋资源可持续利用的程度和性质。

4. 能值路径

海洋资源可持续利用评价的能值路径，其基本原理是，将海洋资源利用系统视为一个开放型“经济–社会–生态”复合系统，复合系统及各子系统的结构与功能，输入与输出的物质流、能量流、信息流之间存在相互依赖与影响的关系。能值路径以太阳能值为各物质能量的统一计量单位，以海洋资源利用系统内部的高度组

织性和良好的有序结构为前提条件，考察如何使海洋资源利用复合系统内外部物质流、能量流、信息流的输入和输出处于动态平衡状态，进而为从机制上进行海洋资源可持续利用评价提供新路径。

6.3.4 海洋资源可持续利用评价指标体系

6.3.4.1 评价指标及其指标体系

指标是复杂事件和系统的信号或标志，是指示系统特征或事件发生的信息集，用于指示、描述某种现象、环境、领域的状态，以提供信息，具有超出参数值本身的意义。指标可以是变量或变量的函数，可以是定性的变量、排序的变量、定量的变量。运用指标的目的是简化复杂现象（如可持续发展）的相关信息，使之变得可量化、简便、易交流。指标能够从多方面提供决策信息，将自然和社会科学的知识转变为便于决策过程使用、可管理的信息单元，进而帮助衡量可持续发展状况，促进向可持续发展目标迈进，也有利于提供早期预警，防止出现环境、经济、社会等方面不可挽回的损失。指标体系一般由一组相互关联、富有层次结构的“功能团”组成，而一个功能团指标又由一组基本和综合指标组成。因此，功能团指标的选择决定了可持续利用评价指标体系的结构框架。指标体系一般由目标层、准则层和指标层三部分构成。

受海洋资源存量与分布存在区域差异性，资源禀赋依赖于环境复杂性等的影响，海洋资源可持续利用评价指标体系是由若干相互联系、相互补充的层次性指标有机组成，体系内指标既有基本指标（直接由原始数据获取），又有综合指标。综合指标是对基本指标的抽象和总结，能够说明各子系统之间的联系及区域复合系统作为一个整体所具有的多重性质，如“比”“率”“指数”。值得注意的是，功能团指标的选择需要宏观了解海洋资源可持续利用系统本身的结构、功能和特点，同时对海洋资源利用的目标有清晰的理解；前者是选择评价指标的基础，后者是确定评价功能团的基础。

6.3.4.2 海洋资源可持续利用评价指标体系的构建原则

1. 科学性与可操作性相结合原则

综合评价指标体系的设计要能较客观地反映海洋资源可持续利用的特征、状况和发展趋势，要求每个指标概念明确、内涵科学、统计与测算方法规范，能使评价结果真实客观。值得注意的是，指标涉及面并非越广越好，还应将指标量化和数据获取的难易程度、所取指标的可靠性纳入考虑范围，并尽可能利用现有的各种统计数据，使指标体系具有较强的可操作性与可比较性。

2. 全面性与典型性相结合原则

在选取评价指标时，一方面要充分考虑各海洋区域之间的联系与差异，保障指标体系的全面性，即要求所选指标具有较强的综合性，既能简化指标体系，又能较为全面地反映海洋资源可持续利用的特征和状况；另一方面，要强调指标选取的典型性和代表性，避免重复性指标，应尽可能保持指标体系的简洁。

3. 定性与定量相结合原则

因为任何事物都具有质和量的规定，所以对海洋资源可持续利用的综合评价要做到定性评价与定量评价相结合。因此，对评价指标进行选取时，应以定量分析为主，将定性的经验性分析量化，减少主观因素的影响；对于当前技术水平下难以量化但研究意义重大的因素，可以用定性指标来描述。

4. 稳定性和动态性相结合原则

海洋资源可持续利用评价的指标中，既要有反映现状的指标，也要有反映其动态变化趋势的指标。故海洋资源可持续利用评价指标体系应在短期内保持相对稳定，以反映一定时期内海洋资源可持续利用的基本状况；又要在长期内具有动态性，以反映海洋资源可持续利用情况的动态变化。

6.3.4.3 海洋资源可持续利用评价指标的筛选方法

根据数据的可获得性，评价指标主要以统计数据为基础，同时广泛收集书籍、期刊、研究报告、政府文件中的相关常用指标并进行筛选，可用筛选方法包括理论分析法、频度统计法、主成分分析、独立性分析以及专家咨询法等，以满足指标体系科学性和全面性的要求。其中，理论分析法是对海洋资源可持续利用评价的特征、内涵进行综合分析，继而选取必要的、能充分体现海洋资源可持续利用的状况、特征及发展趋势的综合评价指标；频度统计法是指，通过对目前国内外有关海洋资源可持续利用评价研究的所用指标进行频度统计，初步挑选出使用频度较高的指标；主成分分析和独立性分析是指，为了满足指标选择的主成分性和独立性而对指标进行统计分析，明确指标间的相关程度，并结合专家意见和一定的取舍标准对意义相近或相关性显著的指标进行筛选，保留相对独立的指标；专家咨询法是指，在建立整个指标体系的过程中，适时、适当地征询有关专家的意见，并对指标进行适当的调整、修改或重组。具体的评价指标筛选程序如图6-3所示。

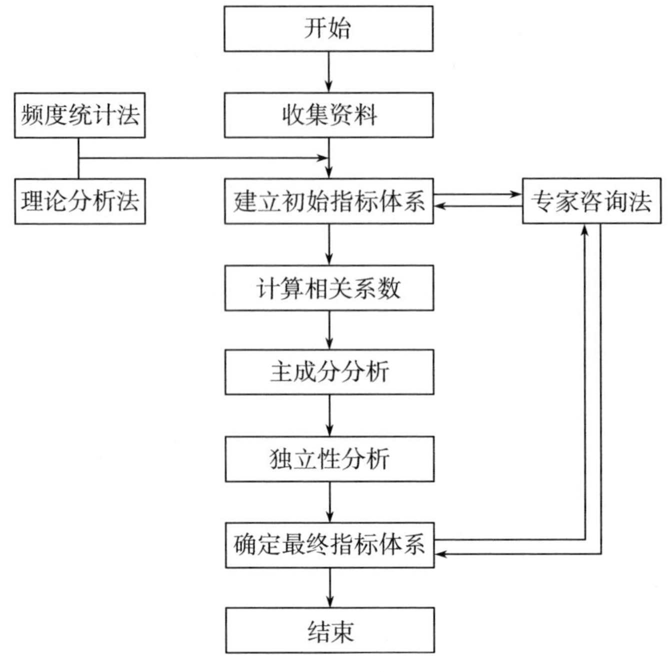

图6-3 评价指标筛选程序

6.3.4.4 海洋资源可持续利用指标体系的确定

海洋资源可持续利用评价指标体系由目标层、准则层和指标层组成。目标层即海洋资源的可持续利用，准则层可分解为资源保护性、生态合理性、经济可行性和社会可接受性。指标层由相应的评价指标构成，如图6-4所示。

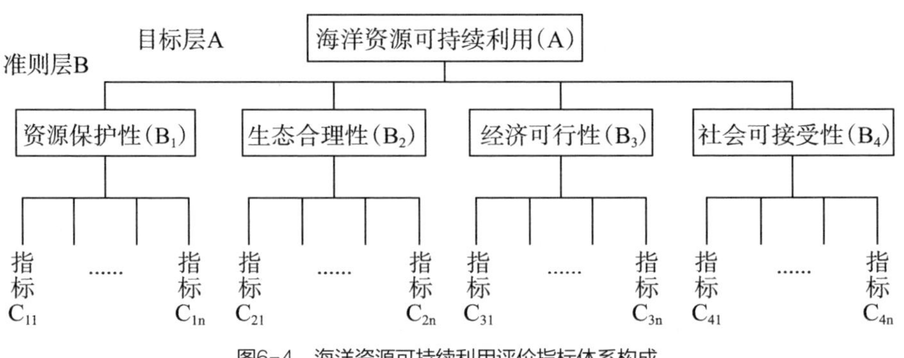

图6-4 海洋资源可持续利用评价指标体系构成

根据可持续发展理论的要求，海洋资源可持续利用系统的构成要素应包括经济、社会、资源环境和制度等子系统，结合海洋资源的特性，海洋资源可持续利用评价指标体系的基本指标类型和标准如下。

1. 海洋资源可持续利用的一般指标体系

1）经济子系统

经济子系统主要表现为海洋资源可持续利用所带来的经济效益，包括海洋经济产值、产业结构等方面。经济利润是经济系统评价中最常用的重要指标之一，低利润或负利润意味着该类海洋资源的开发存在不经济性，处于非可持续性利用状态。

可供选择的指标如下。第一，海洋经济发展能力方面：海洋经济总产值、单位面积海洋经济产值、海洋产业生产总值增长率、主要海洋产业增加值、海洋经济总产值占地区生产总值的比重。第二，海洋产业结构方面：海洋渔业及相关产业增加值/增长率、海洋石油及天然气增加值/增长率、海洋交通运输增加值/增长率、滨海旅游收入增加值/增长率。

2）社会子系统

社会子系统与DPSIR模型中的“驱动力–压力”与“响应”过程息息相关，主要表征为海洋人口情况、就业情况及基础建设情况，具体指标如下。第一，海洋人口方面：城市化水平（如非农业人口占沿海地区总人口的比重）、海岸线人口密度、沿海城市居民家庭的恩格尔系数。第二，海洋产业就业贡献方面：海洋产业从业人口占地区人口的比重、涉海就业人员的人均产值。第三，海洋基础建设方面：海洋教育程度（如涉海专业专、本、硕在校学生数）、海洋科技创新能力（海洋科研机构高级职称人员占总数的比重）、人均海洋基础设施占有率、海洋灾害经济风险强度。

3）制度子系统

制度子系统要求体现海洋科研和决策的支持能力、群众有效参与管理决策能力、政府实行有效监测监督的能力、海洋经济有关冲突解决机制等，具体指标如下。第一，海洋资源开发能力管理方面：人均海洋环保投入、科研工作人员数量、海洋科研经费投入、信息系统（如地理信息系统和数据库）应用程度。第二，海洋资源管理的监测和控制体制方面：非政府组织的数量和作用、各海洋产业监管部门的管理力度和范围、海洋资源管理的群众参与程度（包括信息收集、选择分析、决策制定和执行等）。

4）资源子系统

资源子系统主要表征为海洋资源供给能力和可持续发展承载能力，具体指标表征如下。第一，海洋资源供给能力方面：人均海域面积、人均海岸线长度、人均滨海湿地面积、海洋石油资源储量、海洋资源可利用产量（如海洋原油、天然气、矿产、水产品和原盐产量之和）。第二，可持续发展承载能力方面：海水已养殖面积占可养殖面积的比重、A级以上旅游景区数量、港口货物吞吐量、湿地面积占土地面积的比重。

5）环境子系统

环境子系统与资源子系统紧密相关，主要表征为海洋资源环境承压能力和海洋资源环境污染程度、海洋资源环境污染治理水平三个方面。第一，海洋资源环境承压能力方面：海洋生物多样性（可由多样性指数、均匀度和优势度三个指标来表征）、海洋自然保护区面积占比、海洋类自然保护区覆盖率。第二，海洋资源环境污染程度方面：万元GDP工业固废排放量、废弃物海洋倾倒量、污染海域面积占比、工业废水直排入海率、单位土地工业固体废物排放量、单位土地工业废水排放量、侵蚀海岸占比。第三，海洋资源环境污染治理水平：工业固体废物综合利用率、工业废水处理率、工业废水排放达标率、环境污染治理投资占GDP的比重、“三废”综合利用产值效益。

2. 基于DPRIS模型的海洋资源可持续利用评价指标体系

DPRIS模型包含五个要素：驱动力（Driving Forces）、压力（Pressure）、状态（States）、影响（Impacts）、响应（Responses）。通过要素的划分与综合，可以以系统性视角完成对复杂问题的分解、简化和综合。DPRIS模型能够在环境与社会之间建立良好的因果关系，有利于体现可持续利用的思想；同时，响应指标对国家相关政策法律完善程度的反馈有助于政府部门对政策的制定和修正。因此，DPRIS模型在海洋资源可持续利用研究中应用广泛。

海洋资源可持续利用评价问题的复杂性在于，该问题涉及沿海地区的经济发展状况、生产生活方式、海洋资源禀赋状态、海洋环境保护情况等多个方面，且各要素之间相互交叉。DPRIS模型依照驱动力、压力、状态、影响和响应五个层次选取指标，能够从抽象到具体对重叠要素进行剥离。具体指标可以选取如下。

1）驱动力指标

驱动力（D）是造成海洋资源环境变化的深层潜在原因。正向驱动力主要来源于地区经济社会发展带来了技术和意识进步，促进海洋环境和资源条件的改善；逆向驱动力主要来源于人口负担、不合理的经济发展目标所带来的资源损耗，不恰当的开发方式带来的环境恶化等。因此可选指标有人均国内生产总值（人均GDP）、GDP年增长率、海洋产业生产总值占GDP的比重、人口自然增长率、人口密度、城镇化率等。

2）压力指标

压力（P）是指受驱动力影响并直接作用于海洋资源环境的要素，这类要素往往对海洋资源环境具有破坏性。首先，海洋第一和第二产业的比重可以从宏观上反映地区压力，其次，污染物入海量可以体现环境压力，故可选指标有海洋第一产业比重、海洋第二产业比重、规模以上工业企业的海水使用量、直排入海的工业废水量、工业废水年排放量、工业固体废物年产生量、氨氮排放量、化学需氧量排放量等。

3）状态指标

状态（S）所选指标应能够反映海洋资源环境所处的自然状态，包括沿海地区海洋资源禀赋状态和重点海域海洋污染情况。可选指标有海水养殖面积、区域优良海域面积占比、近岸污染较重海域面积占比、近岸海域浮游植物生物多样性指数等。

4）影响指标

影响（I）主要是指海洋自然资源环境遭到破坏后对人类经济社会活动的影响（反馈），以海洋资源产出能力变化为主要表征。可选指标有全年渔业经济产值、除远洋捕捞外的全年水产品产量、全市港口吞吐量、年均赤潮发生面积、大块海面漂浮垃圾密度等。

5）响应

响应（R）主要指人类在认识到海洋环境恶化的不良后果后为保护环境所作出的努力，主要体现为海洋环保相关科研的资金投入、海洋环境保护措施的实施情况等。“响应”的阻碍常来自内外两个方面，对内为居民的海洋意识不足，对外为有关部门执法和监管不力。可选指标包括研发经费投入、环境卫生事业费、工业废水达标排放率、水污染物减排项目数、工业固体废物综合利用率、工业用水重复利用率、区域海洋倾倒区倾倒量、入海口排污口达标率、海洋违法案件数、三废综合利用产品产值等。

本章小结

本章重点阐述了可持续性的定义与内涵、评价标准和评价方法，并介绍了国内外典型的可持续发展评价模式，据此提出海洋资源可持续评价的目标框架，这对理解海洋资源可持续利用的本质内涵，对海洋资源的可持续利用能力和水平进行全面而客观的评价尤为重要。

【知识进阶】

1. 什么是可持续性？简述可持续利用评价的一般步骤与框架。

2. 分析并比较国内外主要的可持续发展评价模式。

3. 试根据可持续利用评价的一般步骤与框架阐述如何实施海洋资源的可持续利用。

4. 试从海洋资源经济学的角度阐述可持续发展的必要性。

5. 联系实际谈一谈如何提高海洋资源利用效率。

第三篇 海洋环境经济学

海洋是生命的摇篮和人类的资源宝库。海洋环境经济学研究的根本任务是通过科学的管理和政策手段合理调节人类海洋经济行为，使之符合自然海洋生态平衡和物质循环规律，将海洋经济行为建立在海洋资源与环境可承载能力的基础上，实现海洋经济与环境协调、可持续发展。这对于解决全球化进程中的海洋环境保护问题和促进海洋开发向绿色转型具有重要意义。本篇拟设置四个章节分析海洋经济发展中的环境问题。其中，第7章介绍海洋环境经济学相关理论，第8章介绍海洋环境经济系统的组成及相互关系，第9章介绍海洋环境价值评估的方法和应用，第10章介绍海洋环境管理过程中的政策手段。

7 海洋环境经济学理论概述

知识导入：海洋环境经济学是指应用经济学原理和方法来研究海洋资源利用、管理、保护和恢复方面的问题。海洋环境经济学的出现是为了解决当代海洋资源利用和管理所面临的一系列复杂问题，特别是环境保护和可持续发展方面的问题。本章主要介绍海洋环境经济学的基本理论，其中，环境资源的价值理论是海洋环境经济学的基础，海洋环境经济学的根本目的是实现海洋环境资源的合理配置；环境费用效益理论、环境公共物品理论和产权理论则是为了解决海洋环境资源优化配置过程中面临的市场失灵等问题衍生出的相关理论。

7.1 环境资源价值理论

7.1.1 环境资源价值的内涵

依据环境的性质，环境资源可分为原生自然环境资源、人类改造的半人工环境资源和人工环境资源三种类型。长期以来，传统的经济价值理论与方法都忽略了原生自然环境资源价值。由于过去生产力水平低下，资源开发利用程度低，自然资源要素禀赋较为充裕，人们普遍认为环境资源没有价值。随着如物种多样性迅速下降和自然资源要素禀赋逐渐稀缺等生态环境恶化问题出现，传统的价值理论已不能适应经济可持续发展的需要，人们逐渐摒弃了传统价值理论。

到了近代，随着社会生产力和科技的迅速发展，人类对各类资源的掠夺性开发，资源的滥用以及过度消耗，破坏了环境、资源自身的再生能力，自然资源与社会经济协调耦合发展的可能性大幅降低。要维持社会、经济的持续发展，维护我们赖以生存发展的家园，就需要把人类自身的工作投入环境、资源的再生产中去，并将其同社会的再生产相统一。现代的环境再生产过程是一个将自然进程与社会进程相结合的统一整体。在这一进程中，人类对其进行了大量的人工投入。因此，人类所输入的社会必要劳动时间在极大程度上影响着环境再生产的价值量。一种物品是否具有价值要看它能不能满足人的某种需要，增进人的利益。自然环境显然对人类有用，能够满足人类的各种需要，因而有价值。环境资源价值理论就因此产生了，该理论认为环境与资源都同时具有使用价值和非使用价值。环境资源价值理论对于建立高水平生态平衡和树立适应时代需要的生态新观念等有着十分重要的作用。

7.1.2 环境资源价值的理论来源

7.1.2.1 效用价值论

效用价值论是以物质满足人类愿望的能力，或者人对物质效用进行主观的心理评估来对价值及其产生过程进行解释的经济学理论。这一理论指出，所有的生产都不过是一个产生效用的过程，所有有价值的事物都是以它的效用形式呈现的，而自然资源具有效用价值，即自然资源能够满足公众的需求。具体而言，效用价值论最初表现形式为一般效用论，自 19 世纪中后期逐渐演化为边际效用论。对价格与环境价值的边际效用进行分析，可促进资源均衡分配，使资源流向边际效用最大的领域，从而提高资源的利用效率。资源有偿利用是环境资源价值的真实反映。

测量价值量的重要手段之一便是边际效用论，也就是测量某一商品所能达到的，也是最低单位产品需求所产生的效用。它由供求关系决定，符合边际效用递减和边际效用均衡规律。个体对于一件物品的渴求程度会随其享用的物品的增多而减少，所以物品的边际效用会随物品消费量的增多而减少。此外，随着商品的不断供给，商品的边际效用将逐渐趋于零，即“边际效用递减规律”。不管最初绝对量是多少，最后都要使各种欲望满足程度相等，这样才可以使总效用最大化，也就是所谓的“边际效用均衡规律”。

应用效用价值理论来评估海洋生态环境资源的价值具有以下四个方面的意义：第一，海洋的生态环境和资源是影响人们生活和发展的重要因素。无论是否经过人工加工，其均具有一定的价值与存在的意义。从长期来讲，随着科技与社会的发展，其存在价值最终会被人类主体所认识与利用，这是人们愿意为获取某种生存所付出的代价。比如，人们通常会为保护海洋珍稀物种持有一定的支付意愿。该支付意愿可以以货币的形式加以表征，继而体现海洋生物资源的价值。第二，海洋生态环境资源具有边际效用。随着人类对海洋深入开采和利用力度的不断增大，部分海洋生物资源的供求关系日趋紧张，进一步提高了其使用价值。因此，为了确保其得到有效利用，实现最优的资源分配，其价值就必须根据其边际效用来确定。第三，海洋中的许多资源，如海洋渔业和海洋矿产，都可以在很大程度上为人类带来直接价值，并且可以根据市场供求情况来决定它们的价格。第四，某些海洋生态环境资源具有直接利用的意义，有些则属于非直接利用的范畴，难以利用任何商品进行交换。比如，海洋生态环境资源价格只能依赖于机会成本分析加以测算。

7.1.2.2 劳动价值论

在马克思的劳动价值观中，价值是凝结在商品中的“抽象人类劳动体现或物化”，价格则是商品的交换价值在流通过程中所取得的转化形式，以货币为表现形式。不过，马克思还认为，价格是一种纯粹意义上的表达方式，如良心和信誉，可以被其所有者用来交换货币，然后加价获得商品。据此，即使一件东西本身没有价值，但其形式仍然是可有价的。运用劳动价值论对环境资源价值进行研究，其核心问题就是它是否凝结了人类劳动。劳动价值论的延伸与发展为环境价值计量打下了坚实的基础，从而为人们对环境资源价值导向的科学把握提供了理论参考。根据劳动价值论，环境资源的价值主要体现在对其进行开发、利用和保护所需的人力、物力和财力上。换言之，环境资源的价值取决于人类对其进行开发和利用所花费的社会劳动时间和劳动力。在环境问题愈加严峻的当下，如何协调环境资源的利用和保护，将成为未来可持续发展的主要挑战之一。

7.1.2.3 存在价值论

从哲学角度看，一个系统只要有主体性就可能存在价值，构成主体的重要判断依据在于目的性、方向性和需求。海洋环境资源在满足人类的需要、生存与发展等方面发挥着积极的作用，主要反映在海洋环境资源的功能性效用上。而客体对主体的反作用也会对其量与质产生影响，表现为量与质的折损费用上。对海洋环境资源的价值进行评价，不仅要考虑其是否有用，还要考虑人类是否会造成海洋环境资源的损失。若只有效用，却没有成本，这是一种不完全的价值关系。没有成本或赔偿的价值，使得海洋环境资源的利用价值被剥夺。只有将二者的缺位补足，当两者都存在并相互影响，才能构成一个完善的海洋环境资源的价值结构。

7.1.3 环境资源价值的分类

从20世纪60年代开始，经济学家把劳动价值论、效用价值论、存在价值论与环境经济学相融合。经济学家相信，所有的商品和服务都由不同类型的价值构成。在环境经济学中，环境资源的价值称为总经济价值（Total Economic Value，TEV），大多数经济学家将总经济价值分为两个组成部分：使用价值（Use Value，UV）和非使用价值（Non-use Value，NUV）。这种划分方法叫作总经济价值的二分法，如图7-1所示。

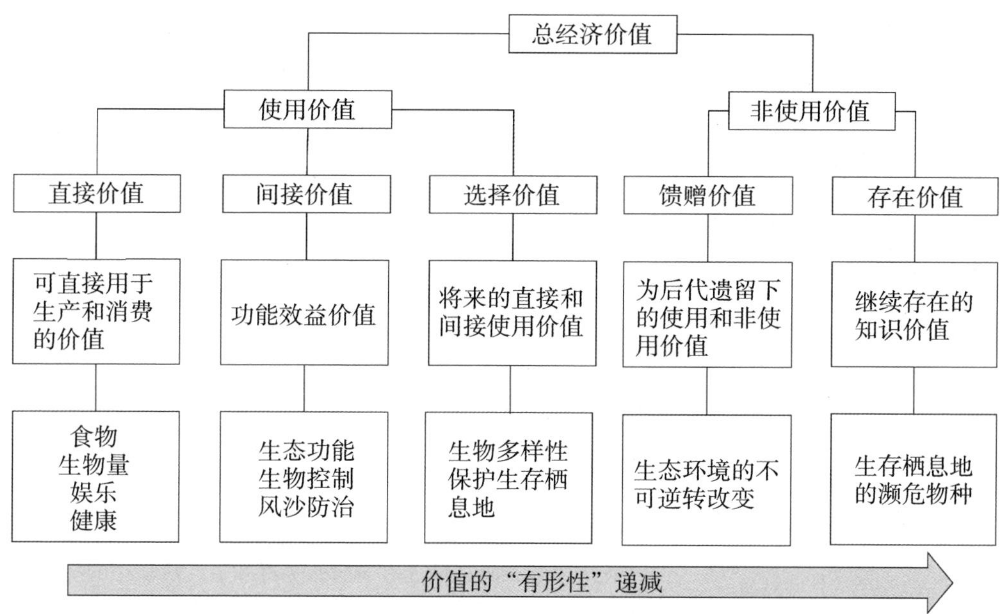

图7-1　总经济价值的二分法

使用价值又称有用性价值，是指一种环境物品被使用或消费时满足人们某种需要或偏好的能力。比如从海洋中捕捞鱼类食用等。使用价值可进一步分为直接使用价值（Direct Use Value，DUV）、间接使用价值（Indirect Use Value，IUV）和选择价值（Option Value，OV），它们之间满足关系：UV=DUV+IUV+OV。直接使用价值是指环境资源直接满足人们生产和消费需要的价值，包括直接消费物品和非消费性价值。间接使用价值又称不可提取使用价值或功能性价值，通常来自自然环境所提供的服务，比如红树林等对台风等自然灾害的衰减作用等。很明显，这些功能对于我们人类是非常有用的。但是，衡量间接使用价值要比衡量直接使用价值困难得多，因为其提供的大多数服务的数量都难以被观测到，许多甚至都不会被投放到市场上，所以无法给其定价。除了上述两种使用价值之外，还有一种是经过当代人选择而作出的决定，因此被称为选择价值，又叫期权价值。它反映的是人们选择现在不使用而将某种环境物品留待未来使用的愿望。选择价值的产生由环境资源供给与需求是否具有不确定性以及消费者是否愿意承担风险而决定。所以，选择价值等同于消费者愿意为一项未利用的资产花费的保险金，仅仅是为了规避未来无法获得它的风险。

环境资源价值的特殊之处在于其非使用价值，这类似于物品的一种内在属性，与人们是否直接或间接地使用并无关联，往往包含那些可以为人们提供精神层面满足的环境资源价值。非使用价值一般包括存在价值（Existence Value，EV）和馈赠价值（Bequest Value，BV）两种形式，它们之间满足关系：NUV=EV+BV。存在价值是指人们为某种环境资源的存在而愿意支付的金额，是人们对环境资源价值的道德评判，包括人类对其他物种的同情和关注。遗赠价值是指人类从其期望为后代保留一定的环境资源的渴望中而得到的一种价值。因为非使用价值不是来自个体对环境资源的使用，所以不能通过人类的行为来反映和观测，因此其评估的难度很大，但其重要性不可忽略。

具体以海洋为例，海洋总经济价值可以分解为表7-1所示的几个部分。

表7-1　海洋总经济价值

价值类型		内涵
一级类别	二级类别	
使用价值（UV）	直接使用价值（DUV）	海洋环境资源直接进入当前的消费和生产活动中的那部分价值，有的可以在市场上直接获得，如鱼类、矿产资源等具有市场价格
	间接使用价值（IUV）	海洋环境资源并非直接用于生产和消费的经济价值，它们没有直接的市场价格，其价值只能间接地表现出来
	选择价值（OV）	人类为了保护或保存某一海洋环境资源，而愿意作出的预先支付
非使用价值（NUV）	存在价值（EV）	海洋环境资源以天然方式存在时表现出来的价值
	遗赠价值（BV）	人们愿意支付一定的货币，以便把海洋环境资源作为遗产留给子孙后代享用

7.1.4 环境资源价值的计量

环境资源的价值是人类社会和经济活动中的客观存在。环境资源的特殊性决定了其既具有商品价值，又具有服务价值。人类必须通过价值度量认识到环境与自然资源在社会经济系统中所扮演的角色与重要地位，才能作出合理的决定，以促进社会与经济的可持续发展。环境价值的客观存在及其在社会经济活动中的地位越来越突出，这无疑是衡量和评价环境价值最可靠的依据。然而，现在还没有统一的科学方法来衡量其服务价值。此外，许多因素对环境资源的影响是很难确定的，所以要对其进行全面、精确的测量是非常困难的。目前，关于环境资源价值的计量方法主要有六种。

1. 总经济价值法

根据前文的分类，环境资源价值可以分为使用价值（UV）和非使用价值（NUV）两个类别。因此，环境资源价值的计算公式可以表示为

$$\text{TEV}=\text{UV}+\text{NUV}=(\text{DUV}+\text{IVU}+\text{OV})+(\text{EV}+\text{BV}) \tag{7.1}$$

式中，DUV是直接使用价值，表现为物质功能；IUV不直接进入生产和消费过程，但可为生产和消费创造必要条件，表现为环境容量和舒适；OV反映的是人们为一项未使用的环境资源所愿意支付的保险金，表现为环境资源的自行维持功能；EV和BV为人们对环境资源的永久享用价值与潜在功能价值的合理评估。目前，DUV和IUV可用于对历史成本、现行市价等属性进行直接或间接计量，比较可靠；而OV、EV和BV只能采用价值评估法进行计量，具有主观性，且可靠性较低。

2. 租金或预期收益资本化法

租金或预期收益资本化法是指当某一生态环境的"租息"确定后，采用资本化的方式，求出该生态环境的基础值，然后根据"稀缺度""时间值"等因素进行调节，从而求出该生态环境的值。基本方法如下：环境资源在将来一段时期里生产的物质产品和功能服务的价格，即预期的收入或租金，根据某种社会贴现率被折现为环境财产的当前价格，该价格被称为环境资源价值。其计量公式为

$$V=V_1+V_2 \tag{7.2}$$

$$V_1=qR_0/r \tag{7.3}$$

$$V_2=A(1+K)/nQ \tag{7.4}$$

式中，V代表环境资源价值，V_1、V_2分别为环境资源的商品价值和服务价值；R_0表示地租和租金；r为地租率或平均利息率；q为资源等级系数；A为投入总额；Q为受益资源总量；n为受益年限；K为资金利润率。该方法能够有效反映环境资源的未来经济利益。

3. 边际机会成本法

该方法通常适用于生产性环境资源价值的核算。根据边际机会成本定价方法，环境资源的价格应当与其边际机会成本（MOC）相等，而边际机会成本又等于它的边际生产成本（MPC）、边际耗竭成本（MUC）和边际环境成本（MEC）三者之和，满足公式：

$$P=\text{MOC}=\text{MPC}+\text{MUC}+\text{MEC} \tag{7.5}$$

式中，MUC与MEC之和相当于环境资源价值。受不完全竞争市场的影响，预测控制主要用影子价格法或者传统的产品价格方法来替代。在对其进行评估时，往往要

结合其国际市场价，并假定其为一个包括其本身价值的合理的定价。所以，在上述等式中，环境资源产品的现行市价 P 和边际生产成本 MPC 通常很好获得，那么就可以计算出环境资源的价值（V）。

$$V=\mathrm{MUC}+\mathrm{MEC}=P-\mathrm{MPC} \tag{7.6}$$

所谓边际成本定价，即将价格（P）定在边际成本曲线（MC）与市场需求曲线（D）的交点处，即 P=MC，相应地确定产量 Q（如图 7-2 所示）。MC 相当于完全竞争条件下的市场供给曲线。边际成本定价相当于把价格定在完全竞争条件下会实现的市场均衡水平。因此，边际成本定价可使环境资源配置达到最有效率的状态。

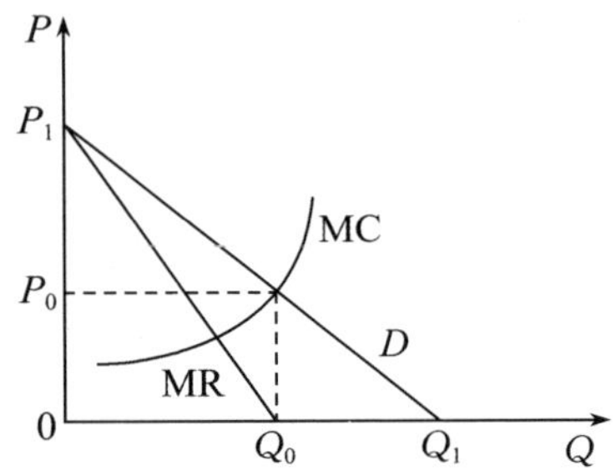

横坐标 Q 为产量；纵坐标 P 为价格；MC 为边际成本；MR 为边际收益；D 为市场需求。

图7-2　环境资源的边际成本定价

4. 总和价值法

该方法认为环境资源价值不仅指直接投入其中的人的劳动价值，还包括生物有机体的所有权和使用权的价格，以及环境资源系统服务地租。换言之，环境资源的价值等于人类直接投入的劳动、生物有机体的使用价值与所有权价值、环境资源系统服务级差地租之和。其中，投入环境资源系统的人的劳动包括投入人工环境资源系统的劳动和维护自然环境资源系统的劳动，是抽象的一般社会必要劳动。生物有机体的使用价值实际上是环境资源系统服务所有权与使用权转移的货币表现。它是经济所有权存在、环境资源系统被所有者控制、环境资源系统因所有权规律而产生的一种现象，即当社会需要交换环境资源时，环境资源系统由于具有有用性而获得价值。环境资源系统服务级差地租是以环境资源系统服务的差别为基础的地租。

5. 替代价值法

替代价值法是在评价或度量环境资源的舒适性服务价值时使用的，一般从人们对其支付或受偿的意愿开始分析，其获得途径有三种。

1）直接市场评价法

该方法由有关的市场信息来反映付款意愿或接受补偿的程度，以此来估值。这一方法把环境资源的质量当作生产要素，利用市场价格对环境资源损害或环境改善效益进行估值。

2）揭示偏好法

该方法是根据人们在与环境紧密联系的市场中所付出的成本或收益来间接地推断出人们对环境的支付意愿或受偿意愿。

3）陈述偏好法

该方法基于受访者的回答进行价值评估，通常直接询问抽样人群对某项环境公共物品改善或者预防该物品进一步恶化的支付意愿，不需要有实际的选择行为。该方法解决了公共物品非市场价值评估的难题，因此适用范围更广、可操作性更强。

6. 补偿价值法

该方法主要适用于环境资源补偿增值的计量。根据劳动价值论，补偿价值法认为凝结抽象劳动后的环境资源具有价值。从补偿的角度看，环境资源价值（W）主要包括三部分：

$$W=C+V+M \tag{7.7}$$

式中，C、V 和 M 分别表示补偿、保护和建设某项环境资源所投入的物化劳动价值，活动劳动价值和活动创造的剩余价值。该方法以实际投入的补偿支出计量环境资源价值，具有历史成本属性，可靠性较高，但相关性不足。与此同时，没有投入劳动的环境资源与投入少量劳动的环境资源同样具有价值的观点已经逐渐被人们所接受。若不将这部分价值计入，则环境资源总价值将会被低估。

7.2 环境费用效益理论

7.2.1 环境费用效益分析的概念

7.2.1.1 环境费用效益分析的产生与发展

费用效益分析（Cost-Benefit Analysis，CBA）起源于 19 世纪。杜博伊特在 1844 年发表的论文《市政工程效用的评价》中，首次提出了消费者剩余的理念，随后演变为社会净效益，这为费用效益分析奠定了基础。进入 20 世纪，一系列环境公害事件的发生引起了经济学家的关注，他们开始围绕环境质量变化的危害和效益问题展开讨论。哈曼德首次将费用效益分析方法应用于污染控制，引发了环境费用效益分析的热潮。美国卡特政府表示，全部影响环境的项目都应使用费用效益分析方法对环境影响作出评价。此后，英国、加拿大、日本等国家也开始了环境领域费用效益分析的探索。20 世纪 70 年代，费用效益分析在环境影响评估中得到广泛应用，成为环境经济定量分析的根本方法。

20世纪80年代以来，中国的环境费用效益分析在理论和实践方面均取得相当大的进展。比如，1980年美国东西方环境与政策所邀请中国参与为亚太地域编制环境经济评论指南，这对中国的环境费用效益分析的发展起到了推动作用。1984年开始的《公元2000年中国环境预测与对策研究》首次对全国环境污染造成的经济损失进行了估算，是环境费用效益分析的开创性和基础性研究工作。目前，中国注意到对社会经济活动的环境影响进行费用效益分析的必要性，并经过一段时间的运行，取得了一些成果。但中国的环境费用效益分析研究与西方国家相比仍存在一定差距，有待进一步推进。

7.2.1.2 环境费用效益分析的概念

费用效益分析又称成本效益分析，是指基于资源合理配置原则，分析项目的贡献。人类的任何社会经济活动，包括政策和开发项目等都会对环境及自然资源配置造成影响。环境费用效益分析就是运用费用效益分析基本理论对环境影响进行评估，是与环境政策的社会福利类似的实用分析方法。假定总费用C和总效益B是环境质量U的连续函数，且令$N(U)$表示净效益。那么，确定最优环境质量问题就是使$N(U)$最大化。

$$N(U)=B(U)-C(U) \tag{7.8}$$

$$\mathrm{d}B/\mathrm{d}U=\mathrm{d}C/\mathrm{d}U \tag{7.9}$$

此时达到最大净效益。第二个方程表示边际环境质量效益等于它的边际成本。

环境费用效益分析主要包括以下概念。

1. 环境损害或污染造成的经济损失

经济损失主要包括直接和间接经济损失。直接经济损失是指因产品减产或损坏等造成的直接经济损失，该类损失可由市场价格表征。间接损失是指环境资源功能的损害对其他生产和消费造成影响而导致的经济损失。间接损失可由影子价格或影子项目成本测算。

2. 环境保护措施的费用效益分析

费用：改善环境可以减少污染和破坏造成的经济损失。环境保护设施及其运营成本是费用效益分析中的费用，包括生态设施运行造成的新污染损失，这可以视为生态设备的负面效益。这些成本包括直接成本和间接成本。

效益：效益是指通过降低环境退化所导致的经济损失，从而改善人类的生活标准，主要包括因环境质量改善带来的效益和直接经济效益的提升。

费用效益分析的基本公式有以下两种。

1）费用–效益比（α）

$$\alpha = C/A - B \tag{7.10}$$

式中，A和B分别代表正效益和负效益，C代表费用。

当$\alpha>1$时，项目不可接受；当$\alpha=1$时，项目盈亏平衡；当$\alpha<1$时，项目可接受。

2）净效益（β）

$$\beta = A - B - C \tag{7.11}$$

当$\beta>0$时，收益为正，项目可接受；当$\beta=0$时，项目盈亏平衡；当$\beta<0$时，收益为负，项目不可接受。

3. 社会贴现率

为了衡量并比较不同阶段内的费用和效益，将贴现率作为测算指标，考虑社会贴现率的费用和效益，称为其现值。

计算公式如下：

$$\mathrm{PVC} = \sum_{t=1}^{n} \frac{C_t}{(1+r)^t} \tag{7.12}$$

$$\mathrm{PVB} = \sum_{t=1}^{n} \frac{B_t}{(1+r)^t} \tag{7.13}$$

式中，PVC代表总费用的现值，PVB代表总效益的现值，C_t代表第t年的费用，B_t代表第t年的效益，r代表贴现率，t代表时间（通常以年为单位）。

若费用或效益在每一阶段大小相同，以上公式可简化为

$$\mathrm{PVC} = C_t \frac{(1+r)^{t+1}-1}{r(1+r)^t} \tag{7.14}$$

$$\mathrm{PVB} = B_t \frac{(1+r)^{t+1}-1}{r(1+r)^t} \tag{7.15}$$

一般把银行的年储蓄利息作为贴现率。

7.2.2 环境费用效益分析的经济学原理

费用效益分析理论是在古典福利经济学理论的基础上，侧重个人福利改进。其基本思想是，个人满意度和经济福利高低可通过人们对购买产品和服务的支付意愿来衡量。

7.2.2.1 帕累托效率和边际效用

费用效益分析的基础是帕累托改进。基于此，当社会的净效益实现最大化时，

其资源利用经济有效。但是在实际的生产经营活动中，部分人受益往往会使得他人的利益受到影响。据此，新福利经济学家希克斯、卡尔多等人对这个问题做了进一步的探讨，提出补偿原则论。所谓的补偿原则，就是在给予受损者与损失金额相同的补偿之后，受益者的状况仍比过去好，此时该行为便是对社会产生正向影响。

费用分析引入了边际效用理论，环境质量需求曲线在一定条件下也是一条从左到右向下倾斜的曲线，如图 7-3 所示的 D 曲线。

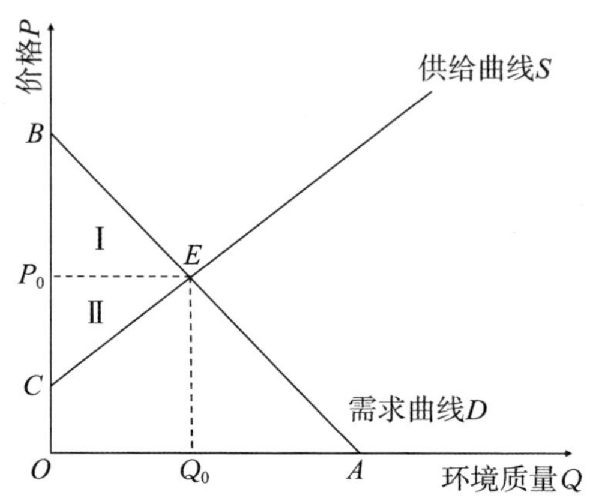

图7-3　社会效益与最佳环境质量供给

7.2.2.2　社会净效益与经济最优污染水平

在科斯定理的基础上，结合经济学中的公共产品供需规律，“消费污染”和“供给环境质量”都可以视为可供消费的商品。通过这种方法，可以得出产品的需求曲线和供给曲线。如图 7-3 所示，面积Ⅰ为消费者剩余，面积Ⅱ为生产者剩余。假定该商品可以像普通商品那样在市场上销售，则社会在达到均衡状态时所得到的净效益为面积Ⅰ和面积Ⅱ的总和。另外，该图假设环境质量已经变成稀缺资源。若没有资源的稀缺性，供给曲线便无法得出。当公众消费购买环境物品时，社会净效益为 BOQ_0E 的面积。若公众无须为环境物品支付费用，则社会对于环境物品的需求继而提高，消费剩余为 BOA 的面积。

此外，若将图 7-3 所示的环境质量物品用真实市场中的商品替代，则其收益可通过两个角度衡量：一是导致消费需求无限增长，二是导致供给成本降低或供应曲线下移。通过这种方式，与环境质量相关的物品市场均衡的数目会增多（均衡价格却不一定上升），从而产生更多的消费者剩余和生产者剩余。此时净收益为生产者剩余和消费者剩余的总和减去环境质量改进所付出的代价。

7.2.2.3 确定污染物最优去除水平及排放水平

1. 确定污染物最优去除水平

要创造社会效益，就必须要利用资源，同时也会产生成本。环境质量供给基本上等于污染削减量，也就是说，在一定的地区和时间范围内，减少一定的污染量，就是要提供一个没有减少或遗留的污染量，也就是一个环境质量物品的数量。因此，将图 7-3 的纵坐标转换为成本和收益，将横坐标转换为污染的去除量，则可以得到图 7-4。

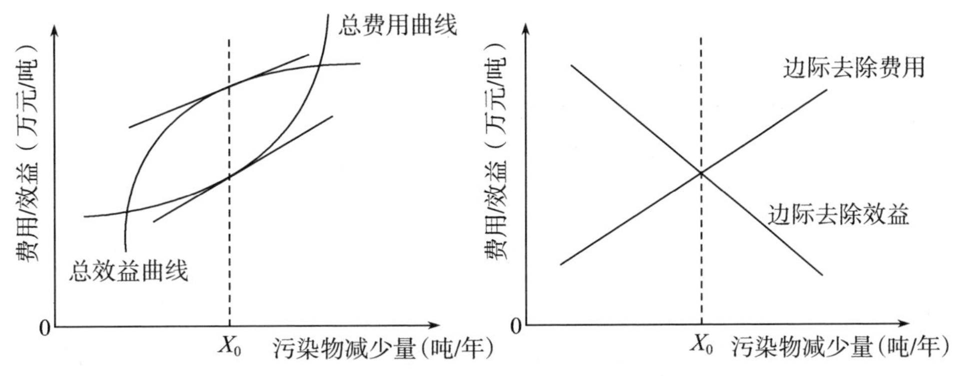

图7-4　污染物去除总效益和总费用曲线、污染物最优去除水平

图 7-4（a）展示了不同污染物的去除水平。污染物去除数量越多，总费用和总效益值越大。图 7-4（b）展示了去除费用和去除效益的边际增量，即边际去除费用曲线和边际去除效益曲线。污染物去除水平为 X 时，其净效益等于总效益与总费用之差。若污染控制实现净收益最大化，则污染物去除量 X_0 为最佳去除水平。此时，X_0 点为边际去除费用曲线和边际去除效益曲线交点的横坐标。因此，若边际效益等于边际费用，污染物去除水平是最优的，此时社会净效益亦实现了最大化。

可以看到，最优的污染物去除程度并不是指污染物减少的数量多，甚至达到零排放，而是要根据社会净效益最大化，从技术上可行和经济上合理方面决定控制污染的程度。但应该注意到，对人类健康而言的最低污染暴露水平并未得到充分考虑。所以，在这种情况下，这只是一个“经济最优”的削减。

2. 确定最优排放量

该方法适用于个体的活动区域，甚至是整个国家的经济体系。如图 7-5（a）所示，纵轴表示社会为治理污染物排放所应承担的总费用，横轴则表示污染物的排放总量。在总费用最小的情况下，经济实现了最优化。此外，如图 7-5（b）所示，当边际治理效益等于边际损害费用时，排放量达到了社会最优水平。

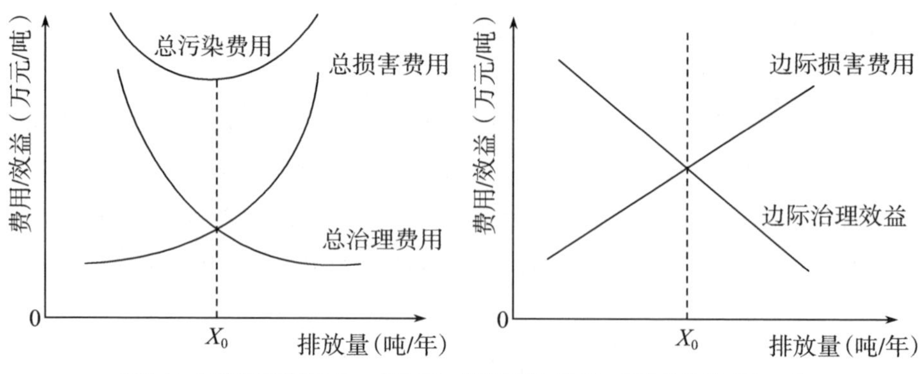

图7-5　污染物排放总污染、总损害、总治理费用曲线，污染物排放最优水平

7.2.3　环境费用效益分析的基本步骤

对一个项目方案进行环境费用效益分析，通常可以分为以下几个基本步骤。

1. 厘清问题

在开展费用效益分析前，首先要厘清环境项目目标，分析环境问题的地理范围，并针对不同的环境问题给出差异性对策，并定义每项对策的时间跨度。一些环境问题涉及的是单一的环境因素，如废气排放污染空气；而一些环境问题则涉及多种环境因素，应逐一列出以供进一步分析。

2. 环境功能的分析

环境的功能较多，为了测算环境退化导致的经济损失，需要明确研究对象的功能，并对其进行量化评估。

3. 确定环境破坏的程度与环境功能损害的关系

若环境退化或受到污染，则其功能会受到损害。一般来说，可通过科学实验或统计的形式，同当地环境受到污染之前的状态进行比较，从而对其进行定量分析。

4. 弄清各种对策方案改善环境的程度

对策方案改善环境功能的效益决定了其改善程度。

5. 计算各个方案的环境保护效益

基于方案的环境改善程度，计算方案的环境改善效益。同时，各个方案所带来的直接经济效益增量亦须计算。

6. 计算各种方案的费用

改善方案的费用包括投资费用和运行费用。

7. 费用与效益的现值

现值根据费用和效益形成的时间计算。

8. 费用与现值的比较

费用与现值的比较通常有两种方法。

1）净现值法

落实环境对策需要一定的费用投入，该类政策的落实可提升效益水平，继而可用净效益的现值来测度环境对策的经济效益，公式如下：

$$\mathrm{PVNB}=\mathrm{PVDB}+\mathrm{PVEB}-\mathrm{PVC}-\mathrm{PVEC} \tag{7.16}$$

式中，PVNB代表环境保护设施净效益的现值，PVDB代表环境保护设施直接经济效益的现值，PVEB代表环境保护设施使环境改善效益的现值，PVC代表环境保护设施费用的现值，PVEC代表环境保护设施带来新的污染损失的现值。净效益现值最大的方案为最优方案。

2）效益与费用比较法

计算每个方案的效益现值与费用现值之比，最优方案是比值δ最大的方案，公式如下：

$$\delta=\frac{\mathrm{PVDB}+\mathrm{PVEB}}{\mathrm{PVC}+\mathrm{PVEC}} \tag{7.17}$$

净现值法描述了该方案可获得的净效益现值，而效益与费用比较法描述了获得效益现值是费用现值的倍数。当PVNB＞0时，δ＞1；PVNB=0时，δ=1；PVNB＜0时，δ＜1。

环境费用效益分析的步骤如图7-6所示。

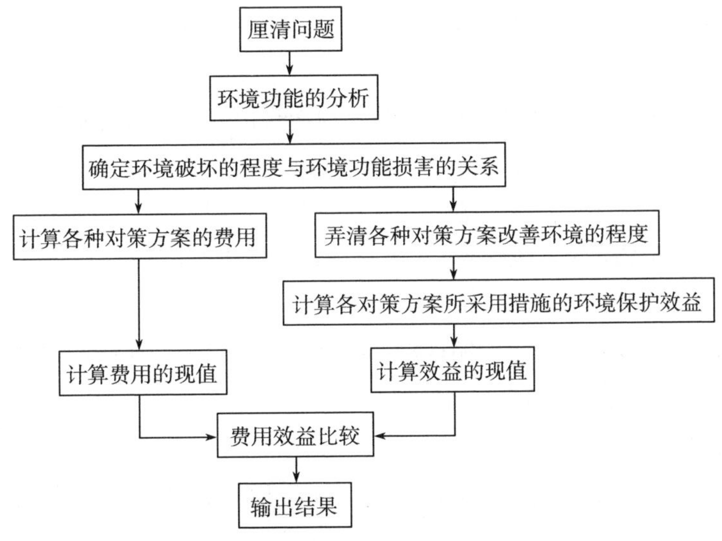

图7-6　环境费用效益分析的基本步骤

7.2.4 环境费用效益分析的评价标准及局限性

7.2.4.1 环境费用效益分析的评价标准

1. 净现值贴现率

由于不可再生资源在开发过程中会随着开发的推进而减少，可再生资源的过度开发也会对资源的再生产生不利影响。如果成本和收益发生在不同的时间，选择适当的时间，计算将发生或将来的成本和收益，然后根据总净收益评估计划，考虑时间因素。也就是说，将不同时间的收益折现，然后进行汇总。计算公式为

$$\mathrm{NB}_p=\sum_{t=0}^{n}\frac{\mathrm{NB}_t}{(1+r)^n} \tag{7.18}$$

式中，NB_p 代表净收益现值；NB_t 代表 t 年净收益；n 代表时间范围；r 代表贴现率；t 代表时间变量，从 0 到 n。

根据计算结果，如果总净收益现值大于零，那么该方案应当被选择。当存在一种具有多种用途的资源时，按照总净收益现值的大小来比较判断其优劣。此外，若方案在 t 时期所持有的收益现值最大，则说明该资源配置方案有效。

2. 偿还期限

环保投资往往需要经历一段较长的时间才能收回成本，可以用偿还期限法来表示，偿还期限公式为

$$\text{偿还期限}=\frac{\text{投资前的费用或投资}}{\text{投产后的年净收益}} \tag{7.19}$$

该方法的优点是简单易行。缺点是没有考虑利率的变动，精确度低。

3. 内部收益率

内部收益率是指能够使项目期内的现金流净现值等于零的利率。计算公式为

$$\sum_{t=0}^{n}\frac{B_t}{(1+i)^t}=\sum_{t=0}^{n}\frac{C_t}{(1+i)^t} \tag{7.20}$$

式中，i 代表内部利润率，B_t 代表 t 年内收益，C_t 代表 t 年内费用，n 代表规划的时间范围。

评估时，如果 i 超过规定的贴现率，则可以对项目进行评估；如果有多种投资方案，应优先考虑内部利润率较高的方案。

4. 收益费用比值

这是一种通用的评估标准，其原则是，只有当收益大于或等于费用时，该项目才能高效，才可以投资，否则就不能投资。

应根据分析评价项目的不同条件或要求，在以上四种标准或评价方法中选择最合适的一种。

7.2.4.2 环境费用效益分析的局限性

环境费用效益分析作为对环境影响进行评价的工具，为环境问题的解决提供了科学的决策依据。然而，环境费用效益分析方法也存在局限性，主要表现在以下四个方面。

1. 环境影响的确定和货币化问题

对环境影响的确定及其货币化是进行环境费用效益分析的关键问题和难点问题。首先，生态系统的破坏具有累积效应、合成效应和阈值效应。例如，同一种重金属对不同鱼类或者同一种鱼的不同变种的影响存在显著差异。由此可见，比较准确地测定人类的各种活动所产生的污染对环境的影响是十分复杂的。因此，由于测定人类活动对环境损害的复杂性、困难性，对相应的无形的效益和费用的评估就更加困难了。目前，我们仍需要进一步研究的是，评估产品和服务在一定的污染程度下产出的变化，并通过市场价格或影子价格评估这种产出变化。

2. 贴现率的使用与选择问题

关于是否应当使用贴现率，学者之间仍存在着争议。持反对意见的学者认为伦理方面的错误是由贴现率的使用造成的，是一种“礼貌的贪婪”。在持赞同使用贴现率意见的学者中，关于如何选择贴现率的问题也存在着争论，争论的焦点是如何恰当地使用贴现率水平。

实际上，在进行费用效益分析时，不同类型、不同投资项目的决策标准一般会采用社会贴现率。但是，需要明确的是，不同项目的获取收益能力是无法相互比较的。例如，一些具有长期影响的项目的获取收益能力很难在短期内显现出来。因此，要根据具体情况使用贴现率，否则将导致错误的投资方向。

3. 费用和效益公平分配的问题

因为公平问题难以量化和货币化，在费用-效益分析评估中没有涉及费用和效益公平分配的问题。公平即“谁得到效益，谁支付费用”，但在现实的经济活动中往往会存在明显的不公平现象。针对这一问题，许多学者提出了解决方案，但由于计算方法的复杂性，在现实中很难得到充分的应用。

4. 政策和制度方面的问题

环境问题的解决具有长期性的特征，环境保护政策的效果在短期内很难显现，但是具体实施环境保护、污染控制的费用对经济的影响却是显而易见的。另一方面，环境保护政策与未来的效益相关，从而会使人们过高地估计环境保护费用，同时低估环境保护带来的远期效益。在环境费用-效益分析中，政府的作用十分重要。与个人相比较，政府的行动要更为理性和明智，但当政府在环境保护和经济效益提高两个方面作出选择时，政府更倾向于选择促进经济增长的政策，而不是严格的环境保护政策。同时，制度很难保障环境污染控制方法得以有效实施，特别是在发展中国家。因此，在进行环境费用效益分析时要全面考虑这些方面。

7.3 环境公共物品理论

7.3.1 环境公共物品的概念

“公共物品”这一概念是由诺贝尔经济学奖得主萨缪尔森提出的，即一个人的消费不会对其他人产生影响的物品。公共物品在使用过程中表现出三种明显区别于私人物品的特性：消费的非竞争性、受益的非排他性和效用的不可分割性。顾名思义，环境公共物品通常指的是各种环境物品及环境服务，同样具有典型的公共物品特征。

7.3.2 环境公共物品的分类

环境公共物品大致可以分成三种：一是纯环境公共物品，比如空气质量、生物多样性、臭氧层，既有非排他性，也有非竞争性。其本质就是，它提供给每一个新加入的消费者的边际成本是零，并且也不会阻止人们的获取。二是有非竞争性却没有非排他性的环境公共物品，比如公园和公共游泳池，被称为俱乐部型环境公共物品。第三种恰好与俱乐部型环境公共物品相反，比如公共渔场和牧场，在消费中存在竞争性，而不具有排他性，称作公共资源型环境公共物品。俱乐部型环境公共物品和公共资源型环境公共物品被称作准环境公共物品，即不兼有非排他性和非竞争性。

7.3.3 环境公共物品的最优供给量

7.3.3.1 环境公共物品的供给与需求

环境公共物品的供给与需求具有客观性。环境公共物品供给曲线的斜率通常为正，是一条向右上方倾斜的曲线，其特点和确定方法与一般商品的供给曲线相同。环境公共物品的需求可以认为是消费者在一定的时期，在既定的价格水平下，愿意并且能够购买的环境公共物品的数量，其曲线是一条典型的向右下方倾斜的曲线。由于环境公共物品具有不可分性和非排他性，其价格为所有消费者对给定数量的环境公共物品愿意支付或者接受补偿金额的加和。从效用的角度来讲，环境公共物品

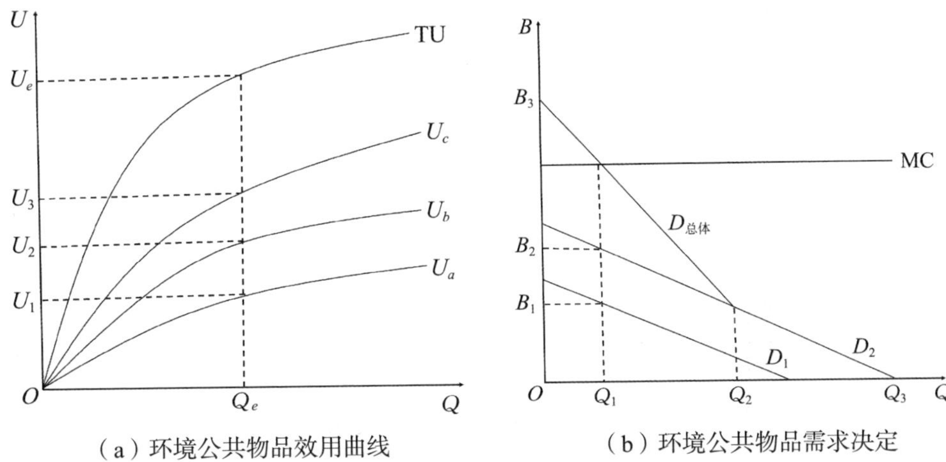

（a）环境公共物品效用曲线　　（b）环境公共物品需求决定

横坐标 Q 为数量；（a）纵坐标 U 为效用，（b）纵坐标 B 为收益；TU 为总效用；MC 为边际成本；D 为需求。

图7-7　环境公共物品效用曲线，环境公共物品的需求决定

的社会总价值或总效用是所有个人效用函数的垂直叠加，如图 7-7 所示。

7.3.3.2　环境公共物品最优供给量的决定

通常情况下，环境公共物品需求量的确定有两种方法：支付意愿法和补偿意愿法。支付意愿法是指直接向社会公众或环境公共物品的消费者提问，让他们回答愿意接受多少金额补偿才可以放弃环境公共物品的使用权。然而，支付意愿法的假设前提是消费者不对环境公共物品拥有任何产权，因此会出现低估环境公共物品的社会总需求的情况。补偿意愿法则认为环境公共物品或自然资源的所有权或财产权归属于社会公众。如果他们出售这种权利，希望得到的补偿将大于他们为防治污染而付出的费用。因此，补偿意愿法得到的环境公共物品的社会总需求往往是高估的。综上所述，环境公共物品的需求曲线不管是用支付意愿法还是用补偿意愿法来衡量，都不能真实地反映市场的交易状况，因而不能实现最优效率的环境公共物品供应。这意味着，不可能仅依靠市场分配机制来实现对环境公共物品的最优配置。

环境公共物品在供给上是完全有效的，能通过其他市场物品的价格和数量得以体现，即提供一定数量的环境公共物品，无论是政府还是工业部门都必须支付相应的费用，而这些费用可能从现实的交易信息中获得。

如图 7-8 所示，最佳的环境公共物品供给量是 OQ^*，其总价格（各消费者支付价格的总和）是 OP^*。因为在这个产出水平上，边际社会收益等于边际社会成本。

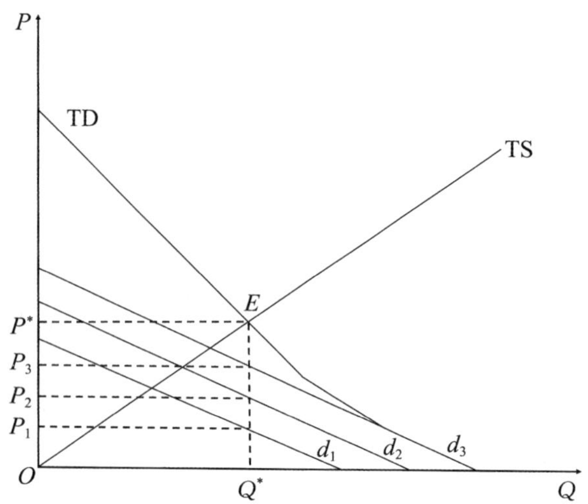

横坐标Q为数量；纵坐标P为价格；TS为总供给；TD为总需求；E为均衡点。

图7-8　环境公共物品的最优供给量

7.4　环境产权配置理论

7.4.1　环境产权的概念

7.4.1.1　产权

产权直观地说就是财产权利。然而，目前关于产权的定义众说纷纭，未有明确而具体的界定。科斯并未在其著作《社会成本问题》中对产权的含义作出清晰表述。他仅指出，假设没有交易成本，且初始产权明确，无论带来负外部影响的一方是否有权利这么做，各方协商的结果都会实现有效的资源配置。哈罗德·德姆塞茨指出，产权确定了人们得到的利益和损害的权利，产权界定了人们获得利益和损害的途径。他还指出，产权指的是让自己或其他人获得利益或利益受损的权利，即在一个市场中，一笔交易的达成就意味着交换了这两组物品或服务的产权。菲吕博腾和佩乔维奇给出了一种更为合理的产权定义，即产权是一系列经济和社会联系，用来确定人们相对于稀缺资源利用时所处的地位。美国学者利贝卡普将产权视为一种个人享有对某种特定财产的特殊权利的社会制度，它规定了在经济体系中哪些人是经济活动的参与者以及社会中的财富分配。根据阿尔钦的观点，产权是对某一种经济物品进行利用的权利，由社会所强制实施。在这里，阿尔钦阐释了产权的排他性。他对产权的界定已载入《新帕尔格雷夫经济学大辞典》，成为公认的经典定义。产权具有多重权利内容，其行使要借助法律、政府政策、社会伦理等手段。

产权的定义包含以下几个方面的内容：第一，产权是指在资源稀缺的情况下，在社会法律法规、习俗和道德规范下，人类利用资源的规则，是一种强制性和排他性的原则。第二，产权并非单项权利，而是一组权利，包含了财产的所有权及其衍生的占有权、支配权、使用权和收益权等。从广义上讲，产权还包含为了实现上述权利而需要具备的各种体系和规则。第三，产权是一种行为权，反映人们彼此之间被公认的一系列行为关系，并不是表现人与物的联系。当人们使用资源时，它为其规定了一套行为准则，规定了哪些能做、哪些不能做，以及违反准则要付出的代价，从而体现了人们在利用资源时的责任、权力和利益三者的关系。这种关系决定了人们对财产的态度与行为，从而导致了对不同的财产具有不同的使用绩效。所以在产权制度上，不同的产权安排会导致不同的产权激励机制。

7.4.1.2 环境产权

环境产权（Environmental Property Rights）是人们作为行为主体对某一环境资源行使所有、使用、占有、处置、收益等各种权利的总称，与一系列对环境资源使用产生影响的权利相关。

在产权客体方面，自然环境的产权客体是人类诞生之前就已经存在的各类自然资源，如大气、水、土地、矿藏。而人工环境的产权客体则是指因人为活动而产生的各种环境要素，包括人文遗迹、基础设施，还有城镇、村庄等聚落环境。产权客体存在着极大的不确定性，而且产权界限易模糊，因此环境产权相对于其他类型的产权更加难以界定。

在产权主体方面，自然环境具有明显的消费非排他性、非竞争性和供给不可分性等公共物品属性，所以其产权主体应当是所有公民。通常政府是公众利益的代表，行使对环境资源的管理权、利用权和分配权，以实现生态环境的良性循环和公平分配。人工环境（准公共物品）仅具有一定的非排他性、非竞争性或不可分性，其产权主体可以是所有公民、任一社会经济实体或公共组织。在代际关系中，环境产权的主体包含了当代人和后代人。环境资源产权不明确或存在多重产权会使资源超负荷利用，造成资源浪费和破坏。

7.4.2 科斯定理与环境产权配置

科斯定理认为，对于环境这样外部性非常强的物品，产权的约束功能更是不可缺失的。科斯定理可分为第一、第二和第三定理，主要内容如下。

科斯第一定理：当市场交易成本为0时，无论最初的权利安排是什么，当事人各方进行协商都会使利益最大化。也就是说，市场机制会自动促使人们进行协商，从而达到帕累托最优的资源分配。科斯第一定理之所以有效，其主要前提是市场交易成本为0。从宏观上讲，资源配置优化就是要将资源用于有需求的地方，以最大限度地造福社会；从微观上讲，资源配置优化就是要把资源集中到最需要、带给拥有者最大利益的主体手中。为了能够持续地使权利安排满足最优配置要求，就必须不断调整各种权利安排，也就是对资源产权不断地进行交易。

科斯第二定理：当交易成本超过0时，对权利的不同界定会导致资源分配的效率不同。即在不同的产权制度下，所需的交易费用会有所差异，因此会对资源分配的效率产生差异化的影响。为了实现最优化的资源配置，在确定产权的初始分配和再分配的选择方面，法律制度的作用是很重要的。

科斯第三定理：一项制度的创造并非免费，因此对制度进行选择以及怎样进行选择产生的经济效率会存在差异。没有产权制度产权交易将很难进行，不同产权体系下参与交易活动的成本也不尽相同。产权的合理界定有利于减少产权交易的费用，从而促使人们去界定产权，以及建立详细的产权制度。但产权体系的产生也有自身的成本和资源消耗。所以，要从产权制度的成本与效益的对比出发，来确定一个合理的产权制度。

科斯定理如图7–9所示。从图7–9中可以看出，MNPB表示的是污染者的边际私人净收益曲线，而MEC表示的是污染受害者所遭受的损失。假定环境污染企业拥有排污权，企业将为了自己的利益不可避免地扩大其生产规模，增加其污染物排放量，必然会把生产规模和污染物排放提高到Q，以获得最大的个人净收益。在此情形中，受害者所支付的边际外部成本比污染者的边际私人净收益要高。受害者会与污染者进行协商要求污染者减少污染物的排放量，从而减轻损害，而受害者会赔偿污染者因此而带来的损失。赔偿数额最少应等于排污企业减排所产生的边际私人净收益的减少（否则污染者会因得不偿失而拒绝减排），最多则等于污染受害者为减排而付出的边际外部成本（否则受害者会因得不偿失而宁愿承受污染排放所带来的损害）。

相反，假设污染者是否能够排污是由受害者决定的，受害者为了自己的利益，会要求污染者保持其生产量在边际外部成本为0的水平。在这个案例中，污染者为了降低损失会和受害者协商，让他们同意排污，而污染者则会赔偿因此产生的损害。赔偿数额至少等于受害者为相应的污染物排放所付出的边际外部成本（否则受害者将因为得不偿失而不同意污染者排污），最多与污染者在增加产量（污染物排放量）时所获得的边际私人净收益相等（否则污染者将因为得不偿失而宁愿削减

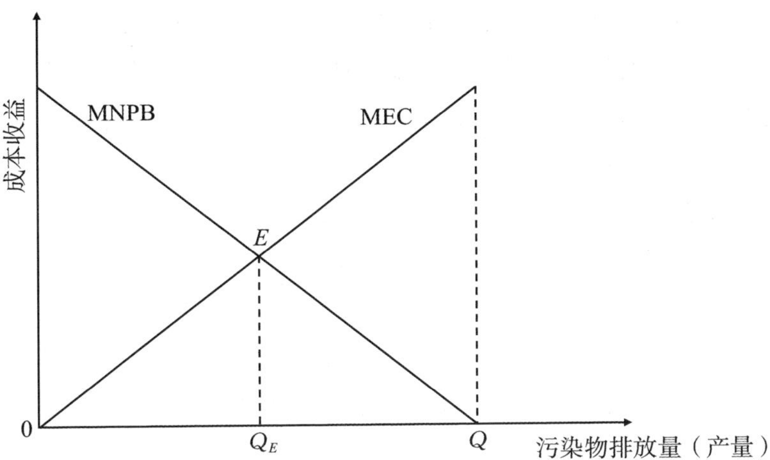

MNPB为污染者的边际私人净收益曲线；MEC为污染受害者所遭受的损失；E为均衡点。

图7-9 科斯定理示意图

产量或停止生产）。假设以上两种情况的交易费用均为0，则污染者与受害者之间的协商将会使生产规模与相应的污染物排放保持在边际私人净收益与边际外部成本相等的水平。

产权思路理论上看是可行的，但在实践中存在诸多问题，其优化机制难以运行。第一，很难严格界定产权。产权清晰是建立交易和市场的必要先决条件，而很多环境与生态资源属于公共财产，如臭氧和公海，无法做到这一点。第二，过高的交易成本。在受环境污染主体数量较大且污染影响范围较广的情况下，各主体受害程度不同，即便厘清产权关系，双方的交易费用仍然可能很高，不利于整个社会的福利，也无法实施产权最优化管理。第三，由于不对称的环境信息以及谈判中存在的非合作博弈，也可能使通过产权管理实现帕累托最优失败。

7.4.3 环境产权与环境资源定价

随着环境资源的日益稀缺，环境资源低价或零价格制度造成了环境资源的超负荷使用，引发了能源危机、资源浪费、生态破坏等严重问题。解决环境问题的经济方法就是通过合理定价和有偿使用环境资源来实现环境资源有效配置。

环境资源合理定价是建立在其相对价格基础之上的。在市场经济中，价格是一种衡量资源作为商品所具有的相对稀缺程度的指标，是对供给与需求之间关系的全面反映。在价格的指导下，通过各部门之间的资源流动，从而达到最优化配置的目的。因此，只有当价格能够有效地体现资源的稀缺程度时，才能对稀有资源进行正确的分配。错误价格信号将导致市场混乱，资源配置不当。随着环境资源紧缺水平持续提升，在低价的情况下，消费者之间相互竞争，需求扩张，供给不足，缺乏对供给者的激励，使供需矛盾激化，环境资源的稀缺性迅速增加，生态问题日趋严峻。环境资源市场价格等于其相对价格时，价格机制才能起到应有的作用，从而使环境资源得以有效配置。

产权明晰是环境资源市场价格等于相对价格的必要前提。科斯认为，要使价格机制得以有效运作，首先要建立一套产权制度安排，使可买卖商品的权利边界、种类和归属等问题得以明确，并使其被相关交易者甚至整个社会所识别和认可，交易才能够顺利进行。明确产权之后，人们就可以通过价格机制决定在许多拥有产权需求的个人中怎样进行资源分配。如果不能形成产权制度安排，谁都能占有现有资源，那么价格机制将起不了任何作用，市场交易也无法进行。

只有市场价格可以有效地反映资源的稀缺程度，市场机制才能有效运行。然而，只有产权明晰，市场价格才能等于相对价格和使用稀缺资源的边际成本。所谓边际外部成本，即资源市场价格与相对价格的差距，也即产权不明晰部分。明晰产权的作用在于将环境资源的相对价格体现到市场交易中，使资源市场价格等于相对价格，将外部边际成本内化，纠正价格扭曲，保证价格机制正常运行。

只有通过产权交易才能实现稀缺资源有效流动。然而，环境主体有限理性和环境资源市场信息高度不对称，使环境资源市场配置产生了较强的外部性，导致市场失灵。环境资源配置的外部效应是指环境资源的产权结构不合理导致环境资源的市场价格与其相对价格严重偏离。纠正这种偏差最有效的方法是利用产权交易调整和完善环境资源产权结构，在此基础上逐渐缩小环境资源市场价格与其相对价格的差距，纠正价格扭曲。实现对资源进行合理定价的最好方法就是进行产权交易和产权合约的自由选择，这样才能在重复的博弈中获取更多的信息以作出更好的决定，从而降低市场中的不确定因素。产权交易可以有效矫正市场上的环境资源价格和相对价格的偏差。

本章小结

本章系统梳理了海洋环境经济学的相关理论，包括环境资源价值理论、环境费用效益理论、环境公共物品理论和环境产权配置理论，为实现海洋环境资源合理配置和解决市场失灵问题给予了理论指导。本章明确了环境资源价值评价的必要性、内涵与方法，费用效益分析的基本步骤、评价标准和局限性，进行了环境公共物品的供求分析，以及阐明了资源产权与定价之间的关系，将经济学基本原理与海洋环境资源特征相结合，丰富了经济学理论的应用、海洋资源利用和环境保护的研究。

【知识进阶】

1. 为什么要进行环境资源价值评价？如何理解环境资源价值的内涵？

2. 简述环境费用效益分析的基本内容与一般步骤。

3. 请根据环境费用效益理论，分析一项海洋经济活动（如渔业、旅游业）对社会经济和环境的影响，并阐述其效益和费用的关系。

4. 什么是环境公共物品？如何实现环境公共物品的有效供给？

5. 什么是环境产权？请根据环境产权与环境资源定价的关系，分析如何利用产权制度来促进环境资源的合理利用。

8 海洋环境经济系统

知识导入：海洋环境经济系统是指海洋环境与经济活动相互作用的复杂系统，其主要包括海洋环境系统和海洋经济系统两个方面。海洋经济系统必须同海洋环境系统结合在一起，因为海洋经济活动需要在一定的海洋空间内进行，且必须依赖海洋中的生物和非生物资源。它们相互作用、相互制约，共同构成了一个具有自我调节能力和自我修复能力的生态系统。基于此视角，本章将详细阐述海洋环境经济系统的组成，进而揭示海洋环境与海洋经济之间的密切关联与相互影响，最后深入剖析海洋环境经济的循环与再生产过程，为海洋环境经济系统的可持续发展奠定基础。

8.1 海洋环境经济系统的组成

8.1.1 海洋环境经济系统相关概念

8.1.1.1 环境经济系统相关概念

1. 经济系统

经济是指物质资料的生产以及相应的交换、分配和消费。因此，经济系统是由社会生产过程中的生产、交换、分配和消费四个环节构成的相互制约的有机统一体，是国民经济各部门组成的有机体系统，如图8−1所示。

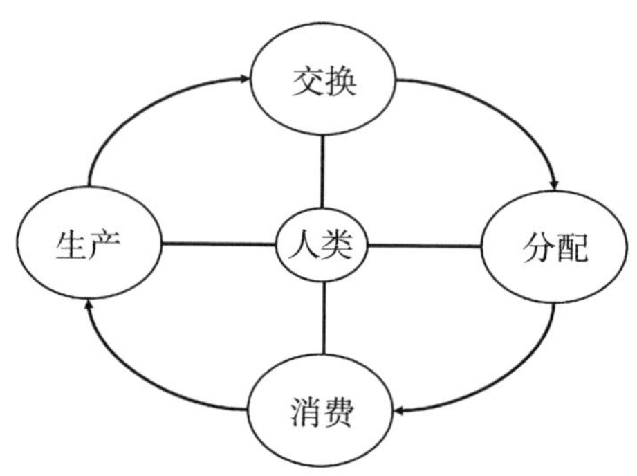

图8−1 经济系统

在传统的经济系统模型中，家庭与厂商是最主要的参与者，这两大参与者之间的关系是由产品市场和要素市场构成的。上述内容组成了我们更为熟悉的微观经济学中的经济系统模型，如图 8-2 所示。一方面，厂商生产产品或提供劳务，然后将其出售给家庭。家庭购买产品或劳务时，则需要支付相应的费用。另一方面，家庭将生产要素，如土地、劳动力、资本，经由要素市场出售给厂商，厂商以货币形式付给家庭费用。换句话说，整个经济系统通过相互的产品和资金流通联系在一起。

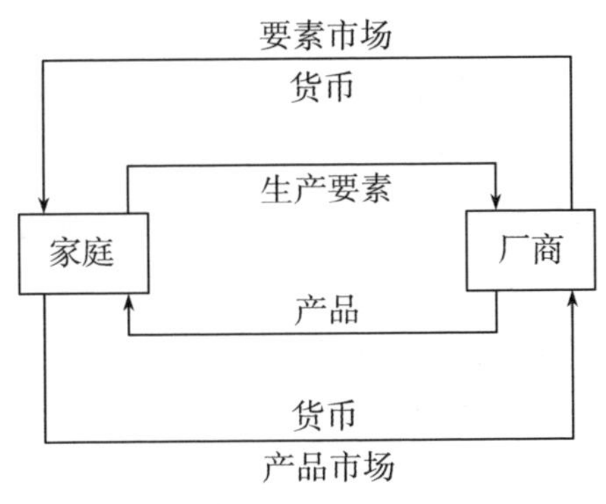

图8-2　经济系统模型

然而，传统经济系统存在一个明显的缺陷，那就是没有考虑环境资源对经济发展的影响。传统经济系统以环境资源的无限供给为假设前提，这使得行为主体在进行生产和消费时不考虑环境资源的价值，从而过度消耗环境资源，造成环境危机。在这种情况下，环境系统开始进入人们的视野。

2. 环境系统

环境经济学中研究的环境系统是以人为中心的，是指环绕于人周围的客观事物的整体，是一个由大气圈、水圈、岩石土壤圈和生物圈四大圈层组成的自然综合体，如图 8-3 所示。根据系统论的观点，环境系统具备以下五个基本属性。

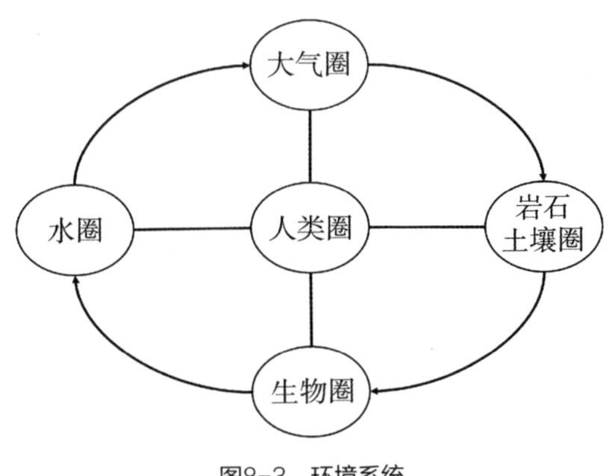

图8-3　环境系统

第一，在构成上，环境系统具有层次性。一方面，环境系统由大气圈、水圈、岩石土壤圈和生物圈四个最高层次的圈层结构组成。此外，作为环境的主体，人类圈（又称智能圈）也是环境系统的重要组成部分。另一方面，从次级层次上看，高层级的环境系统又是由下一级要素组成。比如，大气圈由对流层、平流层、中间层、暖层、散逸层等组成，水圈由地表水、地下水、海洋、冰川等组成，地表水由河流、湖泊、水库等组成。

第二，在功能上，环境系统具有整体性。环境系统的各组成要素并不是各自孤立的，而是一个相互联系、相互制约、相互作用的有机整体。各种环境要素之间通过物质流、能量流和信息流的交换和传输，相互调节、相互制约、相互转化，构成了环境的整体性功能。

第三，在性质上，环境系统具有区域差异性。环境要素区域分布不均匀的特征导致环境系统的性质在各地差别较大。比如，由于地球上水、热分布不均，产生了热带气候、亚热带气候、温带气候和寒带气候，地球上的土壤和植被从赤道到两极呈现明显的地带性变化，在高山地区土壤和植被从山下到山上呈现明显的非地带性变化。

第四，在发展上，环境系统具有动态性。太阳辐射是环境系统的动力来源。环境系统内部各要素进行着物质、能量和信息的交换运动。环境系统本身也在不停地运动变化着，经历着由低级到高级的变化过程。

第五，人是环境系统中最活跃的因素，对环境系统影响巨大。人类文明发展的历史，是对环境系统施压越来越大的历史。这种压力，不仅表现在对环境改造和资源破坏的强度随时间的延续而增大，而且很明显地体现在对环境系统影响范围的变化上。在古代，人类对环境的影响仅局限在局部范围内，到了近代，人类对环境的影响已遍布世界各个角落。

3. 环境经济系统

顾名思义，环境经济系统是环境和经济两大系统的有机结合体。环境系统和经济系统之间存在复杂的联系，它们通过物质、能量和信息的交换，相互作用、相互联系，耦合成为一个整体，构成了环境经济系统，如图 8–4 所示。

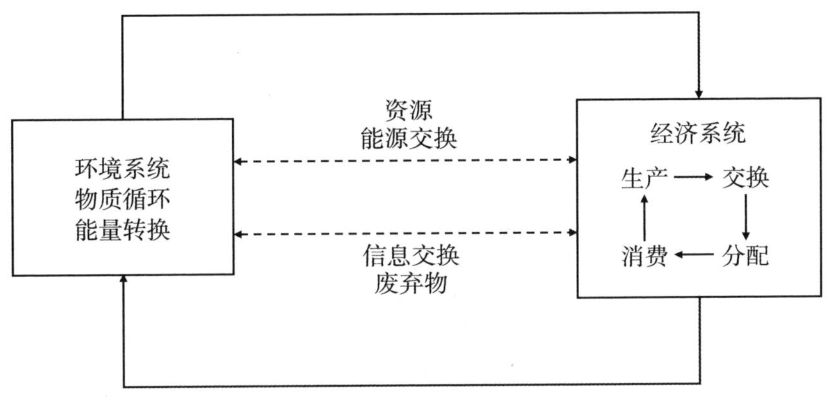

图8-4 环境经济系统

8.1.1.2 海洋环境经济系统相关概念

顾名思义，海洋环境经济系统主要由海洋经济系统和海洋环境系统两大部分组成。

1. 海洋经济系统

海洋经济系统主要包含产业、经济、文化、科技、社会、资源环境、生态要素。具体而言，海洋经济系统包括海洋经济子系统、海洋社会子系统和海洋生态子系统，这样划分的目的是便于综合了解海洋经济系统协调发展状况，如图 8-5 所示。

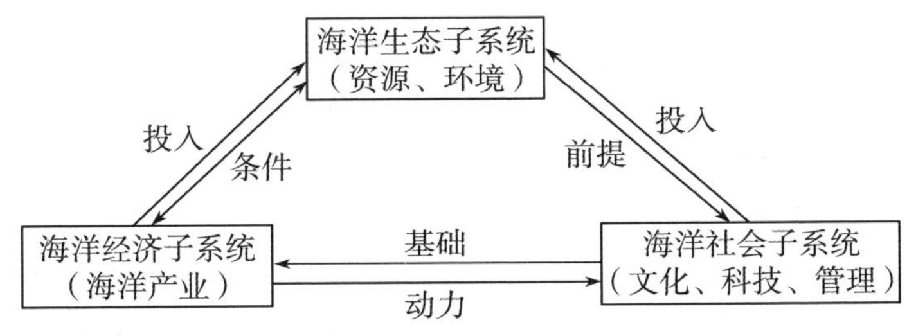

图8-5 海洋经济各子系统构成要素及关系

2. 海洋环境系统

大气圈、海水圈、近岸土壤及底土圈和生物圈共同构成了海洋环境系统，这个有机整体是围绕人类及人类活动而形成的。其中，前三者是海洋环境系统的基础子系统，包含动物、植物和微生物等的生物系统。如图 8-6 所示，物质循环、能量转换、信息传递这些特殊作用在生物系统中活跃进行，对海洋环境系统具有重要意义。

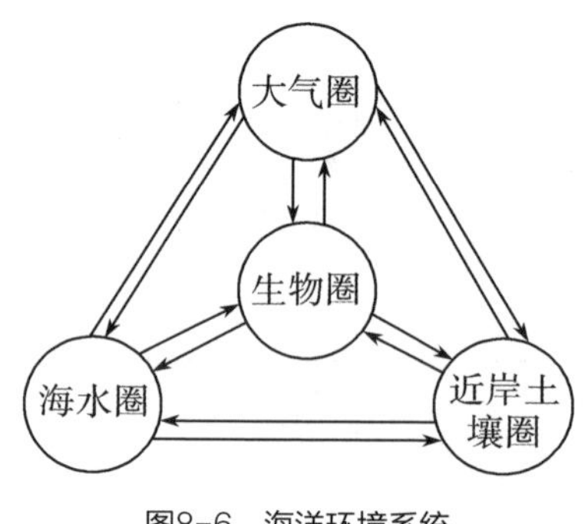

图8-6　海洋环境系统

3. 海洋环境经济系统

海洋环境和经济系统相互作用和联系，实现了资源、信息和废弃物等物质的交换和循环。如图8-7所示，经济和自然规律共同影响着海洋经济系统。

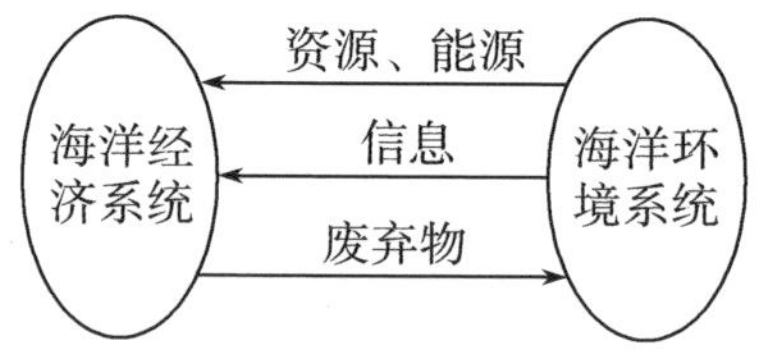

图8-7　海洋环境经济系统

海洋经济系统和海洋环境系统相互作用、密切联系。二者相互作用的方向可以分为正向和负向两种情况。正向作用是指任意一个系统的发展促进、保障了另一个系统的发展；反之，负向作用则代表彼此之间的制约和阻碍。人类社会经济发展的物质条件是人类通过创造和利用各种经济活动方式之后形成的，这些经济活动的方式能够完成环境之间的物质和能量交换。

8.1.2　海洋环境经济系统的分类

根据系统论的观点，为了全面、正确地把握一个系统，必须从系统内部着手，对其内部诸多要素及关联进行分析。海洋环境经济系统结构复杂，组成它的多个海洋环境经济子系统又由相应的次级子系统构成。各个级别的子系统并非独立存在，而是相互作用、密切联系。可以根据不同的标准对海洋环境经济系统进行划分。例如，可以按照地域属性将其划分为世界海洋环境经济系统、国家海洋环境经济系统等；如果从人与海洋之间关系的角度入手，可以划分为原始型海洋环境经济系统、掠夺型海洋环境经济系统和和谐型海洋环境经济系统。本章主要按照后者的划分标准展开分析。

原始型海洋环境经济系统：人与海洋的关系为海洋环境占据主导地位，人类被动地依附于海洋环境和适应海洋环境。人类社会经济发展速度较慢，海洋环境没有因为经济的发展而被破坏，即使被破坏，也不严重。在此阶段，人与海洋和谐共处，二者之间的矛盾并不突出。

掠夺型海洋环境经济系统：人与海洋的关系为人类占据主导地位，人类想要征服和改造海洋环境。人类社会初期发展速度较快，海洋环境的承受能力因为海洋环境不断被破坏而不断下降。到了经济社会发展后期，由于海洋环境制约加大，可持续发展能力也逐渐下降。在此阶段，人类与海洋环境之间的矛盾日渐加深。

和谐型海洋环境经济系统：人与海洋的关系为人与自然和谐相处。人类尊重自然、保护自然、顺应自然，人类与海洋形成相互依存、相互包容的关系。整个社会经济与海洋环境处于良性循环的状态，社会经济能够实现持续发展。在此阶段，社会经济的发展速度逐渐加快，海洋环境质量得到改善。

8.2 海洋环境与海洋经济的关系

8.2.1 环境与经济的相互作用

作为系统的两个因素，环境与经济两者相互影响、相互制约。环境是促进经济发展、吸引更多企业的基础，良好的环境是经济发展的必要条件。经济发展是环境保护的物质保障，经济发展水平决定了环境质量的高低。

8.2.1.1 环境对经济发展的影响

环境对经济发展的影响主要体现在自然资源对经济发展的影响上，自然资源的禀赋状况会促进或者制约经济的发展。一方面，自然资源的禀赋为经济发展提供基本条件。首先，在一定的经济和技术条件下，自然资源中不可再生资源的丰富程度决定了经济发展的速度、可持续性和稳定性。其次，丰富的自然资源提高了社会劳动生产率。这意味着，在其他条件一致的情况下，自然资源丰富的地方往往具有更高的劳动生产率和更高的经济发展水平。另一方面，自然资源中可再生资源的再生速度制约着可再生资源的消耗速度。可再生资源是保障物质资料正常生产的重要源头。同时，良好的生态环境及完善的生态功能促进可再生资源的自然恢复。若生态环境结构失衡、功能退化，必然会造成可再生资源不可逆转地耗尽，从而损害经济发展。

总之，自然资源在人类社会的发展中是一切生产的基础，没有自然资源，就不会有人类社会的各种经济活动，经济发展也难以实现。

8.2.1.2 经济发展对环境的影响

人类经济社会的发展与自然环境有着密切的联系。首先，经济社会的发展会对环境造成有利的影响。经济发展对环境的变化具有促进作用，表现在以下几个方面。第一，人类在与自然环境的斗争中发展。自然生态系统绝非理想的生态系统，理想的生态环境只有通过人类的不断改造才能实现。第二，在经济发展中，生态规律可以发挥指导人类进行实践活动的功能，即通过模仿创造人工生态系统。当经济发展速度缓慢时，贫困的加剧会伴随着环境破坏程度的加深。例如，农业种植中，化肥和农药的大规模使用对土壤环境造成了严重的影响，阻碍了农业的可持续高质量发展。能源使用方面，为了缓解能源使用紧张的问题，大力开采矿产资源、砍伐森林，造成了地表植被被严重破坏，引发水土流失、洪水和泥石流灾害，使动植物灭绝，生物多样性减少。此外，传统的工业运行造成能源过度浪费，工业生产中把大量废弃的废水、废气以及固体废弃物排入环境，造成了严重污染。例如，大气中大量二氧化碳的聚积，可能会引起全球性气候的重大变化。

因此，环境与经济发展是辩证统一的关系。一方面，环境和经济的良性循环，即自然要素禀赋和可持续生产力对经济发展起着关键性的作用。此外，保护自然生态环境是确保经济可持续发展的重要基础和先决条件，而经济发展又为保护和改善环境创造了物质基础和条件。良性循环的本质在于环境与经济的和谐发展。另一方面，环境和经济之间也可能形成非良性循环。环境污染致使自然资源遭到浪费，某些种类的资源甚至被破坏殆尽，最终会对整体经济发展带来不利影响。而保护环境需要强大的经济实力作为支撑，整体经济发展受阻也会给环境保护带来不利影响，从而导致环境进一步恶化。人们之所以陷入这样的非良性循环，根本原因在于没有正确处理环境与经济发展的关系，在经济发展方式方面作出了错误的选择。

8.2.2 海洋环境与海洋经济的相互作用

8.2.2.1 海洋环境与海洋经济发展相互作用

一方面，海洋环境是发展海洋经济的前提。海洋环境不仅能保障人类生存和生活，而且能够促进海洋经济健康、良好、快速发展。另一方面，海洋经济的发展又会对海洋环境产生反作用。随着海洋经济的发展，海洋污染问题日益严重。海洋经济生产过程中产生的物质不仅危害水质，导致海洋生物多样性退化，还威胁人类健康。海洋经济发展最严重的影响是当对海洋环境的破坏超过极限时，海洋生态系统将不可逆转地崩溃，这会给海洋经济乃至人类社会的生存和发展带来巨大威胁。

8.2.2.2 海洋环境库兹涅茨曲线

经济发展的过程中不可避免地会出现环境恶化。一般来说，环境损害与经济发展之间可能存在三种关系。如图8-8所示，第一种关系是倒U形的环境库兹涅茨曲线（Environmental Kuznets Curve，EKC）*ACDEF*，即随着经济的发展，环境质量首先表现为急遽退化。当经济发展到一定程度后，人们开始重视环境保护，这使得经济发展的同时环境质量逐渐提升。第二种关系是不可持续发展曲线*ACG*，这意味着经济不断发展的过程也是环境质量持续恶化的过程。当环境恶化到一定程度，经济发展也会恢复到零点。第三种关系是可持续发展曲线*ABEF*。环境库兹涅茨曲线是最常见的表现形式。

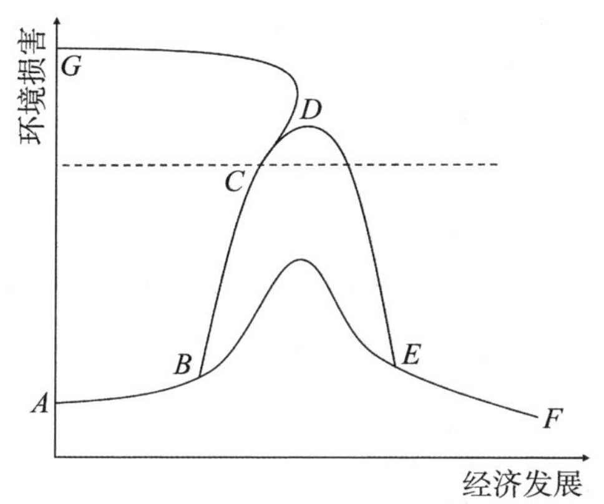

图8-8　环境损害与经济发展的关系

库兹涅茨曲线（Kuznets Curve）假设为探究收入分配和经济增长之间的关系提供了新的思路。具体而言，伴随着经济发展，收入的差距与经济增长并非均衡变动，总体来说，二者呈现倒U形的关系，收入的差距表现为先增大后缩小的趋势。在此基础上，格罗斯曼和克鲁格发现了污染与经济增长之间存在类似的关系。在一个国家经济发展的初期，污染水平很低。随着经济的发展，污染水平逐渐提高。在经济发展到达某一节点后，随着经济的接续发展，污染水平反而会降低。环境质量随之提升。如图8-9所示，环境库兹涅茨曲线可以很好地表述这种变化趋势。海洋是地球生态系统的重要组成部分，海洋环境与海洋经济发展同样遵循环境库兹涅茨定理。

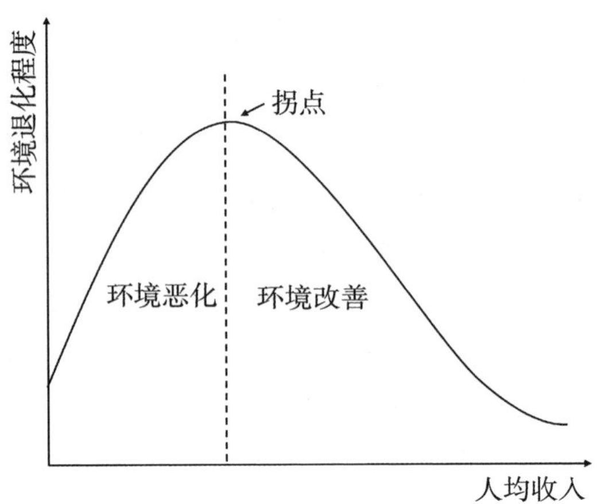

图8-9　环境库兹涅茨曲线

据统计，近些年来中国海洋产业各项经济指标增长的速度普遍高于陆域产业，这意味着发展海洋经济对中国意义重大。但伴随着海洋经济强势增长而来的却是触目惊心的海洋环境污染问题，尤其是近岸海域生态系统的状况不容乐观。因此，为了防止环境库兹涅茨曲线的顶端突破最高点或保持在较高水平，政府必须采取适当措施保护海洋环境和海洋资源，以降低海洋环境库兹涅茨曲线的峰值，防止海洋环境不可逆转地恶化。

8.3　海洋环境经济再生产

8.3.1　海洋环境经济循环

海洋环境经济循环的过程就是物质流、能量流、货币流和信息流的循环过程。其中，物质循环又被称为生物地球化学循环。所谓循环指的是一种循环往复的过程，而物质循环是指生物圈里的物质或者元素在生物体及其周围环境中经历的循环过程。物质循环包括自然物流和经济物流两方面。其中，自然物流主要包括三个层面的循环：生物个体、生物圈以及环境系统。它们分别通过生物新陈代谢，食物链以及物质在生物圈、大气圈和其他圈层的运动实现循环。经济物流以人的经济活动为媒介形成物质循环。经济物流贯穿生产、流通和消费过程。具体来说，生产物流是指以自然物流的产物为原材料，通过人类的技术手段将其改造成具有某种用途的产品。流通物流又叫商流，主要是指商品交换过程中形成的循环。消费品的使用会产生残渣，残渣回归环境的过程就是消费物流。不论是生产物流、流通物流还是消费物流都会产生一些废弃物，由经济物流产生的废弃物下一步将会进入自然物流。但自然物流承载能力有限，如果产生的废弃物数量过多，将会对环境质量造成不利影响。

海洋环境经济系统内部充满各种形态的能量。这些能量在系统内部流动和传递构成了能量流。能量流又可以分为自然和经济能量流，值得注意的是能量流单向流动，具有不可逆的特征。

货币流与经济物流、经济能量流和经济信息流密切相关。货币流反映了它们的内在价值，并且与它们的流向相反。

信息流是在自然和人工信息交换的过程中形成的。环境经济系统的正常运转离不开信息流发挥重要作用。此外，信息流也影响着物质流、能量流以及货币流的功能。

8.3.2 海洋环境经济再生产

海洋环境经济再生产由四个方面组成，分别是物质资料、人口、精神以及环境产品的再生产。物质资料的再生产对于环境经济起着主导作用。被再生产出的物质资料可以满足多方面的物质需求，人类社会的物质财富也由此得到积累。人口再生产是在一定的社会经济、文化以及环境背景下发生的繁衍、更新的过程，为环境经济的再生产提供了内在动力。就业人口、新增人口的再生产构成人口再生产。精神产品的再生产在环境经济再生产中作为中介出现。这里的精神产品主要包括用以满足人们精神文化需求的产品以及未能在现实中转化为生产力的智力劳动作品。环境再生产是指在自然恢复和人为干预的共同作用下，促使自然生态系统环境现状维持甚至得以改善的过程，具体包括：第一，人类社会的各项经济活动会对生态环境造成负面影响，环境再生产过程就是消除这些负面影响进而使生态系统正常运转的过程。第二，对于那些已经退化了的系统，环境再生产主要表现为对这些系统进行改造、修复和重建，并最终达成有利于人类生存发展的目标。

环境再生产对于人类社会的发展起着十分重要的作用。基于此，中国采取了相关措施助力环境再生产，“碧海工程”的推进就是一个典型的范例。环境再生产基本上是环境系统的再生产，人口和经济的再生产取决于环境系统。环境再生产无疑是扩大人类社会发展空间、有效解决发展面临的环境问题的最有效手段。

本章小结

海洋环境系统与海洋经济系统密切相关，本章系统梳理了两个子系统的特点与关联，明确了两者潜在的协同与制约的影响，将海洋环境经济系统分为原始型海洋环境经济系统、掠夺型海洋环境经济系统、和谐型海洋环境经济系统三类，进一步结合环境库兹涅茨曲线探讨了海洋环境损害与经济发展之间的关系，并提出了海洋环境经济再生产的理念。

【知识进阶】

1. 简述海洋环境经济系统的概念与内容，并分析其与一般环境经济系统的区别与联系。

2. 简述海洋环境经济系统的类型。

3. 什么是环境库兹涅茨曲线？试判断目前中国大概处于环境库兹涅茨曲线的什么位置。

4. 简述海洋环境经济的循环过程。

5. 根据海洋环境经济再生产的概念，分析海洋环境经济再生产的组成。

9 海洋环境价值评估

知识导入：由于海洋环境的外部性和公共物品属性，市场机制通常难以直接显示其价格。因此，进行海洋环境价值评估就显得尤为必要。海洋环境价值评估主要是指通过搜集与分析有关海洋环境的信息对海洋生态系统及其相关服务进行定量或定性评估的过程，以便更好地理解海洋环境，为制定可持续发展策略和管理方案提供科学依据。本章在介绍海洋环境价值评估的起因与意义的基础上，围绕直接市场价值法、替代市场价值法、假想市场价值法三个主要类型的海洋环境价值评估方法概述它们的特点和适用情境，最后简要分析海洋环境价值评估在费用效益分析以及海洋环境资源资产化管理等方面的应用进展。

9.1 海洋环境价值评估的起因与意义

9.1.1 海洋环境价值评估的起因

地球表面 70% 以上的空间被海洋所占据，海洋对人类未来的生存与发展十分重要。首先，海洋是个巨大的“资源宝库”。海洋为大量的、多种多样的生物提供了广阔的生存空间，是人类产品供给的重要来源之一。据测算，海洋所提供的可食用资源的总量是陆地农产品数量的 1 000 多倍。此外，海洋中还蕴藏着丰富的矿产资源，被称为地球最大的“天然矿床”。其次，海洋时刻调节着气候与环境，被誉为“气候与环境调节器”。不仅如此，其自身具有一定的循环净化能力，直排入海的污废水、垃圾、化工毒废物等在一定程度上因海而净化。海洋的立体性、流动性、连续性以及其环境的复杂性使得海洋的功能具有多样性。可以说，人类的生存与发展直接受海洋生态环境优劣变动、海洋资源多寡的影响。海洋自古以来就是人类生存发展的基本环境，也是世界主要沿海国家拓展经济和社会空间的重要载体。

长期以来，由于大部分海洋资源的天然存在性以及未包含人类劳动，人们普遍认为海洋资源与环境是没有价值的。人类对海洋资源无序、无度的开发利用，导致了海洋公地悲剧、生态环境恶化等一系列生态问题。其中，造成海洋污染的最主要的来源是陆地污染物的过量和肆意排放。除了自然因素（如气候变化、火山活动）之外，人类的活动也对全球海域产生了严重的影响。人类活动导致的海洋生态系统功能退化，沿海地区海岸沙滩、滩涂环境破坏，垃圾污染，近海生物资源锐减，近海水质恶化等在全球海域中普遍存在。这些因素对世界海洋经济的可持续发展产生了深远影响，同时也引起了许多研究人员以及决策者对于海洋污染问题的关注。为了经济、环境、社会的可持续发展，为了子孙后代的生存发展，我们应在保障人类稳定发展的前提下，有节制地对海洋环境进行开发。在对海洋进行开发的同时，要将海洋环境（其中包括环境的质量）与人造资本一视同仁，将海洋环境视作一种资本资产，即海洋环境是有价值的。从经济学视角入手，量化海洋环境的价值，数值化评估人类开发利用海洋的活动对海洋资源与环境产生的影响，以此来评判该活动对于海洋环境价值产生的破坏是否为可接受的。

9.1.2 海洋环境价值评估的意义

海洋环境价值评估具有重要意义。首先，对海洋环境价值即海洋环境的损害和效益进行评估能够为决策者制定科学的海洋环境经济政策提供技术基础。只有对海洋环境资源价值进行评估以及将海洋环境资源货币化，并将之纳入海洋政策的成本效益分析中，才能为海洋综合管理利用决策提供真实可靠的依据，使决策更为科学、全面。具体而言，海洋环境价值评估将明晰海洋环境问题的经济影响作为综合决策中的重要步骤，通过将海洋环境资源货币化，对人类社会经济活动的费用和效益进行评估，其评估结果可应用于海洋工程建设、资源开发以及环境保护管理等领域。其次，对海洋环境价值的评估以及应用展开研究，可以在很大程度上反映海洋环境的生产运行状况，体现海洋环境价值的增减、海洋环境的利用情况以及海洋环境的维护情况。最后，还有利于促进海洋环境中的资源产品市场进一步完善和更加规范地运行，提高海洋环境资源的资产化管理程度，促进海洋环境资源的合理开发。

9.2 海洋环境价值评估方法类型

海洋环境价值评估是指以货币的形式准确地反映海洋环境保护和海洋资源的经济价值，进而确定污染物、各种资源消耗、环境损害等问题所造成的损害，这可以为政府制定有针对性的海洋环境保护政策提供依据，为社会发展作出诸多贡献。当前，衡量环境价值的三种常用的方法分别是直接市场价值法、替代市场价值法和假想市场价值法。

9.2.1 直接市场价值法

9.2.1.1 生产率变动法

生产率变动法（Changes in Productivity Approach）的基本思想是，生产者和消费者会受到环境变化带来的影响，即环境变化的正外部性和负外部性。从生产者的角度来看，生产的过程，产品的产量、成本和利润会受到环境变化的影响；从消费者的角度来看，消费品的供给与价格以及社会福利都会受到环境变化的影响。随着全球气候问题日益加剧，自然环境的改变已经严重地威胁到海洋经济的健康发展。因此，海洋环境资源开发需要更加科学的管理方法和更加有效的手段。

生产率变动法的基本步骤如下：第一，研究环境变化如何影响受者（包括财产、机器设备或人员），以及其可能产生的物理效应和影响范围；第二，估计该影响对成本或产出造成的影响；第三，估算产出和成本的市场价值。

在市场机制能够充分发挥作用，即不存在“市场失灵”的情况下，如果商品的生产受到环境变化的影响，那么它的市场价就可以直接计算出来。值得注意的是，货物销量的变化也会对货物的价格造成影响，从而影响估价的结果。如果环境的改变对某一商品的产量影响不大，且不会导致该商品的价格发生变动，则可以利用该商品的市场价格来估计其市场价值。以渔业为例，生产率变动的公式可以表示为

$$V=q\ (P-C_V)\ \Delta Q-C \tag{9.1}$$

式中，V代表根据鱼类产量变动估算的环境价值变动额；P代表鱼类的市场价格；C_V代表单位鱼类的可变成本；c代表成本；q代表产量Q的每一单位，通常为1；ΔQ代表环境污染地区鱼类产量的变动量。

随着产量的增加或减少，价格也会在供求作用下发生变化，因此价值评估必须考虑价格水平的变化。如果某种商品的产出水平容易受到环境变化的影响或者是在相对封闭的地区，那么就需要考虑商品的市场价格对环境水平变化作出反应的程度。例如，随着当前渔业养殖区的环境日益恶劣，全国各地的鱼类供应量大幅减少，从而推动当前的鱼产品价格发生变化，部分高成本的鱼类养殖区的收益也随之提升。因此，当前的市场需求也随之出现了波动，推动了当前的鱼类供应量不断攀升，从而引起当前的鱼产品价格不断波动，造成生产率发生以下变动：

$$V=\Delta Q\ (P_1+P_2)\ /2 \tag{9.2}$$

式中，ΔQ代表环境污染地区鱼类产量的变动量，P_1代表鱼类产量变动前的市场价格，P_2代表鱼类产量变动后的市场价格。

为了保证价值评估结果的准确性与合理性，应该对环境变化后商品的产出和价

格变化的净效果进行估计。假设环境变化所带来的经济影响（E）体现在受影响的产品的产量、价格和成本等方面，即净产值的变化上，则E可用以下公式表示：

$$E=\left(\sum_{i=1}^{k}p_i q_i-\sum_{j=1}^{k}c_j q_j\right)_x-\left(\sum_{i=1}^{k}p_i q_i-\sum_{j=1}^{k}c_j q_j\right)_y \tag{9.3}$$

式中，有i=1，2，…，k产品和j=1，2，…，k种投入，并且可以用下标x和y来表示环境变化之前和之后的情况；p代表产品的价格；c代表产品的成本；q代表产品的数量。

9.2.1.2 重置成本法或恢复费用法（影子工程法）

重置成本法（Replacement Cost Approach）是一种以经济效益为基础的评估方法，旨在通过估算重建受损环境的成本以及恢复其原有的生态状况，实现经济效益，属于直接市场评价法。当海洋环境资源难以评价或因开发需要而必须选择某一种海洋环境时，往往以补充海洋环境资源所需的经济费用为依据，来确定替代方案的优先顺序。因此，重置成本法就是在某一海洋环境遭到破坏之后，人为地建造一项工程来替代其原有的功能，以构建成本估算海洋环境破坏的经济损失。

9.2.1.3 机会成本法

机会成本最早由新古典经济学家提出。鉴于自然界中的资源极度匮乏，以至于它们难以满足人类的各项需求。因此，必须进行适当地分析和调整，以便更好地利用这些宝贵的自然财富。为此，我们引入了一个新的概念——机会成本，它表示在将这些宝贵的自然财富转移到更多的领域后，获得的更高的效率和更好的经济效果。机会成本法是一种极其实际的方法，能够帮助我们准确识别那些无法以市场价值衡量的、其影响力无法被完全抹去的、无法被完全恢复的自然资源，比如滨海湿地的自然保护区、被洪水冲毁的历史文化遗产等。

机会成本最基本的计算公式如下：

$$L_i=S_i\cdot W_i \tag{9.4}$$

式中，L_i代表第i种资源损失成本的现值，S_i代表第i种资源单位机会成本现值，W_i代表第i种资源损失的数量。

机会成本法认为，当一种自然资源无法通过单一的经济手段衡量它的价值时，比如无法识别它本身的经济效益或者它被转移到更多的领域的经济效益，那么它的成本就变成一种经济效应。如果某一自然资源的开发方案与环境的可持续性发展相冲突，该自然资源的开发会破坏原有的环境系统平衡，导致环境发生恶化。其后果往往是不可逆的，重建和恢复都十分困难。由于许多自然资源具有无市场价格的特征，保护自然资源的效益很难用货币价值来估算。采取新的视角，将维持和利用自然资源的成本视为投入的回报，因此“保护成本”的机会成本法就成为一种衡量投入回报的重要指标，能够帮助政府和企业权衡众多未经考虑的投入，从而确立最佳的投入回报。很多时候，由于可用的代价相对较少，我们有必要以一种无须过度利用的方法来维持和恢复我们的环境资源。

机会成本的估算公式为

$$L=S\cdot W \tag{9.5}$$

式中，L代表损失的机会成本；S代表某种资源的单位机会成本；W代表某种资源的污染量或破坏量，其估算方法与环境要素及污染过程有关。

9.2.2 替代市场价值法

9.2.2.1 内涵资产定价法

通过使用内涵资产定价法（Hedonic Property Pricing），人们可以根据自身对环境资源的价值评估确定其价格。这种价格法可以帮助企业更好地利用环境资源，并且更加合理地进行投资。资产的性质千变万化，其价格能反映投资者的投资偏好。为了更好地理解房地产市场，内涵价格法被广泛应用。人们利用多重回归的方法，深入探索不同的房地产价格和环境属性，从而更好地分析和预测房地产价格变动的可能影响因素。房地产价格不仅反映出其独有的特征，而且还可以揭示出当地的经济状况、社会福利以及环境质量，从而为投资者提供参考。消费者对房地产的支付意愿受到环境资源质量的影响，同时支付意愿的高低也会对房地产价格产生影响。因此，通过比较不同环境下房地产价格的变动，我们可以评估环境质量的货币价值。

内涵资产定价法的基本步骤如下。

假设：买者知道决定房地产价格的各种信息，所有的变量都是连续的，变量的变化都会影响房地产价格，房地产市场处于或接近于均衡状态。我们可以通过下述步骤和方法进行价值评估。

（1）建立房地产价格与其各种特征的函数关系。

$$P_h=f(h_1,\ h_2,\ \cdots,\ h_k) \tag{9.6}$$

式中，P_h代表房地产价格；h_1，h_2，…代表住房的各种内部特性；h_k代表住房附近的海洋环境质量。

假设上述函数是线性的，其函数形式为

$$P_h=\alpha_0+\alpha_1h_1+\alpha_2h_2+\cdots+\alpha_kh_k \tag{9.7}$$

在其他特性不变时，房地产价格和海洋环境质量之间的关系如图9-1所示。

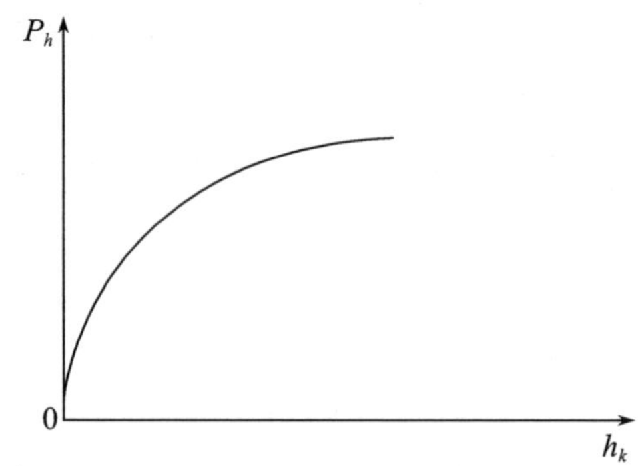

横坐标 h_k 为海洋环境质量；纵坐标 P_h 为房地产价格。

图9-1　房地产价格和海洋环境质量的关系

（2）通过计算，我们可以确定边际隐价格。这个价格是指在其他因素保持不变的情况下，特性i增加1单位时房地产价格变动的幅度。

$$P_{h_i}=\frac{\partial P_h}{\partial h_i} \tag{9.8}$$

假定海洋环境污染的边际隐价值保持不变，那么我们可以得到以下结论：

$$\alpha_k=\frac{\partial P_h}{\partial h_k} \tag{9.9}$$

海洋污染的边际隐价值保持恒定，这意味着房地产投资的回报率也将保持稳定。如图 9-2 所示，边际隐价格的变化趋势可以用来反映买家的需求和支付意愿。

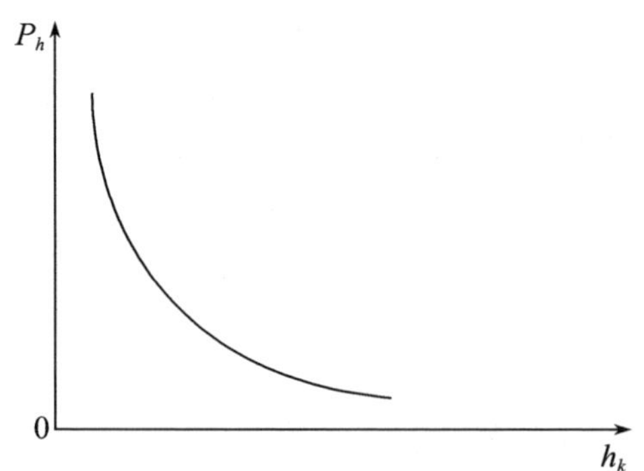

横坐标 h_k 为海洋环境质量；纵坐标 P_h 为房地产价格。

图9-2　海洋环境质量的边际隐价格曲线

现在假设通过调查，已知两个或两个以上买主购买 h_k 的数量，通过公式可以求出相应的隐价格，h_k 和隐价格的组合可以看作该买主的最大效用平衡点，即边际支付意愿等于边际机会成本时的购买量和其隐价格的交点。

如图9–3所示，我们发现两个拥有不同边际交易意向的买家的实际需求曲线与边际机会成本曲线存在着一定的关联。其中，D_1与D_2代表两个买家的边际交付意愿曲线，而R则代表两个拥有者的边际机会成本曲线。此外，我们还发现两个拥有者的最佳效用平衡点分别为A与B，这一结论也可以从实际的调研中推断出来。

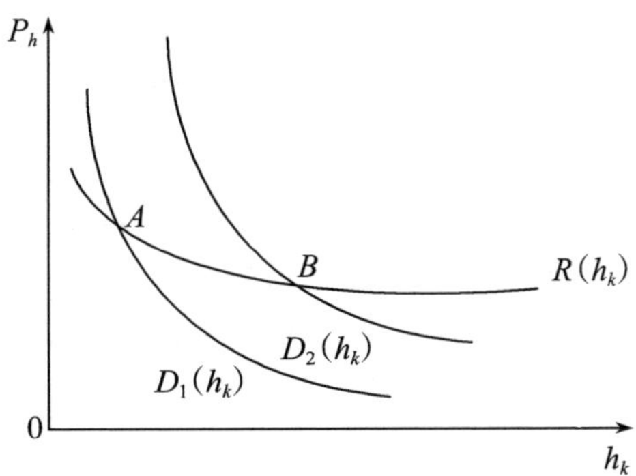

横坐标h_k为海洋环境质量；纵坐标P_h为房地产价格；$R(h_k)$为边际机会成本；$D(h_k)$为边际交付意愿。

图9–3 房产买主的最大效用平衡点

9.2.2.2 旅行费用法

旅行费用法（Travel Cost Approach）被广泛用于评估那些无法用金钱衡量的自然风光和旅行体验的价值。该方法将旅行者在前往某个地方的旅行过程中花费的金钱，包括旅行所耗费的时间、费用、物质等，视为其在旅行中的实际消费，反映其在旅行中的投入，从而依此衡量其在旅行中的收益。如果要准确地评价游客的购买决策，首先必须考虑其在旅行中的实际开销以及带来的收益。因此，要准确地评价游客的购买决策，必须先计算其在旅行中的成本以及带来的收益。游客对某一景点的支付意愿等于他们为了参观该景点所付出的实际花费与他们所获得的消费者剩余的总和。假设我们能够得到游客的实际支付，那么确定游客支付意愿的关键就是估算游客的消费者剩余。

在购买旅游商品时，游客的需求是有限的。因此，他们的消费行为受到从出发地到目的地的旅行费用的限制。旅行费用法假定，每个游客在购买某种环境物品或服务时，他们的总收益都是一样的。通过这种方式，可以确定哪些游客的消费者剩余最少，哪些游客的消费者剩余最多。旅行费用法旨在衡量旅游目的地的环境价值，而非仅仅关注旅游活动带来的收益。

旅行费用法的基本步骤如下。

（1）定义和划分游客的出发地。

（2）在评价地点对游客进行抽样调查。

（3）计算每一区域到此地旅游的人次（旅游率）。

（4）求出旅行费用对旅游率的影响。根据对游客调查的样本数据，对不同区域的旅游率和旅行费用以及各种社会经济变量进行回归，求得第一阶段的需求曲线即旅行费用对旅游率的影响。

$$Q_i=f(C_{Ti}, X_1, X_2, \cdots, X_n) \tag{9.10}$$

$$Q_i=\alpha_0+\alpha_1 C_{Ti}+\alpha_2 X_i \tag{9.11}$$

式中，Q_i代表旅游率，$Q_i=V_i/P_i$；V_i代表根据抽样调查结果推算出的i区域到评价地点的总体旅游人数；P_i代表i区域的人口总数；C_{Ti}代表从i区域到评价地点的旅行费用；X_i代表i区域旅游者的收入、受教育水平等一系列社会经济变量，$X_i=(X_1, X_2, \cdots, X_n)$。

通过上述两个回归方程，“全经验”的需求曲线得到了一个重要的结果，即根据当地的旅游率来衡量当地的游客人次，以及这个数量随门票费（或入场费）的增加而发生何种变化能够准确地反映出当地的经济状况。

（5）通过第一步的分析，我们能够得到有效的结果，即通过调整第一步的参考值，我们能够得到各地的旅游需求和相应的旅游成本之间的联系，从而更好地满足当地消费者的需要。

$$C_{Ti}=\beta_{0i}+\beta_{1i}V_i \tag{9.12}$$

$$\beta_{0i}=-\frac{\alpha+\alpha_2 X_i}{\alpha_1}, \quad \beta_{1i}=-\frac{1}{\alpha_1 P_i}, \quad i=1, 2, \cdots, k \tag{9.13}$$

上式共有k个等式，每个等式的β值都不同，每个区域都有一个等式。

（6）计算每个区域的消费者剩余。

（7）通过计算每个地区的旅游成本和游客的剩余收入，我们可以计算出该地区的总体消费意愿，从而评估该海洋景点的价值。

9.2.2.3 防护费用法

防护费用法指的是对海洋环境质量的最低评估，其依据是个人和生产者为减少或消除海洋污染的不利影响而自愿承担的成本数据。为阐述防护费用法的基本思想，本文以海洋污染对海水养殖的费用评价为例进行说明。

假设用养殖户迁出或留在污染海域的支付意愿和支付费用来代表养殖户的污染损失价值。V代表每个养殖户对海洋污染带来的负效用的价值评价。养殖户迁出污染海域产生的费用包括三个部分：第一，消费者剩余S——养殖户支付的超过市场价值的部分海域使用金；第二，收益损失 D——海洋污染导致产品供给量下降造成养殖户收益的减少；第三，搬迁费用 F。

政府海域管理部门面临的决策问题有：若 $V>S+D+F$，则养殖户会选择迁出污染海域；若 $V<S+D+F$，则养殖户会选择留在污染海域。

此外，养殖户的决策还有以下这种情况：若对污染海域进行治理，养殖户可能会选择继续留下。其中，养殖户愿意承担的污染治理费用可以理解为其对清洁海域的需求。

假设 C 为污染治理费用，V' 为养殖户对污染治理后仍存在的负效用的价值评价。若养殖户选择留下，但不愿意承担污染治理费用的条件为，$C+V'>V>S+D+F$。若养殖户选择留下，且愿意承担污染治理费用的条件为，$V<C+V'<S+D+F$。养殖户愿意承担的污染治理费用最高为，$V'-V=C$。

9.2.3 假想市场价值法

9.2.3.1 意愿调查法

意愿调查法（Contingent Valuation，CV）又称假想评价法，是一种典型的假想市场价值法。具体而言，意愿调查法采取直接调查的形式，获得假设环境变化的估值。这种方法克服了真实市场数据不可得的问题和通过市场行为间接评估环境资源价值的困难。

通过意愿调查，人们可以更加明确地表达出他们希望为保护自然资源而承担的经济责任以及为此而承担的经济补偿。前者指的是受访者为改善环境质量的措施付费的意愿，而后者指的是他们接受环境退化补偿的意愿。支付意愿调查法主要包括问卷调查和面对面访谈，其特点是直接测试受访者支付或接受补偿的意愿。受访者的回答提供了他们在特定情况下的行为信息。意愿调查法使用的评估方法包括：第一，明确询问受访者支付或接受补偿的意愿。第二，使用代表其支付或接受补偿意愿的商品和服务，询问受访者的需求，间接确定上述受访者的意愿。第三，咨询该领域的专家，使用该方法评估环境物品的价值。

本文将深入探讨三种最常见的意愿调查价值评估方法：投标博弈法、比较博弈法以及无费用选择法，以期为读者提供更加全面的信息。

1. 投标博弈法

投标博弈法（Bidding Game Approach）是一种重要的公共物品价值评估方法，它要求受访者根据自身的需求，就不同程度的环境物品或服务进行投标，以确定是否愿意支付或接受补偿。在竞争中，投标游戏可以分为两种：单次投标博弈和收敛投标博弈。

在进行单次投标博弈时，调查者应当详细阐述有关环境物品或服务的特性，以及它们可能带来的影响（例如海水污染可能带来的后果），并且提供有效的解决环境问题的方案，以便受访者能够更好地理解和采取相应的措施。在调查中，调查者会询问受访者，他们最大的支付意愿是为了保护红树林自然保护区还是治理水体污染。而另一方面，调查者也会询问受访者，他们最少需要多少赔偿才会接受这一现实，以此来弥补他们的损失。

在收敛投标博弈中，调查者会根据受访者的反馈，调整给定的金额，以达到他们的最大支付意愿或最小接受赔偿意愿，而不需要他们提供一个明确的数值来表示这种意愿。首先，调查者要询问受访者，如果红树林保护区可能遭受破坏，受访者是否愿意承担一定的赔偿金（例如 10 元）。如果受访者表示愿意，调查者就会继续提高赔偿金（例如 11 元），直到他们表示不愿意为止。通过调查，调查者可以获取受访者愿意承担的费用的精确数额。为了获取更准确的结果，调查者会询问受访者是否愿意接受红树林被砍伐或水体被污染的事实，并且不断地降低赔偿金额，直到他们表示否定。最终，调查者不断调整赔偿金额，直到让受访者满意。

2. 比较博弈法

比较博弈法（Trade-off Game Approach）也称权衡博弈法，是一种以多种方式来衡量环境资源价值的游戏。参与这种游戏的人需要根据自己的需求，从多种可能的方式中作出权衡，以确保获得最优的结果。调查者以适当的价格向受访者提供一套环境物品或服务，并询问他们想选择哪一种。通过观察受访者的反馈，调查者可以发现，当受访者认为两个选项没有明显差异时，就会考虑提高或降低价格。此时，他们的价格反映了他们对某种特定环境物品或服务的需求。接下来，调查者可以提供另一种组合，例如，提高环境质量和提高价格，并重复这个过程。经过多次实验，调查者考察了不同环境质量水平下受访者的选择，以估算他们对环境质量变化的承担能力。

3. 无费用选择法

无费用选择法（Costless Choice Approach）可以更准确地评估环境物品和服务的价值，这一方法基于对受访者偏好的调查。这种方法为受访者提供了两种或更多的选择，模拟在市场上购买的商品和服务的选择，但受访者不必为此付费。从这个角度来看，受访者没有成本。

如果一项调查涉及两个方面，受访者需要在获得补贴或购买他们熟悉的商品两者之间作出选择。如果受访者选择了补贴，则说明该商品的价值低于其所提供的环境保护服务。如果受访者选择了环境保护商品，那么说明它的价值大于他们放弃的补贴的价值，而环境物品的最小价值可以用被放弃的补贴的价值来表示。然而，如果这些补贴的价值发生了变动，但环境质量没有受到影响，那么这种做法就是投标博弈法。两种方法的关键区别在于，在无费用选择法的情况下被调查者不需要付费。

9.2.3.2　需要注意的问题

在应用意愿调查法评估某一项环境资源的价值时，需要注意以下问题。

1. 样本数量

为了准确了解研究区域的人口状况，通常需要足够的样本。样本的实际数量通常取决于预期反应的多样性、预期精度水平和估计的无响应率。在大多数情况下，需要在正式研究之前进行初步研究，以确定样本量并确定问题或问卷内容。

2. 纠正偏差

对于存在明显偏差的答案或作业，应当采取有效措施。在这种情况下，受访者的回答可能是错误的，因此应将极端回答排除在有效问卷之外。排除极端答案的方法包括使用5%～10%的中心剔除点、使用回归技术评估出价曲线。

3. 汇总

通过对收入、受教育程度等几个独立变量的分析，我们可以估计出总体的支付意愿（或接受赔偿意愿），这些意愿可以通过将估计出的平均值与相应的人数进行比较得出。然而，如果样本人群无法反映整体情况，那么就需要建立一个关联，以便更准确地估计总体的支付意愿。

9.2.3.3　意愿调查法的局限性

意愿调查法的缺陷主要有两点：第一，没有观察真实的市场状况；第二，没有通过要求受访者实际支付来验证其需求。其局限性主要有以下几个方面。

1. 各种偏差的存在

1）信息偏差

随着调查者提供的环境信息越来越多，若是缺乏必要的准备，可能导致信息的误导和错误。

2）支付方式偏差

支付方式偏差（Instrument Bias）是指，当一个人的消费行为与他们的预期相符时，他们的消费决策就有所出入。比如，当一个国家的海洋污染严重时，许多消费者都倾向于通过给政府捐赠来减轻污染，而不是通过购买昂贵的景点门票来解决问题。研究表明，为了维持和保护旅游胜地，消费者通常希望获取较低的费用，比如免费的旅游费，但当采取其他的收费模式（比如免费的交通费、免费的旅游服务费）时，这种收费的决定就有可能存在一定的偏差。

3）起点偏差

起点偏差（Starting Point Bias）指的是受访者的反应可能会因为调查者提供的初始价值而发生变化，这种变化可能会对他们的决策产生重要的影响。例如，在收敛投标中，可能会因为调查者提供的初始价值而使受访者的决策发生变化。

4）假想偏差

一些研究发现，如果受访者面对一个陌生的、无法直接接触的商品，他们的回答可能会比面对现有的商品更加模糊，从而导致假想偏差的出现。比如，在调查中，研究人员询问受访者是否愿意为保护一种濒危海洋生物（如某种珊瑚）支付资金。受访者可能表示愿意每年支付100元用于保护，但当真正需要支付时，他们可能选择不捐款，因为他们未能真实感受到保护珊瑚对自身的直接影响或认为其实际价值不高。

5）部分–整体偏差

部分–整体偏差指的是在受访者没有正确区别一个特殊环境的价值（如一个野生保护区）和它只作为更广泛的群体环境（全部野生保护区）的一部分的价值时所造成的偏差。

6）策略性偏差

受访者对环境变化支付或接受赔偿意愿的反应存在着不确定性，这就导致了策略性偏差（Strategic Bias）的产生。在这种情况下，受访者可能会有意识地使自己的观点与实际情况相去甚远，从而导致他们的回答存在误差。但是，一些研究人员并没有觉得策略性偏差是严重的错误，调查者可以通过认真设计来避免产生这一偏差。

2. 支付意愿与接受赔偿意愿存在显著差异

研究发现，支付意愿的水平通常要低于接受赔偿意愿的水平（通常前者是后者的1/3），这一非对称性使评估效果更为重要，而愿意接受赔偿与成本的分摊密切相关。因为与未有之物相比，人们更看重已有之物。因此，即使采用意愿法，也无法建立一种独特的、适用于所有人的环境质量定价标准，而这种标准的准确性取决于受访者是将环境变化视为收益还是损失。

3. 抽样结果的汇总问题

当评估非使用价值，如美国大峡谷（Grand Canyon）的价值时，由于其复杂性，需要采用多种技术来估算真实结果。其中，最常用的方法是采用一组样本，这些样本来自美国西南各州，涵盖所有的居民。然而，也可能有来自加拿大和其他国家的潜在国际游客。确定一个合理的样本范围，无论是已经使用过的、尚未使用过的还是未来可能使用的，都是影响整体价值和可靠性的关键因素，但是，由于每个人的独特性质，这一问题仍然具有挑战性。

9.2.4 评估方法的比较与选择

9.2.4.1 评估方法选择的必要性

海洋环境的影响主要有生产力、舒适度和环境存在价值。人们应针对不同的影响使用不同的评估方法。

随着全球气候不断恶化，人们面临着越来越多的挑战。在此情况下，使用直接市场价值法来衡量生产效率将会成为一个更加有效的方法。此外，为了应对海水污染带来的养殖鱼减产等问题，还需要考虑使用防护费用法、机会成本法和重置成本法等其他方法。

通过旅行费用法和内涵资产定价法，我们可以比较不同地点的旅行费用和财产价值，从而更准确地评估旅行者的舒适度。此外，意愿调查法也可以用于更加精准地了解旅行者的偏好，从而更好地满足他们的需求。

通过进行有关的意向性研究，如采集样品、进行实地观察，可以有效识别出环境资源的潜力，并且可以从中获得可观的经济收益。此外，还可以根据各种海洋环境影响的特点，采取相应的评估技术，如表9-1所示。

表9-1 海洋环境影响及其价值评估技术选择

海洋环境影响	评价技术选择
生产力	直接市场价值法 防护费用法 重置成本法 机会成本法
舒适度	旅行费用法 内涵资产定价法 意愿调查法 选择实验法
环境存在价值	意愿调查法 选择实验法

9.2.4.2 评估方法选择的依据

1. 影响的相对重要性

以海洋污染为例，假设资源开发、填海、污染物排放等造成了对海水的污染，从当地实际情况出发，产生的影响主要有：第一，非养殖类海洋生物价值下降；第二，养殖类海洋生物难以保证可持续产出；第三，海洋污染降低了环境容量，改变了水体物理性质，增加了泥沙沉积、洪水等风险；第四，损害了生物多样性，影响了野生生物的生活，不利于环境的存在价值和生态旅游。

为了确定第一和第二种影响，我们应该采用直接市场价值法。此外，防护费用法和重置成本法能够有效地应用于第三种情形。对于第四种情形，当生态旅游与环境的价值遭受损害时，我们应该采用防护费用法和重置成本法两种方法，并结合意愿调查法。

2. 信息的可得性

选择价值评估方法的另一个角度是依据可用信息的种类和数量、信息可获得性和成本。收集可交易的物品和服务的数据相对来说比较简单，可以使用直接市场价值法。直接市场价值法也可以用来评估市场稀缺的物品和服务，但需要进行必要的调查以获得评估所需的数据。例如，相关产品的类型和用途及其替代品和替代品的市场价格等。

如果难以获得环境影响数据或信息，通常应使用历史记录中的相关数据或相关专家的意见。在这种情况下，应该使用防护费用法和重置成本法。如果想了解一些不在市场上出售的物品或服务，那么建议使用意愿调查法。这种方法不仅可以收集大量的数据，而且还可以帮助消费者更好地了解这些物品或服务的价值。不过，使用这种方法需要具备专业的调查和统计技能。

3. 研究经费和时间

在选择评估方法时，还应考虑研究经费的数额和期限。与缺乏资源或时间有限的研究项目相比，时间和资源充足的研究项目在选择评估方法时有许多不同的考虑因素。尽管调查者的能力有限，但调查者仍然能够通过多种方式获得信息，比如参考其他研究成果、参考同类数据、听取专业人士的建议、查阅历史记录、搜索与之相似的信息等。在资金有限的情况下，调查者应该采用更加精细化的策略来完成项目。这些策略包括意愿调查法、旅行费用法、内涵资产定价法等。

9.3 海洋环境价值评估的应用

9.3.1 海洋经济效益评价

9.3.1.1 海洋经济活动效益及其分类

海洋经济活动效益可进一步细分为海洋经济效益、海洋生态效益、海洋环境效益和海洋社会效益。海洋经济效益是指海洋经济活动中劳动力消耗或资本占用与劳动成果之间的比较关系。基于产出角度，在相同数量的劳动力消耗或资本占用的情况下，劳动成果越多，经济效益越大。基于投入角度，若产生相同的劳动成果，消耗的劳动力或资本越少，经济效益越大。海洋生态效益是指海洋生态系统对人类生存环境和生产活动的有益影响。海洋生态系统平衡和良性循环是实现海洋生态效益的前提。海洋环境效益是指海洋环境给人类带来的效用水平的提升，可用货币计量。海洋社会效益是指人类在海洋开发过程中所获得的对社会发展的收益和对海洋负面影响的差额。若差额为正，则具有社会效益；反之，则不存在社会效益，或称为负社会效益。

9.3.1.2 海洋经济效益评价原理

1. 生产要素组合原理

生产要素整体论：生产力系统整体性是指系统整体具有许多与各组成要素（子系统）功能不同的新功能。这是一个普遍原理，换句话说，复杂事物的整体性能大于单一性质的简单加总，即“1+1＞2”。因此，为了争夺海洋开发的最佳利益，必须遵循要素规律，基于社会需求，通过改善生产力系统功能，最大限度地减少系统的内部摩擦和能源消耗，优化生产力系统，并取得良好的经济效益。

生产要素平衡论：生产要素平衡主要表现为生产要素齐备性和“短线平衡”性。这意味着所有要素都同样重要和不可或缺，且生产力整体能力是根据低能力要素的水平决定的。

生产要素替代论：海洋开发过程中有很多要素可以相互替代，如劳动力和畜力可以被机械动力替代，低水平技术可以被高水平技术替代。要素替代可能会使经济效益增加。

2. 报酬变动原理

在海洋开发过程中，资源投入后一般会获得一定数量的产品，这就是所谓的海洋资源报酬。资源报酬率通常有以下两种表达方法。

平均资源报酬率：资源投入量和总产量的比值，用 Y/X 表示。

边际资源报酬率：资源投入增量和因之取得的产品增量的比值，用$\Delta Y/\Delta X$表示。

1）海洋资源边际报酬的变动原理

海洋资源边际报酬递减规律是指，在其他条件保持不变的前提下，增加某一海洋资源生产要素投入所带来的报酬增量先递增后递减。这个规律在海洋开发实践和其他生产实践中都很普遍。这主要是由于各种资源因素中存在着多因素同等重要规律和限制因素规律。

因此，应从总产出、平均产出和边际产出等方面考察海洋生产资料的投入、技术措施或技术方案的推广，并比较边际收益和边际成本，从而作出有益的指导，提高海洋经济效益。

2）边际均衡原理

边际均衡原理是指，对于一种可变要素投入，由于最后一单位的投入所产出的产品价值与其成本相比相等或略高，所以该单位的要素投入是最有利的。设产品Y的价格为P_y，边际产出为ΔY，则ΔYP_y称为边际收益；资源X的价格为P_x，边际投入用ΔX表示，则ΔXP_x称为边际成本。边际均衡原理可表述为，边际收益=边际成本。即$\Delta YP_y=\Delta XP_x$或$\Delta Y/\Delta X=P_x/P_y$。

9.3.2 海洋环境资源资产化管理

9.3.2.1 海洋环境资源资产化管理的概念

海洋环境资源资产化管理是指海洋环境资源作为一种特殊资产的保护、开发和利用，并按照自然和经济规律进行投入产出管理。在传统的海洋环境资源管理中，我国只认识到海洋环境资源的自然属性，而忽视了海洋环境资源所具有的社会属性，没有将海洋环境资源作为商品。在海洋的开发过程中，由于存在外部性和海洋管理不足，海洋环境的获益者不需要对海洋环境保护或破坏承担责任，这制约了海洋经济的可持续发展。为了改变传统的海洋环境管理，我们应重视海洋环境资源资产化，避免重产出、轻投入，以促进海洋环境资源保护和增值。

9.3.2.2 海洋环境资源资产化管理的可能性

海洋环境资源被视为分布在海洋地理区域中的物质、能源和空间，目前和在可预见的未来，人类可以开发和利用这些资源，并产生相应的经济价值，以改善人类的福利。海洋环境资源具有的经济属性和稀缺性这两个重要属性决定了对其进行资产化管理的可能性。其中，经济属性可以用货币衡量，为海洋环境资源资产性账户的建立创造了条件；稀缺性是进行资产化管理的根本原因，构成了海洋环境资源资产化管理的直接动因。

9.3.2.3 海洋环境资源资产化管理的难点

海洋环境资源资产化管理的重点和难点是海洋环境资源的价值问题。海洋环境资源资产价值与固定资产等资产价值最大的区别是，海洋环境资源资产价值除了包含附加劳动价值和物质性资源价值外，还包括功能性（生态）价值。而且在一定意义上，海洋环境资源的生态价值相较于另外两种价值更为重要，只是出于难以计算评估的原因，目前无法进行精确核算和比较。更重要的是，海洋环境资源的生态价值难以评估，导致海洋环境资源的生态价值无法体现在产品价值上，难以进行价值补偿，导致海洋环境资源被无偿使用，从而造成严重后果。比如，过度开采海沙导致海岸线被侵蚀；过度捕捞、大量的工业排污导致生态环境恶化等。中国的海洋环境资源的资产化管理未能有效进行，使得海洋环境资源遭到了严重破坏，使得经济效益评价失真。

9.3.2.4 海洋环境资源资产化管理的价值评估

实现海洋环境资源资产化管理的前提和基础是对海洋环境资源进行资产价值评估。目前，中国海洋环境资源资产的评估方法主要有资产现值法、重置成本法、现行市价法和清算价格法等。

1. 对海洋环境资源进行级别分类

海洋环境资源的级别和差异是客观的，也是基准价评估的基础。应确定影响资源价值的因素，并在对自然、社会和经济进行综合分析后划分相应的级别，使资源级别能够反映出区域资源、区位条件、丰度和效益差异。同时，我们还应明确每个因素的重要性，并赋予它一定的权重以反映每个因素的影响程度。

2. 确定海洋环境资源性资产的基准价格

通常采用级差收益测算法对海洋环境资源性资产的基准价进行评估，然而，构成海洋环境资源性资产的海洋资源是不同类型的，不同类型海洋资源的情况不同。据此，我们应针对不同海洋资源的特点，采用各种有效的方法进行测算。

9.3.2.5 环境资源核算

环境资源核算包括物质单位核算（即实物核算）和货币价值核算。

1. 环境资源的实物核算

环境资源的实物核算包括自然资源实物核算和环境实物核算两种类型。自然资源实物核算包括存量核算和流程核算，一般可以按生物量、面积、数量、种类等指标进行核算。核算等式为

$$期末存量=期初存量+期内增量-期内减量 \tag{9.14}$$

核算账户如表9-2所示。

表9-2　资源实物核算账户

核算内容		资源
期初存量		
期内存量	新探明量（如矿产资源、能源）	
	人工恢复（如红树林资源、海域湖泊资源）	
	自然生长（如森林资源、渔业）	
期内减量	经济使用	
	生产使用	
	生活使用	
	其他损失	
期末存量		

环境作为一种资源，具有提供容纳和净化废弃物的服务功能，即环境是一种容量资源。由于环境容量是一个难以计量的指标，对其进行核算通常是计算废弃物的产生量、处理量和排放量三者之间的关系：

$$排放量=产生量-处理量 \tag{9.15}$$

在排污权交易政策下，可以根据历史排放水平确定一个目标排放总量，再将总量在企业间分解，或向社会公开拍卖。一个排污权相当于一单位废弃物排放量。理论和实践都证明这种政策是十分有效的。在排污权交易政策下，环境核算就相对简单了，其核算指标有期初排污权存量，期内排污权增加量、减少量，期末排污权存量。核算等式为

$$期末排污权存量=期初排污权存量+期内排污权增加量-期内排污权减少量 \tag{9.16}$$

2. 环境资源的价值核算

对环境资源进行价值核算，可以完整地评估一个国家或地区的环境资源在经济发展中的作用，从而为作出更合理的决策提供依据。根据内容不同，环境资源的价值核算分为三类。

1）矿产与化石能源的价值核算

这两类资源作为生产中的原料和燃料，可以通过市场体现经济价值，因此其价

值可以通过市场价格来表现，计算公式为

$$总价值=实物量 \cdot 单位价格 \tag{9.17}$$

2）有环境功能的自然资源价值核算

这类资源除了具有市场经济价值外，还有提供环境服务的价值，如湿地资源、森林资源、湖泊资源。不过，它们的环境服务功能价值难以用市场价格来体现，因此其价值核算更为困难。

应用9.2节所提供的环境价值评估方法，我们可以分别对这几类价值进行计量，进而核算出这种具有环境功能的自然资源的总经济价值。

3）资源损耗与环境损害的价值核算

当具有环境服务功能的环境资源受到损耗和功能受到损害时，会直接减少环境资源的经济价值，同时也会造成外部损害。因此，可以将资源损耗和环境损害作为使用环境资源的成本进行价值评估。

核算的指标主要包括以下几个方面：第一，环境资源损耗成本。环境资源损耗成本是指在生产和生活中的消耗以及大自然本身的损耗导致的环境资源物质总量的减少。第二，环境资源损害成本。环境资源损害成本主要是指资源恶化和环境污染造成的直接经济损失和潜在损失。第三，环境资源恢复和再生成本。环境资源恢复成本是指在发生资源破坏和环境污染之后，用来恢复被破坏的环境资源的成本。环境资源再生成本是指将环境资源恢复到原来的规模和水平的成本。第四，环境资源保护成本。环境资源保护成本是指为了防止环境再次遭到人为破坏，并预防环境资源的自然退化，继而保障环境资源达到并维持一定的水平采取保护性措施所耗的成本。在对环境资源的总经济价值和环境资源的损耗成本、损害成本进行核算之后，就可以进行存量、流量的核算。

本章小结

本章系统阐述了海洋环境价值评估的起因与意义，提出了直接市场价值法、替代市场价值法和假想市场价值法三种环境价值衡量方法，并阐明了海洋经济效益评价的原理和开展海洋环境资源资产化管理的可能性、难点和价值核算方法，最后介绍了海洋环境价值评估的具体应用。

【知识进阶】

1. 简述海洋环境价值评估的起因，说明其对海洋环境保护和开发利用的重要意义。

2. 简述海洋环境价值评估的主要方法。

3. 什么是生产率变动法？简述使用生产率变动法评价海洋环境价值的基本步骤。

4. 简述意愿调查法的缺陷有哪些。

5. 试述海洋环境价值评估方法使用过程中的方法选择及需要注意的问题。

10 海洋环境保护政策手段

知识导入：海洋环境问题是伴随着人类开发利用海洋而产生的，包括海洋污染和海洋生态破坏两个方面。20世纪以来，随着科学技术不断发展，人类利用和改造海洋的程度不断加深，给海洋环境带来巨大冲击，反过来海洋环境问题也对人类永续发展造成日益严重的威胁。在这种情况下，加强海洋环境保护变得愈发重要。近年来，世界各国致力于推进全球海洋治理和可持续发展，对遏制海洋环境退化和保护海洋环境起到了积极的作用。本章将系统介绍目前较为常用的三种类型的海洋环境保护政策手段，并进一步阐述其特征及应用场景，最后比较其不足。

10.1 命令控制型海洋环境保护政策

10.1.1 命令控制型海洋环境保护政策的内涵及特点

命令控制型海洋环境保护政策是指政府作为公民的代理人，通过立法严格限制危害海洋环境的行为，利用强制性行政管制手段要求企业和公众依法保护海洋环境，并对危害海洋环境的行为人实施法律制裁的制度安排。企业必须遵照执行命令控制型海洋环境保护政策，若企业在治理海洋污染的过程中偏离海洋质量标准，会受到严厉的行政惩罚。

按照政策影响阶段，可将命令控制型海洋环境保护政策进一步细分为事前预防类海洋环境保护政策、事中控制类海洋环境保护政策和事后治理类海洋环境保护政策。其中，事前预防类海洋环境保护政策是指政府事前严格要求排污总量的标准，并给予企业一定的排污许可权和排污配额；事中控制类海洋环境保护政策主要是指环境排放标准、污染物总量控制的制度构建；事后治理类海洋环境保护政策是指政府要求对海洋环境造成污染的企业停顿整治。

根据政策的实施方式，命令控制型海洋环境保护政策可以分为执行标准和技术标准。执行标准是指政府对公司排放的直接和严格限制，如环境影响评估、环境责任。技术标准是指政府要求公司在遵守既定环境标准的同时应用适当的海洋污染控制技术，具体方法主要包括控制生产技术。命令控制型海洋环境保护政策属于直接管制型的政策工具，其主要有以下几个特点。

1. 强制性

在实施命令控制型海洋环境保护政策时，政府通过制定和实施法律规章制度，直接强制要求海洋污染方承担相应的责任，并要求其必须服从该政策的海洋环境标准等基本要求。在执行标准类政策下，海洋污染者必须严格按照排污标准和定额实施生产活动；在技术标准类政策下，海洋污染者必须按照指定的海洋污染控制方法和技术从事生产活动。

2. 稳定性

命令控制型海洋环境保护政策是由政府主导的环境治理机制，可直接管制企业的生产经营活动，以控制和减轻其对海洋环境造成的污染。相较于企业或其他组织而言，政府的信用和资源管理能力较强，能够持续稳定地对海洋环境污染行为加以管制。

3. 灵活性

命令控制型海洋环境保护政策适用性较强，可用于处理突发性的海洋环境污染问题。若某一海域海洋生态环境退化以及环境污染严重超过环境容量时，市场自愿协商和征税等手段难以有效地解决海洋环境污染问题，命令控制型海洋环境保护政策成为突发性海洋环境污染问题唯一的制度安排。

10.1.2 命令控制型海洋环境保护政策的应用

命令控制型海洋环境保护政策适用于海洋环境污染预防、发生到处理的各个阶段，该类政策凭借其应用的稳定性和灵活性存在于各类海洋环境污染治理的各个环节之中。其中，环境影响评价是中国目前最常用的命令控制型海洋环境保护政策工具。环境影响评价是指政府部分或专业的环境评价机构分析和论证企业生产经营活动或个体活动对环境产生的影响，并基于环境影响评价指明相对应的海洋环境污染防治策略。环境影响评价作为一种科学过程和技术手段，在防止污染和环境损害方面发挥着重要作用，是将环境保护纳入综合决策过程的重要手段。

对比分析和定量分析是海洋环境影响分析的两个方面。其中，对比分析又可分为前后对比法和有无对比法。前后对比法是指在海洋环境污染事件发生后，通过对比海洋修复工程开展前后的环境变化，分析修复工程对海洋环境的影响。而有无对比法则是分析海洋修复工程的有无对海洋环境造成的影响。由于海洋中存在众多的海洋生物，系统环境较为复杂，在评价海洋环境时，应当根据海域现实状况，制定和采用差异性评价指标，从而定量分析海洋环境变动状况。

海洋环境影响评价的内容如下。

1. 海洋基线数值

海洋基线并非一成不变，开展海洋工程会对海洋基线造成一定影响。因此，在进行海洋环境影响评价时，需要具体情况具体分析，在了解施工海域现实环境状况的基础上，对比施工海域的海洋基线数值与海洋环境评价标准，由此确定海洋工程给相关海域带来的影响。

2. 总量控制

定量分析是海洋环境影响评价的重要分析方式。在开展海洋环境影响评价时，相关部门应当根据海域状况和工程特点，预测和分析未来的发展趋势，严格按照海洋环境标准控制海洋工程排污数量和排污方式。

3. 替代方案

受海洋环境和生态系统复杂性特征的影响，在实施海洋生态修复和制定环境评价体系时，应当制订多项具有显著差异性的方案与策略。此外，方案制订者应当依据施工海域现状制订最佳的替代方案。

4. 监督和防治

要根据实际的情况，针对具体的海域和范围进行监测和管理。但是在实际的海洋环境影响评价中，海域监测的范围过大，会造成资源的浪费，因而可以结合项目的实际情况和特点，明确相关工作的重点，进而监测和观察。《海洋工程环境影响评价技术导则》中对设置监测点尤其是相关技术参数提出了具体要求。不同的海洋工程具有不同的施工范围，它们在其他方面也有很多差异，因此，监测活动必须针对海洋工程项目的特点进行灵活调整。

10.1.3 命令控制型海洋环境保护政策的不足

早期，中国主要通过制定命令控制型海洋环境保护政策保护海洋环境，促使企业参与海洋环境治理，提高了企业环境绩效。但由于命令控制型海洋环境保护政策形式较为单一，该政策仍存在较多不足。

1. 时滞性

在短期内，单一的命令控制型海洋环境保护政策难以实现海洋环境的改善。政府需要依托各类经济引导政策促进海洋生产和利用技术的进步，从而改善海洋环境。而技术的进步难以在短期内实现，从而使命令控制型海洋环境保护政策具有时滞性。

2. 高成本

命令控制型海洋环境保护政策主要是由政府主导，但是该类海洋环境保护政策的有效性主要依赖于政府贯彻力度和企业配合程度。在实施该政策时，政府缺乏对企业采用清洁生产技术的经济激励，并对海洋污染者强制性指定了污染控制方法和技术，弱化了污染者降低海洋污染成本和提高海洋污染控制效率的意愿。此外，由于企业执行海洋环境保护标准的成本不同，执行成本过高的企业可能会选择缴纳罚款而不是执行该标准。

3. 劣币驱逐良币

由于信息的不对称性，命令控制型海洋环境保护政策实施时，政府难以完全掌握所有企业的海洋污染行为，使得众多的污染者未受到命令控制型政策的约束，即其从海洋利用中获取额外收益。同时，未被约束的企业的排污行为导致海洋环境进一步恶化，政府将加紧海洋环境规制力度，导致合法利用海洋的企业利益受损。长期来看，合法利用海洋的企业由于利益受损会最终退出该行业，而未受约束的污染者将会成为该行业的主导企业。

10.2 经济激励型海洋环境保护政策

10.2.1 经济激励型海洋环境保护政策的内涵及特点

经济激励型海洋环境保护政策也被称为海洋环境经济手段，是指政府引入市场机制，允许市场参与者选择有利于保护海洋环境的行为，并对市场参与者的生产和消费行为进行成本效益评估。这一政策直接将环境管理行为与成本效益相结合，利用市场机制赋予主体选择行为的权利，使其以最低成本获得必要的环境效益，将环境成本内化，完成资源的最佳配置，实现市场平衡。该政策不通过大型机构来实施，通常通过税收和补贴等经济手段实施。经济激励型海洋环境保护政策主要强调市场机制在海洋环境保护中的重要作用，其主要有以下几个特点。

1. 刺激性

经济激励型海洋环境保护政策主要基于成本效益分析，刺激经济行为主体采取海洋环境保护行为，引导当事人进行行为选择，强调经济激励。故该类政策旨在通过改变当事人环境行为的相关费用及效益，激发经济主体参与海洋环境保护的积极性，并非强制性要求主体参与。

2. 低成本

经济激励型海洋环境保护政策主要利用市场机制激励经济主体采取海洋环境保

护行为，与命令控制型政策的外部约束相比，这一工具通过内部激励不断促进海洋环境保护的技术创新和革新，从而降低了海洋环境保护和政府监督的成本。

3. 高效率

经济激励型海洋环境保护政策可针对企业污染海洋生态环境的行为进行征税，进而使得企业自行承担其环境污染行为所带来的外部经济损失。另外，该政策也可通过实施生态补偿，以经济手段为主调节污染方和受损方的利益关系。该类政策手段允许经济行为主体灵活选择海洋环境保护行为，避免了政府过度干预的问题，可高效率地激发经济行为主体的海洋环境保护行为。

10.2.2 经济激励型海洋环境保护政策的应用

经济激励型海洋环境保护政策以较低管理成本解决环境问题，其中以海洋生态补偿为主导的创建市场类政策能够有效地缓解海洋环境污染与资源匮乏问题。

海洋生态补偿是实现海洋生态损害修复与环境保护、平衡相关者利益关系的制度及机制安排。海洋生态补偿主要基于政府调控、市场交易、社会资本参与等手段；相关费用直接支付给生态资源所有权人和环境保护贡献者，补偿标准取决于海洋生态系统服务的价值和相应的法律。

对海洋生态系统的整体保护、恢复和综合管理，需要建立系统的海洋生态补偿框架。除了政府的主导作用外，还更需要激发社会和市场机制的活力。政府、市场和社会主体合作治理，可以为生态补偿提供强有力的社会基础和长期支持，实现社会、经济、生态效益和公平。海洋生态补偿政策的制定有以下几种方式。

1. 混合型海洋生态补偿模式

根据不同的情况和目的，可采用三种补偿方式。第一，政府补偿，是指投资抵消累积生态影响造成的重要生态功能区的海洋生态损失。第二，效益补偿，是指海洋环境保护受益人对保护者或支付发展机会成本的人，主要通过资金转移支付跨区域横向补偿刺激海洋生态环境保护行动。第三，支付开发商或海洋用户承担海洋生态损害的费用，即损害赔偿，以协调生态利益，维护社会公平。应共同推动这三种机制，形成一个多样化的补偿体系，涵盖支持、激励和协调海洋生态补偿的主要功能。

2. 方法多样化

1）多利益相关者参与

海洋生态补偿的有效性在很大程度上取决于各方的参与和合作。多方利益相关者的参与需要进一步完善海洋生态补偿体系。基于中国实施的海洋综合管理体系，为了增进公众参与力度，可在决策过程、补偿措施以及成果披露方面进行改进，以号召公众参与其中。比如正确处理信息的公开、报告和归档，将有效地加强海洋生态补偿机制运作的透明度和问责性。

2）多种补偿方法

海洋生态补偿的实施方法一般可分为经济补偿、资源补偿和生境补偿三类。经济补偿主要是指政府在海洋生态保护和恢复方面的投资，以及开发商支付的费用或投资。资源补偿和生境补偿是指政府或海洋用户采取的工程措施，如扩散和释放、人工珊瑚礁建设、海洋牧场建设、海洋保护区建设。经济补偿是应用最广泛、最容易操作的补偿，但由于政府重新分配各种来源的资金的耗时较长，生态保护的效益通常是间接的、延迟的。资源补偿主要以渔业资源保护为目标，但补偿效果不稳定，容易受到海域其他物种和生境成分的影响，进行有效性评价也比较困难。生境补偿可以产生长期的经济和生态效益，但由于方法的多样性，实施过程相对复杂。

3）多种资金来源

虽然海洋生态补偿系统的根本目的是协调海洋生态利益、促进社会公平，但获取充足、稳定、可持续的资金来源是海洋生态补偿的一项主要任务。整合协调现有海洋生态保护税、自然资源费等各种专项基金的管理，确保补偿基金的可持续性至关重要。在地方一级，除了包括中央政府的财政援助和补贴外，还可以纳入社会捐款和公益投资。然而，资金来源的分散可能导致生态及时恢复的失败。因此，有必要建立专门的海洋生态补偿基金，为大型海洋生态系统的全面恢复和综合管理提供支持。

10.2.3 经济激励型海洋环境保护政策的不足

经济激励型海洋环境保护政策有效提高了企业的环境管理绩效，即经济激励型环境政策工具对优化和改善中国整体环境发挥了积极作用。然而，不可否认的是，中国实施的经济激励型海洋环境保护政策尚不成熟，主要有以下不足。

1. 约束性较强

当前中国的经济激励型海洋环境保护政策的实施效果主要受限于环境管理体制，具体体现为地方分权的管理体制的约束。自 1994 年“分税制”改革以后，地方政府的财政收入主要来源于当地的企业，由于没有针对企业关于海洋环境保护的强制性规定，地方政府可能会为了维持财政收入来源稳定，放松对企业的监管，使得激励政策难以收到预期成效。

2. 内部要素设计不合理

内部要素设计不合理是指经济激励型海洋环境保护政策难以满足现实海洋环境治理要求。以中国海洋排污收费为例，现行的《中华人民共和国海洋环境保护法》未对排污的收费标准作出明确规定，如没有涉及居民排放生活用水造成海洋环境污染的收费标准。

3. 环保市场机制不成熟

经济激励型海洋环境保护政策主要依赖于市场机制发挥刺激作用。但现阶段，中国海洋产权仍未明晰，未能准确评估海洋环境资源的经济价值，经济激励手段难以实现。同时，受信息不完全影响，海洋污染者难以对市场作出准确判断，从而使得排污量偏离标准。

10.3 劝说鼓励型海洋环境保护政策

10.3.1 劝说鼓励型海洋环境保护政策的内涵及特点

劝说鼓励型海洋环境保护政策是一种环境政策手段，主要是指通过人们意识的转变以及道德制约影响人们的行为。运用此手段时，管理者首先依据一定的价值取向，倡导某种特定的行为准则或者规范，对被管理者提出某种希望或者与其达成某种协议。广义的劝说鼓励型手段涵盖范围较广，除了命令控制和经济刺激外，其他环境政策手段都可包含在内。总体而言，劝说鼓励型海洋环境保护政策实现环境污染控制的方式主要表现为，地方政府运用一些非强制性的手段，如利用网络舆论、环境污染治理知识宣传，鼓励公众积极参与环境污染治理，发挥监督作用等。

劝说鼓励型海洋环境保护政策着眼于调动个体参与海洋生态保护的积极性，以推动海洋环保事业的发展。其主要有以下几个特点。

1. 弱强制性

劝说鼓励型海洋环境保护政策是一种包含奖励因素和手段、目的在于引导公众参与海洋环境保护的政策，该政策主要依托奖励措施或道德规劝而非惩罚手段，鼓励公众保护海洋环境，故该类政策强制性较弱。

2. 低成本

劝说鼓励型海洋环境保护政策旨在通过信息舆论等弱强制性手段鼓励公众参与海洋生态保护。同命令控制型和经济激励型海洋环境保护政策相比，该类政策强调企业、行业与社会公众的主体作用，而政府更多扮演辅助者和引导者的角色，政府管理成本和激励成本较低，能够有效地实现海洋生态环境的改善。

3. 持续性

劝说鼓励型海洋环境保护政策虽然是一种辅助型海洋环境保护政策，但由于该类政策的设计、实施和管理成本均较低，一旦公众或企业参与海洋环境保护的意愿得以提升，个体环境意识增强，政策效果将能持续较长时间。

10.3.2 劝说鼓励型海洋环境保护政策的应用

公众参与型政策工具是典型的劝说鼓励型海洋环境保护政策的应用。公众参与型政策主要包括环境信息手段和自愿协议两大类。环境信息手段是指通过各种信息传播中介的力量将污染行为主体的有关信息公开，通过社会舆论压力，产生改善行为的动力。自愿协议手段则是指政府、公司与非营利组织签署非法定协议，以提高自然资源的使用效率，改善环境质量。公众通过各种参与机制广泛参与海洋环境的保护，以便向政府通报各社会阶层和组织的需要和意见，并扩大海洋环境管理监测的范围和深度，从而减少政府跟踪、政府检查。这样可以减少海洋环境治理行政成本，并且有助于提高海洋治理的针对性和有效性。

生态环境部于2018年审议通过的《环境影响评价公众参与办法》中表示，公众可以通过多种手段反映与项目建设造成的环境影响相关的意见，包括但不限于传真、电子邮件等。公众参与型政策工具被广泛应用于海洋环境保护。公众参与型政策工具实施方式如下。

1. 日常型参与

日常型参与是指社会公众在工作之余，利用闲暇时间自发参与有关海洋环境保护的公益活动，或在日常生活中采取海洋环境友好行为。参与者行动的目的是保护海洋，从而获得明确的自愿和非营利成就感。日常参与可分为社会组织参与和个人独立参与。社会组织参与是指参与保护海洋环境，加入保护海洋环境组织，做保护海洋环境志愿者，以及参与保护海洋生态环境的公益组织。大学和城市的志愿组织和志愿环境组织就属于这一类别。个人独立参与是指具有一定环境意识并高度融入公共生活的个人为保护海洋环境而采取的措施。生态消费、旅游业和垃圾分类是个人独立参与的一部分。

2. 政治型参与

政治型参与是指公众嵌入政府有关海洋环境的治理与保护工作中，即公众作为主体之一参与海洋环境治理事务，辅助政府共治海洋环境。这种类型的公众参与代表着与政府的联合治理，但基本上是自上而下的，政府主导海洋环境保护的规划、决策和实施等许多问题。公众参与治理不仅能体现民主特征，还能保护个人和公共利益。此外，政治型参与海洋环境保护政策可进一步划分为制度规定型和地方创新型。制度规定型海洋环境保护政策是指依据相关法律规定，公民具有知悉权、建言权和请求权等基本的海洋环境保护权利。各地政府为满足海洋环境保护法制要求，应当将公众纳入海洋环境决策和相关政策的执行程序中来。地方创新型海洋环境保护政策是指地方政府积极地与公众进行沟通，鼓励参与，提高行政效率和行政能力的环境创新治理模式。公众参与的目的是提出保护公众利益的建议。

10.3.3 劝说鼓励型海洋环境保护政策的不足

劝说鼓励型海洋环境保护政策是一种辅助型环境保护政策，其使用范围较为广泛，可适用于各类环境问题。但目前我国对于劝说鼓励型海洋环境保护政策的应用较少，管理体系仍不完善，主要原因如下。

1. 效果具有不确定性

劝说鼓励型海洋环境保护政策主要通过激发公众参与海洋环境保护的积极性，以实现海洋生态环境改善的目标。但是该类政策的目标模糊，评价指标体系存在缺陷，效果难以量化，故无法准确地衡量政策效果。

2. 政策生效耗时较长

劝说鼓励型海洋环境保护政策需要借助非强制性手段，改变公众个体的海洋环境保护态度，提高环保意识。但是若法律未强制规定个体的环保行为，公众的价值观在短期内难以改变，则该类政策生效所需时间较长。

3. 参与积极性不高

劝说鼓励型海洋环境保护政策主要以海洋环境信息的发布、环保宣传和预警为主。政府部门缺乏对社会公众、非政府组织等多种社会力量自愿参与海洋环境保护的激励和引导，最终导致海洋环境保护政策的落实和执行单纯依靠政府行政部门的强制性手段。而仅局限于政府部门对于海洋环境现状的宣传，社会公众缺乏自愿参与海洋环境保护的动力和途径。

本章小结

面对海洋生态环境危机，世界各国迫切需要将海洋生态环境保护提上日程。本章系统梳理了命令控制型、经济激励型以及劝说鼓励型这三种典型的海洋环境保护政策与手段，阐述了其内涵，分析了其实际应用并提出了目前存在的不足，以期建立一个更加完善、科学的海洋环境保护体系。

【知识进阶】

1. 试述海洋环境保护政策的三种形式及它们之间的关系。

2. 简述不同类型海洋环境保护政策的特征，并比较它们在海洋环境保护中的区别与优缺点。

3. 试判断环境税收属于哪种政策手段并说明原因。

4. 试述劝说鼓励型海洋环境保护政策的必要性，并举例说明如何制定和执行该类型的政策。

5. “只有环境纯度最高的标准才是最好的”，试评价这一观点。

第四篇 海洋经济可持续发展

可持续发展是相对于粗放式发展而言，是对传统的工业化发展模式的反思与批判。21 世纪被公认为是海洋的世纪。这意味着，海洋经济可持续发展将成为 21 世纪关乎人类社会生存与发展的重大问题。海洋经济可持续发展的本质是在追求海洋经济发展的过程中统筹兼顾资源开发利用与生态环境保护，它强调的是人与海洋的和谐发展，是一种新型的海洋经济发展模式。本篇的主题为海洋经济可持续发展，共分为两章。其中，第 11 章主要介绍海洋绿色经济、海洋循环经济与海洋低碳经济三种典型的海洋经济可持续发展模式。第 12 章构建有效反映中国海洋经济可持续发展程度的指标体系，并据此提出实现路径。

11 海洋经济可持续发展概述

知识导入：绿色经济、循环经济、低碳经济本质上都是符合可持续发展理念的经济发展模式。当前，全球已形成绿色化、循环化、低碳化发展趋势。在这种形势下，发展绿色经济、循环经济、低碳经济成为破解生态环境约束与自然资源障碍、促进经济可持续发展的战略选择。在转变海洋经济发展方式的过程中，同样要深入践行绿色、循环、低碳发展理念，推动海洋经济可持续发展。本章从“绿色经济”“循环经济”和“低碳经济”三个关键词出发并结合海洋经济发展的时代背景，在对三大理念的提出背景与基本内容进行介绍的基础上总结和概括海洋绿色经济、海洋循环经济与海洋低碳经济的定义与内涵，并系统阐述中国海洋经济可持续发展的典型实践模式。

11.1 海洋绿色经济

11.1.1 绿色经济与海洋绿色经济

11.1.1.1 绿色经济的内涵

发展是人类社会永恒的主题，是人类文明进步的前提。然而在不同社会乃至同一社会的不同历史时期，人类面临的发展要求不尽相同，尤其是在对待人与自然、经济与资源环境的关系上，更是有着不同的发展模式。在社会生产水平较低的情况下，人类的生存与发展在很大程度上依附于自然界。随着经济社会的发展和生产能力的提高，人类有能力将更多的自然资源纳入经济运行中，这也导致了人与自然之间的关系开始由人类依附自然向征服自然、统治自然的方向转变。在这一过程中，经济社会发展与资源环境的矛盾变得更加尖锐，资源与环境危机不断加剧。由于人类社会的资源环境危机本质上是由不恰当的发展方式造成的，自然也须从改变发展模式着手解决问题。新型发展模式必须是能够缓解社会、经济发展与资源、环境之间的尖锐矛盾，有利于资源节约和环境保护，能实现经济与资源环境协调发展的一种模式。在这一背景下，“绿色经济”思潮逐渐兴起。

绿色经济（Green Economy）一词最早由英国环境经济学家皮尔斯在1989年出版的《绿色经济的蓝图》一书中提出。他强调必须从社会及生态条件出发，建立一种“可承受的经济”，即把经济活动和人的行为限制在自然资源、生态环境能够承受的限度内。不过该书并没有对绿色经济进行明确定义。2011 年，经济合作与发展组织将绿色经济增长描述为一种既能保持经济稳定发展，又能保证自然资源可持续利用的增长方式。迄今为止，国际社会对绿色经济的定义尚未达成统一共识。目前被广泛认可的绿色经济的定义是联合国环境规划署在 2011 年发布的《迈向绿色经济——实现可持续发展和消除贫困的各种途径》报告中提出的：绿色经济是促成提高人类福祉和推动社会公平，同时显著降低环境风险和生态稀缺性的环境经济模式。换言之，绿色经济可视为一种低碳、资源高效型的社会包容型经济。中国一直致力于绿色经济理论的探索。早在 2002 年，联合国计划开发署在发表的《中国人类发展报告 2002：绿色发展 必选之路》报告中就指出中国应转变发展路径走绿色发展之路。此后，国内学者对绿色经济的定义进行了多方面的探讨，代表人物有崔如波、夏光等。崔如波指出，绿色经济以生态经济为基础，以知识经济为主导，其本质是以促进可持续发展为核心的高级经济形态。夏光认为，绿色经济是指那些同时产生环境效益和经济效益的人类活动。

从上述绿色经济的理论发展和形成背景来看，尽管大家对绿色经济没有形成确切的定义，但是不难发现绿色经济理念是伴随着人类认识和探索如何解决资源消耗、环境污染和生态破坏问题，实现资源、经济和环境协调发展的历程而逐步形成并发展完善的。在本书中，我们可以将绿色经济的内涵理解为，绿色经济的本质是一种新型可持续发展模式，它以人类与自然的和谐为特征，追求经济与自然、环境协调发展，力图实现经济效益、社会效应和生态效益的和谐统一。对绿色经济内涵的理解需要区别于传统产业经济：传统产业经济是以高投入、高消耗、高污染、低效益为特征的损耗式经济；绿色经济则是以保护生态环境、节约资源与能源、有益于人体健康为特征的经济，是一种综合人文、环境、能源为一体的平衡式经济。

11.1.1.2 海洋绿色经济的内涵

随着海洋生态环境保护意识的增强，海洋绿色经济理念被提出，并得到全世界前所未有的重视。顾名思义，海洋绿色经济是指在海洋经济发展的过程中纳入资源与环境因素，主要体现在海洋经济与绿色发展两个方面。其中，海洋经济（Ocean Economy）这一概念最早出现在美国特拉华大学的曼贡教授于 1982 年出版的《美国海洋政策》一书中，但该书未对海洋经济的概念进行详细的表述。综合已有的理论探索，海洋经济可被理解为以开发、利用和保护海洋为各类产业活动基础的一种经济发展模式，是产品的投入和产出、需求和供给与海洋资源、海洋空间和海洋环境条件直接或间接相关的经济活动的总称。而绿色发展则是基于生态环境和资源承载力以及人与自然和谐关系的考量，将可持续发展作为主要行动原则的一种生态文明建设方法。因此，海洋绿色经济推动海洋经济实现了由传统增长驱动向绿色发展视角的转变，是人类迫于海洋资源开发与生态环境压力的主动选择。

海洋绿色经济是一个多维度的概念，是绿色经济理念在海洋领域的具体表现。笔者认为，海洋绿色经济传递的是人类在开发利用海洋资源的过程中达到的资源高效利用、生态环境改善、经济健康发展、社会安定和谐的美好愿景。它的实质是以科学发展观为指导，将绿色经济理念融入海洋经济发展的各个环节，通过技术创新，制度创新，改造、升级传统海洋产业和发展海洋新兴产业，推动海洋资源合理开发与海洋生态环境保护，最终实现海洋经济发展模式由粗放、低质、低效向低碳、资源节约、环境友好转变的过程。这种转型不仅充分考虑海洋生态环境的承载力，而且高度重视海洋资源开发的可持续性。

11.1.2 海洋绿色经济概述

11.1.2.1 海洋绿色经济的产生背景

海洋是富饶而未充分开发的资源宝库，既有现实开发的资源，也有潜在的战略性资源，是国家的门户、安全的屏障和兵家必争要地。早在约2500年前，古希腊海洋学家狄未斯托克就提出："谁控制了海洋，谁就控制了一切。"在世界海洋的发展进程中，诸多海洋大国，如葡萄牙、西班牙、荷兰、英国乃至今天的美国，在国际上优势地位的确立都是以海权为基础的。海洋不仅是国际贸易和商业流通的交通要道，而且也是有效应对气候变化、人口爆炸、资源匮乏、环境恶化等一系列危及人类生存与经济社会发展问题的着力点。因而，人类将发展目光转向了海洋。特别是进入21世纪后，蓝色经济和海洋发展被世界上很多国家提升至国家战略层次。

随着人类对海洋的开发利用强度持续增大，世界海洋经济发展成效显著。与此同时，一系列未预想到的负面影响也日益显现。围海填地、资源无序开发与资源利用效率低下、污染物排放等一系列严重的海洋生态环境问题使海洋生态系统和生物多样性遭到严重破坏；温室气体的过度排放引发全球气候变化异常，海平面上升、台风与风暴潮增多、赤潮频繁、盐水入侵以及海岸侵蚀加剧等导致全球海洋灾害频生。世界各国尤其是濒海地区正面临着海洋污染与灾害的严重威胁。

蓝色经济（Blue Economy）一词是指可持续利用和管理海洋资源以促进经济增长、改善生计和保护海洋环境。联合国、欧盟以及美国、澳大利亚等重要国际组织和海洋大国相继提出并不断完善自身的蓝色经济可持续发展战略。2012年，联合国在《蓝色世界里的绿色经济》报告中提出对“蓝色经济”进行“绿色管理”。欧盟委员会2012年发布《蓝色增长：海洋及关联领域可持续增长的机遇》报告，提出了“蓝色增长”的战略构想，2014年又提出《蓝色经济新计划》。美国国家海洋与大气局也提出打造“蓝色经济”。澳大利亚海洋政策科学咨询小组也提出实现海洋“蓝色经济”可持续发展的观点。2015年公布的《联合国2030年可持续发展议程》将海洋议题纳入专门的目标条款，标志着“蓝色经济”拓展了“绿色发展”的发展范围，同时也让海洋环境问题受到更多关注。在中国，党的十八大报告首次提出“建设海洋强国”的战略目标，党的十八大报告与二十大报告均提出“保护海洋生态环境”的发展要求，可见中国在认识到海洋发展巨大前景的同时也认识到海洋生态的“脆弱性”。

如何实现海洋经济发展与生态环境保护相协调是各海洋大国尤其是中国的重要议题。概括来讲，绿色、可持续的海洋生态是实现海洋经济高质量发展的重要保障，同时也是新时期中国适应经济发展新常态、贯彻落实绿色发展新理念的必然要求。

11.1.2.2 海洋绿色GDP

与陆域经济活动一样，海洋经济活动同样将自然资源和环境作为最基本的生产资料和生产场所。因此，在开展绿色GDP核算的过程中，有必要考虑扣除海洋环境成本和对海洋环境资源的保护费用。特别是对于陆海兼备的国家或地区来说，海洋的绿色GDP核算应该得到更多重视。海洋绿色GDP，是指从现行海洋GDP中扣除海洋资源成本与对海洋资源和环境的保护费用后的计算结果。它代表了扣除海洋自然资源和环境损失（包括保护和恢复费用）之后新创造的真实国民财富的总量指标。海洋绿色GDP核算是在遵循强可持续发展准则的基础上对现行海洋经济核算体系的修正，即海洋绿色GDP是在不减少现有资产水平（尤其是指海洋经济资产）的前提下，一个国家或地区所有常住单位在一定时期所产生的全部最终产品和劳务的价值总额，或者说是在不减少现有资产水平的前提下，所有常住单位的海洋增加值之和。这里的资产包括人造资产（厂房、机器、货物运输设备等）、人力资本（知识和技术等）以及海洋自然资本（海洋鱼类、海洋矿产、海洋能等）。目前，海洋绿色GDP的核算体系并不完善。郑鹏将海洋绿色GDP定义为在扣除海洋经济增长中的海洋资源损耗、环境污染损失以及社会牺牲成本并考虑生态效益价值之后的净值。可用公式表示为

海洋绿色GDP=海洋GDP总量−资源损耗价值−环境污染损失−社会牺牲成本+

生态效益价值 (11.1)

其中，海洋经济增长产生的资源损耗价值和环境污染损失包括自然资源的退化与配比不均衡产生的损失，环境污染造成的环境质量下降，长期生态质量退化造成的损失，自然灾害所引起的经济损失，资源稀缺性引发的成本、物质和能量的不合理利用所导致的损失等；社会牺牲成本由心理成本变动造成，这是由于人们面对恶劣的海洋生态环境时会产生反感或厌弃心理，这种心理成本将影响社会活动，并对社会成本造成经济损失；生态效益价值则是指海洋生态系统供给的服务价值。

海洋经济的发展依赖于海洋资源及环境经济体系，那么必然是以资源和环境消耗为代价的。改革开放以来，中国海洋经济发展与资源环境的矛盾愈发突出，并已经严重制约海洋经济的进一步发展。因此，对海洋经济进行绿色 GDP 核算迫切需要被提上日程。目前，国际上海洋绿色 GDP 的核算体系尚不成熟，主要体现在关于资源损耗和环境损害成本的计算存在困难，而环境损害造成的二次损害，如心理成本，更是无法直接估价衡量，这导致了国际社会并没有形成一套公认可行的核算方法。特别是对于中国这样的发展中国家来说，无论是基础的数据统计工作，还是核算技术方法都存在欠缺，实际的海洋绿色 GDP 核算方法还需不断探索实验。

11.1.2.3 发展海洋绿色经济的意义

发展海洋绿色经济是新时期建设“海洋强国”的需要。绿色发展是新发展理念的重要内容，不仅清晰描绘了人与自然和谐共生、经济与生态协调共赢的生态底色，也指明了绿色发展与高质量发展共生共存的关系。海洋是高质量发展的战略要地，坚持生态优先、绿色发展的理念对建设现代化经济体系和海洋强国具有重要战略意义。

发展海洋绿色经济是克服海洋资源危机的需要。中国不仅是一个能源及资源生产大国，同时也是能源及资源消耗大国。发展海洋绿色经济可以在根本上协调经济增长的无限性与资源生态供给和再生能力的有限性之间的矛盾，减轻海洋经济发展对海洋生态资源的过度依赖和对海洋生态系统的破坏，从而使海洋经济发展建立在维持海洋生态环境可持续能力的基础上。

发展海洋绿色经济是提升海洋生态系统质量和稳定性的需要。党的二十大报告中提出：“提升生态系统多样性、稳定性、持续性。”作为重要的生态系统，海洋的生物种类繁多，发展海洋绿色经济即是保护海洋生态系统的多样性、稳定性和持续性。坚持绿色发展理念，统筹推进海洋生态保护与修复能够为海洋经济发展提供良好的生态空间，也是实现“水清、岸绿、滩净、湾美、岛丽”的海洋生态文明建设目标的重要前提。

发展海洋绿色经济是形成海洋发展新格局的需要。以绿色发展为引领，可以优化海洋产业布局和结构，加快新旧动能转换，推动海洋产业绿色转型，培育壮大海洋可再生能源、海水淡化、海洋生物医药等产业，形成内外畅通、供需平衡、循环低碳、集约高效的海洋发展新格局。

11.1.3 海洋绿色经济的中国典型实践

拥有相当于全省陆域面积约 2.6 倍的 26 万平方千米广阔海域、位居全国首位的 6 715 千米绵长海岸线、2 878 个面积 500 平方米以上的海岛，近海渔场可捕捞量全国第一、海洋能资源类型丰富……这些得天独厚的自然条件和地理环境使浙江省当之无愧地成为中国的“海洋大省”。可以这么说，海洋是浙江省经济发展的重要支撑，但海洋生态环境变化也会给浙江省带来巨大影响。近年来，浙江省一直走在海洋经济绿色发展前列，是海洋生态文明建设的先行者。浙江省委、省政府围绕海洋灾害防御、海洋生态修复、海洋生物多样性保护和海洋环境监测等方面作出重要战略部署，积极推动浙江省从“海洋大省”向“海洋强省”转变。

1. 海洋保护区建设

“守护碧海蓝天，人海和谐共生”，是浙江省发展的执着追求和永恒探索。目前，浙江省总共有 18 个省级以上的海洋保护地（自然保护区、海洋特别保护区），海洋生态空间的保护利用工作一直走在全国前列。

早在 1990 年，南麂列岛海洋自然保护区就已成立，是国务院批准建立的首批国家级海洋自然保护区之一。30 多年来，南麂列岛海洋自然保护区按照相关要求，严格实行核心区、缓冲区、实验区三级保护管理机制。通过持续不断地打击违规捕捞、破坏岛内生态环境等违法犯罪行为，规范管理海岛旅游和岛民生产生活，南麂列岛的海洋生态环境质量不断提升。1998 年，南麂列岛海洋自然保护区被列入联合国教科文组织世界生物圈保护区网络的海洋类型自然保护区。2005 年，全国首个国家级海洋特别保护区——西门岛海洋特别保护区正式获批。西门岛保护区的主要保护对象为滨海湿地生态环境、红树林群落和湿地珍稀鸟类。保护区共设有西门岛景区、环岛滨海生态保护景观区与南涂生态保护开发区三个功能区。如今，保护区内红树林长势喜人，海岸线修复成效显著，世界级珍稀鸟类有望摆脱濒危命运。2008 年，渔山列岛被批准设立国家级海洋生态特别保护区，旨在保护丰富的海藻、名贵鱼类等海洋资源和独特的列岛海蚀地貌等。2019 年，舟山市东部省级海洋特别保护区和温州市龙湾省级海洋特别保护区被批复设立。实践证明，海洋保护工作为浙江省带来了重要的生态效益和经济效益。

2.“蓝色海湾”整治行动

自2016年以来，浙江省在温州市、舟山市、台州市等地开启了“蓝色海湾”项目整治行动，进入“蓝湾”时代。在加大海岸线、滨海湿地修复力度，整治入海排污口，保护与修复红树林生态系统种种举措下，浙江省近海生态系统日渐向好，初步形成了白沙湾万人沙滩、沈家门百年渔港、洞头十里湿地、乐清最北界红树林、嵊泗海洋牧场、定海湾区滨海带等一批具有浙江辨识度的标杆示范案例。目前，浙江省共成功申报10个国家“蓝色海湾”项目，“蓝色海湾”综合整治行动正在进行时。

自温州市洞头区成为全国首批“蓝色海湾”整治试点单位以来，洞头区的海域生态环境得到快速改善，走出一条彰显洞头海韵特色的绿色发展道路，成为全国“蓝色海湾”整治行动的典型样板。2019年4月，洞头区再次入围新一轮“蓝色海湾”整治行动，成为全国唯一连续两次获得中央“蓝色海湾”整治项目奖励支持的区（县）。同年，国家海洋保护“洞头‘蓝色海湾’整治行动”入选庆祝中华人民共和国成立70周年大型成就展。其做法和成效被央视《焦点访谈》等多方报道，还被列入《中国生态修复典型案例集》。以洞头区为例，我们可以窥见浙江省在海洋生态环境整治方面的投入与付出。为贯彻落实“蓝色海湾”整治行动，洞头区围绕“破堤通海、十里湿地、生态海堤、退养还海”四个方面核心内容展开了积极行动，使得“水清、岸绿、滩净、湾美、物丰、人和”的美丽景象再度重现。

3. 创建海洋生态综合评价体系

2020年，浙江省在全国率先启动海洋生态综合评价工作，提出构建海洋生态综合评价指标体系。几经商讨和修改，浙江省最终在2021年5月编制完成全国首个省级海洋生态综合评价指标体系，并在全省印发试行。该指标体系共设立生境状况、资源状况和风险状况3个目标层，每个目标层又具体包含20个子指标，并制定了详细而具体的指标定义、计算方法、数据来源及应用和评价标准。该指标体系的设立能够在充分反映国家海洋资源管控需求的基础上，对浙江省海洋生态进行监测评价和精准化管理，是浙江省海洋生态文明建设的新探索和新实践，对浙江省乃至全国海洋生态系统保护具有重要意义。经过浙江省近一年的试行工作，围绕该指标体系进行实时、准确的海洋监测，浙江省各沿海市区的海洋生态资源情况和风险等级水平已经被初步掌握。此次评价形成了全国首份海洋生态体检报告，并发现了10大类95个海洋生态问题，为不同地区提出了因地制宜、量身定制的海洋生态保护与修复措施。总之，海洋生态综合评价指标体系的构建为全国海洋生态综合评价提供了“晴雨表”，是监督管理海洋生态系统的重要手段和技术保障。

11.2　海洋循环经济

11.2.1　循环经济与海洋循环经济

11.2.1.1　循环经济的内涵

人类社会先后经历了以原始生产力为主导以及以工业化为主导的发展阶段。在工业化时期，人类通过机器等工具取代手工，极大地丰富了物质财富，但也面临着资源环境承载力大幅削减以及生态环境急剧恶化等危机。人类在提高物质生活的同时，也在思索其对自然环境的破坏以及大自然的负向反馈。在这个过程中，人们逐渐提高了对自然社会的敬畏心并树立起协调和谐发展的观念。循环经济发展理念正是在这一社会背景下产生的。

循环经济思想萌芽于美国经济学家肯尼斯·波尔丁在20世纪60年代提出的“宇宙飞船理论”。波尔丁将循环经济（Circular Economy）定义为，在人类、自然资源和科学技术的大系统内，在资源投入、企业生产、产品消费和废弃的全过程中，把传统的依赖资源消耗的线性增长的经济转变为依靠生态资源循环发展的经济。1966年，波尔丁受宇宙飞船的启发分析地球经济的发展。在《即将到来的宇宙飞船世界经济学》一文中，他将资源无节制的经济比喻为“牛仔经济”，而未来的经济是“宇宙飞船经济”。他认为地球就像一艘孤立无援、与世隔绝的宇宙飞船，在自身资源环境承载力有限的情况下，地球经济系统必须实现物质循环再生产的循环经济，才能得以永续生存。他所提出的“宇宙飞船经济学”蕴含着一种新型发展观：第一，必须将经济增长方式由“增长型”经济转变为“储备型”经济；第二，要改变传统的“消耗型经济”，代之以休养生息式的经济；第三，实行福利量的经济，摒弃只注重生产量的经济；第四，建立一种既不会使资源枯竭，又不会造成环境污染和生态破坏，能循环使用各种物资的“循环式”经济，以代替过去的“单程式”经济。此后，这个概念被广泛使用。如1995年，美国学者戴维 C. 科顿在其著作《当公司统治世界》中，把肆意破坏生态环境的公司称为“宇宙飞船中的牛仔”。

中国自20世纪90年代起逐步引入循环经济思想，此后关于循环经济的理论研究和实践不断深入。2003年，中国将循环经济纳入科学发展观，确立物质减量化的发展战略；2005年，党的十六届五中全会将发展循环经济纳入“十一五”规划当中；2009年，中国制定并公布《中华人民共和国循环经济促进法》。此后，国家陆续出台《废弃电器电子产品回收处理管理条例》《再生资源回收管理办法》等相关法规规章，为循环经济建设工作全面开展营造良好的法制氛围。

1. 循环经济的内涵

循环经济的本质是生态经济，它要求运用生态学规律来指导人类社会的一系列经济活动。循环经济以资源的高效利用和循环利用为核心，遵循减量化（Reduce）、再利用（Reuse）和再循环（Recycle）（资源化）的“3R”原则，符合低开采、低消耗、低排放和高效率的节约型经济发展特征，其内涵涉及生态学和经济学等多种学科。从生态学视角来看，循环经济实质上是一种有利于资源高效利用的新型生态保护模式，其目的是实现经济–社会–生态三大系统之间的动态平衡；从经济学视角来看，循环经济体现的是一种可持续发展的新型经济运行模式，其目的是通过对现有生产关系和生产结构的调整获取更环保的经济利益，最终的落脚点依然是经济保持稳定发展。因此，我们可以将循环经济的概念理解为，在资源总量有限的情况，以最少的资源投入和最少的废弃物产出为目标的经济活动和经济社会关系的总和。循环经济与传统经济有着本质的区别，如表11–1所示。

表11–1　循环经济与传统经济的区别

对比指标	传统经济	循环经济
指导思想	机械规律，自然资源取之不尽	可持续发展、生态学规律
增长方式	数量型增长	质量型增长
资源使用特征	高开采、低利用、高排放	低开采、高利用、低排放
人与自然的关系	人统治自然、征服自然	人与自然和谐发展
污染治理	末端治理	源头治理
经济发展模式	“资源–产品–废弃物”单向流动的线性经济	“资源–产品–废弃物–资源再生”的反馈流程
经济发展要素	土地、劳动力、资本	劳动力、资本、环境、自然资源和科学技术等要素
发展目标	经济效益最大化，物质财富的快速增长	生态环境改善基础上的社会物质财富和精神财富的同步增长
发展原则	企业利润的最大化和国家经济的快速发展	资源利用的减量化、产品生产的再使用和废弃物的再循环

续表

对比指标	传统经济	循环经济
技术的作用	促进经济增长	经济发展和生态环境的改善
生产者与消费者的关系	商品的交换与买卖关系	服务与享受关系
价值观	金钱至上、竞争	经济、社会、生态的协调发展
企业的责任	利润最大化、污染治理的外部化	清洁生产基础上的利润最大化、污染治理内部化
企业之间的关系	竞争至上	合作共赢
企业的关注点	劳动生产率	资源生产率

2. 循环经济的基本原则

循环经济遵循的基本原则是“3R”原则，即减量化、再利用和再循环。减量化原则是循环经济的第一步。该原则要求从生产和消费阶段就注意节约资源和减少污染，即废弃物的产生应该是通过源头预防而不是末端治理的方式加以避免。例如，产品包装应尽量使用可重复利用或可再生、易回收处理、对环境无污染的原材料。再利用原则是循环经济的核心。该原则要求产品和包装能够以初始的形式被重复使用，即延长产品和服务的时间强度。例如，产品的开发注重耐用性和可回收性，设计可拆卸和可替换的零部件等。再循环原则也叫资源化原则，是循环经济的最终目标。该原则不仅要求产品在完成使用要求后重新成为可利用的资源，而且要求生产过程中产生的废弃物也能转换成资源进行循环利用，即废品的回收利用和废物的综合利用。例如，废纸生产出再生纸，回收废弃的塑料瓶和旧家电等。这三大原则是循环经济的基石，缺一不可。

3. 循环经济的基本特征

循环经济通过在企业、区域及社会等多个层面实行“3R”原则，从根本上实现了资源利用模式由“资源–产品–废弃物”的单向流动向“资源–产品–废弃物–资源再生”的循环运行转变，这有效提高了资源利用效率，减少了生产和消费全过程的污染排放，循环过程如图 11–1 所示。当然，这种循环并不是简单的周而复始或者线性增长关系，而是一种螺旋式上升的有机进化和系统发展过程。

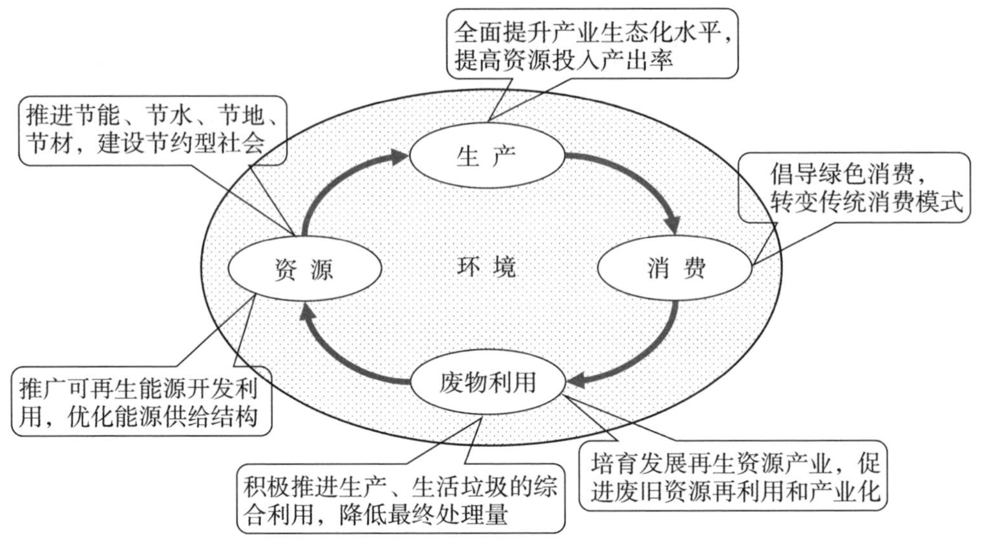

图11-1 循环经济模式示意图

循环经济从产生就伴随着全新的特征，以此来引导社会经济的新型化发展，具体包括经济特征、生态特征和社会特征。

1）经济特征

在循环经济模式下，地区经济的增长不仅包含物质性的数量增长，而应更加注重其价值性的质量增长。传统经济模式主要依靠要素粗放式投入产生生产总值，存在着对自然资源的依赖性。随着土地资源、水资源和矿产资源等不可再生资源的急剧减少和生态环境的破坏恶化威胁到了人类的生存发展，人们逐渐认识到保护资源与环境的重要性。进入飞速发展的新世纪，是继续沿用高污染、高消耗的传统型经济模式，还是转向兼顾环境与发展的循环经济模式，这是摆在人类社会面前的一个重要抉择。循环经济要求人们重新审视对于自然的态度，将资源环境作为发展的一个重要组成部分，改变过去破坏资源、滥用资源的做法，建立集约型、循环型的生产和消费链条。

2）生态特征

循环经济模式是对传统经济发展模式的生态化改造。从资源环境视角来看，循环经济要求从资源开采、运输、消费和再利用的全过程控制废弃物排放，其根本目标是在经济活动中系统地节约资源、减少废弃物的产生。循环经济将社会经济系统放置于大的资源环境系统之中，社会经济活动的投入和产出都直接或间接地与资源环境产生关联，这也使得社会经济的发展必须以特定的资源环境为背景。社会经济的发展也将进一步显示资源环境的未来走向，在实现经济与社会同步发展的同时，更要实现经济社会与生态环境的耦合式发展。

3）社会特征

循环经济的最终目标是要保证人类社会具有长期持续的发展能力。根据联合国开发计划署在《1990 年人文发展报告》中提出的人类发展指数（Human Development Index，HDI）的定义，人的发展体现在收入的增加、受教育程度的提高和寿命的延长。循环经济正是从这三个方面出发来促进人自身的发展。首先，在循环经济理念下，技术和劳动力密集型生产模式逐步取代资源投入型生产模式，这将创造更优质的、高价值的产品和服务，带来更多的经济收益。其次，循环经济赋予人们学习和掌握新知识和新技术的动机，并为人们提供更多的学习和受教育机会。最后，循环经济能够促进生态环境改善。适宜的生存环境将有助于人们的身心健康，提升生活幸福感。

11.2.1.2 海洋循环经济的内涵

海洋循环经济是将可持续发展思想和循环经济理论融入海洋领域的一种有效的经济模式。目前，国内外关于海洋循环经济的探索还处在初期阶段，尚未形成统一的明确定义。2008 年，国家海洋局政策法规与规划司翁立新副司长提出海洋循环经济是依靠临海区位优势，以海洋资源的高效与循环利用为核心，依托循环经济技术，形成海陆大循环的经济发展新模式。海洋循环经济的发展包括海洋产业内部的小循环、海洋产业间区域层面的中循环和海洋社会整体层面的大循环三个层面。徐从春等对海洋循环经济的概念发表了自己的见解。他认为海洋循环经济并非简单地在循环经济前冠以“海洋”，而是体现海洋特色和发展思路的循环经济。王泽宇等将海洋循环经济的概念分为广义和狭义两个方面。广义上的海洋循环经济泛指沿海地区的循环经济发展。狭义上的海洋循环经济是循环经济的组成部分，海洋循环经济的发展以海洋资源的高效利用和以海洋产业为核心的海洋经济发展为中心内容。

笔者认为，海洋循环经济应当在遵循海洋生态学原理和经济学规律的前提下，以海洋资源高效利用和海洋产业循环发展为核心要求，以“减量化、再利用、再循环”为基本原则，整合区域经济、社会、环境及技术等资源，并秉承发展海洋经济、节约海洋资源和保护海洋环境的一体化战略，由“先开发、后治理”为主的海洋经济发展模式向“资源–产品–废弃物–资源再生”的反馈式循环过程转变，实现海洋资源的集约高效和循环利用以及最大化的海洋经济、社会和环境效益。在循环链的构建上，海洋循环经济以海洋产业为核心，包括微观层面的海洋企业清洁生产、中观层面的海洋生态工业园区建立的废物闭环利用的工业生态系统和宏观层面的整个社会共同运作的海洋循环经济产业体系三种模式。这三个层面的模式相互依存，同时各层面本身又是一个独立的系统，有各自的特征和实现途径。

11.2.2 海洋循环经济概述

海洋循环经济产生于以下背景：首先，海洋资源的自然属性和经济特性是海洋循环经济产生的客观基础；其次，海洋产业国际化和全球化的发展趋势是海洋循环经济产生的基本前提；最后，全球海洋资源濒临枯竭以及海洋生态环境问题频发是海洋循环经济产生的现实背景。随着海洋经济可持续发展问题日益受到重视，海洋循环经济作为实现海洋经济可持续发展的重要途径逐渐受到国际社会的高度重视。海洋循环经济实质上是一种资源节约型、环境友好型经济发展模式。海洋循环经济强调通过环境友好型手段发展海洋经济，要求各部门在生产过程中合理分配海洋资源，有效交换和利用海洋废弃物，使海洋生产要素在持续进行的生产过程中实现循环利用，从而彻底改变高污染、高排放、低效率的大规模资源生产开发模式，将生产活动对海洋生态环境的不利影响降到最低程度，即实现生产效率与环境效益最大化、生产成本最小化。

关于推动海洋循环经济发展，联合国在其中扮演着重要角色。诞生于 1982 年的《联合国海洋法公约》为全球海洋资源与环境的可持续利用以及海洋生物多样性保护奠定了国际海洋法律基础。该合约的生效引起了国际组织和世界各国对全球海洋治理的重视。1992 年，联合国环境和发展会议通过的《21 世纪议程》明确要求各国“保护大洋和各种海洋，包括封闭和半封闭海以及沿海区，并保护、合理利用和开发其生物资源”。在联合国框架下，国际社会已经形成了诸多区域性海洋治理安排、海洋资源开发与生态环境养护机制，如《保护东北大西洋海洋环境公约》《南极海洋生物资源养护公约》，并与有关国家在蓝色经济、生物资源养护、海洋环境保护、防灾减灾、海洋科技等领域共同发起了一系列海洋治理项目、规划和倡议。

作为海洋大国，中国始终将海洋经济可持续发展和循环利用理念贯穿于实践探索当中。为在海洋领域更好地贯彻联合国环境和发展会议的《21 世纪议程》精神，国家海洋局于 1996 年 3 月发布了《中国海洋 21 世纪议程》，提出了中国海洋事业可持续发展的战略，其基本思路是有效维护国家海洋权益，合理开发利用海洋资源，切实保护海洋生态环境，实现海洋资源、环境的可持续利用和海洋事业的协调发展。此后，中国陆续制定了《全国海洋经济发展纲要》《国家海洋事业发展规划纲要》等。党的二十大提出“发展海洋经济，保护海洋生态环境，加快建设海洋强国”。报告中多处涉及“海洋”，包括“共建‘一带一路’成为深受欢迎的国际公共产品和国际合作平台”，“巩固东部沿海地区开放先导地位”，“加快建设西部陆海新通道”，“维护海洋权益”，“推进现代边海空防建设”等。

11.2.3 海洋循环经济的中国典型实践

海洋循环经济是循环经济的一个重要分支，其逐步兴起是循环经济实践的结果。目前，中国在海水循环利用、海洋化工、海洋渔业、海水淡化、海洋能源的开发利用等方面都进行了丰富的探索与实践，在提高资源利用效率的同时，降低能源消耗和污染物排放，实现循环经济。在这些领域内，海洋经济发展遵循减量化、再利用和再循环的“3R”原则，实现产品的清洁生产和资源的可持续利用。

1. 微观层面

微观层面的海洋循环经济属于小循环范畴，具体是指海洋企业整合企业内部各环节的生产要素，用循环经济思想在企业内部全面建立节能降耗的现代化新工艺生产体系，实现对企业生产排污的全过程控制，以达到经济效益和环境效益协调增长的目的。生态渔业是海洋循环经济最具代表性的应用模式之一。生态渔业是运用现代科学技术人工设计生态工程，为渔业生态系统内的生产者、消费者、分解者提供多层次、稳定性强的水域环境，以实现整个渔业产业系统的经济、环境和生态效益最大化的渔业可持续发展方式，其本质上是经济发展与环境保护相协调的渔业产业。近年来，生态渔业在中国得到了大规模推广。虾类繁殖对水质要求很高，而养殖过程中虾体排放的消化残渣和剩余的饵料残渣等极易造成水体污染，严重影响虾的质量和存活率。因此，福清市港头镇对虾养殖基地率先采用循环水养殖技术，在无公害的养殖条件下，通过一系列水处理单元将养殖池中产生的废水处理后无限期循环利用。而且在冬季可以通过中和养殖水与海水来控制养殖池的水体温度，保持养殖池内的良好环境；同时提高水中的溶氧量，提升虾类生存活力。该基地通过使用循环水养殖系统，极大减少了以往单纯靠持续换水方式养殖对虾的投入成本，同时有效减少了废水对养殖基地周边海区环境的不利影响。

2. 中观层面

中观层面的海洋循环经济属于中循环范畴，具体表现为海洋生态工业园区内的企业群体利用相互之间的投入产出关系构建横向耦合循环系统，推进海洋产业链上、中、下游资源和能源共享、功能互补，实现海洋物质闭环循环和能量多级利用。这里提到的海洋生态工业园区，并不局限于在地理意义上毗邻的地区，而是指以循环经济理念和生态学原理为指导，模仿自然生态系统中“生产者-消费者-分解者”的循环、共生模式，将园区内上游企业产生的废弃物和副产品转换为中下游企业生产的原材料，从而实现废物最大程度循环利用和资源最优化配置的海洋生态工业企业群。海洋生态工业园区通过建立工业生态系统的“食物网”，为废弃物找到目标“分解者”，极大减少了污染物和废弃物向系统外环境的排放量，甚至有可能实现零排放，有效平衡了工业企业间的生态合作关系，有助于建立生态工业园区内经济增长和环境保护的良性循环体系。福建省漳州市丰盛食品有限公司的生产运作模式是中观海洋循环经济的成功典范之一。该公司专门从事水产品加工行业，但在加工过程中产生了大规模的汤汁等废弃物，是否排放、如何排放成了难题。2007年起，该公司通过与上海水产食品研究所、福建省水产研究所等科研院所开展“贝类下脚料综合利用”项目合作，深入研发贝类汤汁回收、加工技术，将浓缩汤汁转换成贝类“干粉”，同时将贝壳进行深加工处理制成乳酸钙，充分提高了虾类、贝类、鱼类等水产品的附加值，不仅为该公司和当地养殖农户带来了可观的利润收益，还缓解了汤汁入海造成的资源浪费和海水污染，经济效益和环境效益显著。

3. 社会层面

从宏观层面来看，海洋循环经济是指通过对污染物的再利用，实现生产和消费全流程的物质和能量循环。宏观层面的大循环主要包含两个方面：政府的宏观政策调节和公众的微观生活行为。海洋循环经济通过利用清洁能源和可再生能源进行生产活动，不仅可以减少自然资源的浪费，降低污染物的排放，而且可以提高能源利用效率，降低能源消耗强度。当前在宏观层面建设循环经济主要是实施生活垃圾的无害化、减量化和资源化，也就是在消费过程中和消费过程后实施物质和能源的循环利用。上海作为一座拥有约2 400万常住人口的特大型滨海城市，每天产生约1.4万吨的干垃圾，上海的滨海旅游业要想保持可持续发展，就必须要发展海洋循环经济。为了解决生活垃圾的分类管理混乱问题，上海于2019年7月1日正式实施《上海市生活垃圾管理条例》，这标志着垃圾分类强制时代的开始。在条例颁布后，各个旅游景区纷纷响应政府的号召，有效应对垃圾“分类难”的问题。在实施阶段，由旅游景区、物业公司及热心居民组成了“志愿者小分队”，每天轮流在分类投放箱前蹲守，劝导、督促和检查旅客的垃圾分类投放行为，并对混投垃圾进行二次分拣。同时，垃圾清运公司优化了内部管理结构，对员工进行专项培训，学习垃圾分类处理的操作流程，同时调整了垃圾清运方式。经过一年多的推行，上海市滨海旅游产业的生活垃圾分类管理实现了阶段性的高参与和高实效，这减少了垃圾产出量，避免了环境污染和资源严重浪费，进而增强了旅游景区的生命力，延伸了滨海旅游产业的产业链。

11.3 海洋低碳经济

11.3.1 低碳经济与海洋低碳经济

11.3.1.1 低碳经济的内涵

21世纪，人类面临着三大问题：一是人口爆炸，主要表现为人口数量增长过快和人口老龄化；二是资源危机，主要是以煤炭、石油为代表的化石能源危机；三是环境问题，主要包括环境污染和生态破坏等方面。其中，大气中二氧化碳浓度升高引起的全球气候变暖已成为不争的事实，对人类生存和发展构成严重威胁。在此背景下，"低碳经济"应运而生。

低碳经济（Low-carbon Economy）这一名词最早出现于2003年英国的能源白皮书《我们能源的未来：创建低碳经济》中："低碳经济是通过更少的自然资源消耗和更少的环境污染，获得更多经济产出；低碳经济是创造更高生活标准和更好生活质量的途径，也为发展、应用和输出先进技术创造了机会，同时也能创造新的商机和更多的就业机会。"此后，低碳经济引起了全世界的广泛关注。2006年，前世界银行首席经济学家尼古拉斯·斯特恩发表的《斯特恩报告》指出，现在全球每年投入GDP的1%用于削减温室气体排放量，可以避免将来每年5%～20% GDP的损失，呼吁全球经济向低碳经济转型。2007年12月，联合国气候变化大会出台的"巴厘路线图"，对全球经济进一步迈向低碳经济具有里程碑式的意义。2008年，联合国环境规划署确定该年世界环境日的主题为"转变传统观念，推行低碳经济"。在此起彼伏的警戒和反思中，经济由"高碳"走向"低碳"成为世界各国别无选择的出路。在这场新的全球现代化运动中，英国等欧洲国家倡导发展低碳经济，日本提出建设低碳社会，美国强调发展低碳产业，韩国将"绿色低碳增长"作为国家战略，中国政府也高度重视低碳经济发展。早在2007年亚太经合组织（APEC）会议上，中国就明确提出要"发展低碳经济"，"发展低碳能源技术"，"增加碳汇"，"促进碳吸收技术发展"。此后，在中央文件和领导人讲话中，中国多次提出将节能减排、推行低碳经济作为国家发展的重要任务。党的二十大报告中再次提出："发展绿色低碳产业，健全资源环境要素市场化配置体系，加快节能降碳先进技术研发和推广应用，倡导绿色消费，推动形成绿色低碳的生产方式和生活方式。"

目前，虽然全球都在谈论低碳经济，但其概念仍然不明确，而且在不断地更新发展。较为主流的理解是，低碳经济是指以低能耗、低污染、低排放为基础的经济模式，或是含碳燃料所排放的二氧化碳显著降低的经济。表面上，低碳经济是为减少温室气体排放所做努力的结果，但实质上它关乎能源的高效利用、清洁利用和低碳或无碳能源的开发，是经济发展方式、能源消费方式、人类生活方式的一次全新变革。低碳经济加速推动了建立在化石能源基础之上的现代工业文明向生态文明的转变。笔者认为，低碳经济的概念可以从广义和狭义两个方面理解。广义上的低碳经济是指一种低投入、高产出的经济发展方式，其着眼于资源的充分利用，目标是实现人类的可持续发展。狭义上的低碳经济可以理解为一种高能效、低资源消耗和低温室气体排放的经济模式，其目标是应对气候变暖问题。狭义上的低碳经济要实现的是短期目标，广义上的低碳经济要实现的是长期目标。

11.3.1.2　海洋低碳经济的内涵

随着全球陆地资源因加速开发而日渐枯竭，海洋资源的开发利用与海洋环境保护开始受到世界各国越来越多的关注。纵观半个多世纪以来世界海洋经济的发展历程，人类对海洋资源的粗放开发和对海洋环境日趋严重的污染使全球范围内的海洋生产力和海洋环境质量出现明显退化。2004 年，世界环境日以“海洋兴亡，匹夫有责”为主题，反映出国际社会对海洋资源环境现状的担忧。全球低碳经济浪潮的兴起为海洋低碳经济的发展创造了良好的国际环境。因此，在海洋经济发展中倡导低碳经济，为解决海洋资源与环境问题提供了一个全新的思路，这已成为世界各国的共识。

在全球气候变化的背景下，作为目前的碳排放第一大国，中国面临着更为严峻的压力和挑战。因此，在保持海洋经济平稳发展的前提下，推动海洋经济发展由外延式向内涵式转变，促进海洋经济低碳发展是中国的必然选择。2015 年，中国首次提出海洋绿色化概念。党的二十大报告提出“保护海洋生态环境”的发展要求并明确指出“发展海洋经济，保护海洋生态环境，加快建设海洋强国”，可见海洋经济发展与海洋生态环境保护具有同等重要的地位。例如，一是提出“积极稳妥推进碳达峰碳中和”。海洋清洁能源替代是中国实现碳达峰碳中和的一种重要方式，保护海洋生态环境是实现碳达峰碳中和目标的有力保障之一。二是提出“提升生态系统多样性、稳定性、持续性”。海洋作为重要的生态系统，生物种类繁多，海洋生态环境保护即是保护生态系统的多样性、稳定性与持续性。三是提出“发展绿色低碳产业，健全资源环境要素市场化配置体系，加快节能降碳先进技术研发和推广应用”。海洋拥有风能、潮汐能等大量的绿色能源，是为实现能源替代、产业绿色发展持续提供清洁能源的宝库。2023 年，中国环境与发展国际合作委员会发布的研究报告《面向碳中和的可持续蓝色经济》再次强调了海洋对于实现碳中和目标的重要作用。因此，发展海洋低碳经济已成为合理利用海洋资源与保护海洋环境的必然选择，也是中国推进二氧化碳减排、实现“双碳”目标的重要举措。

海洋低碳经济的本质是海洋经济与海洋环境的有机融合，是海洋经济可持续发展的具体体现。概括来讲，海洋低碳经济是指在可持续发展理念的指导下的一种以环境友好、资源节约为特征的海洋经济增长模式，它以海洋为活动场所，以海洋资源为开发对象，并希望在海洋资源开发利用过程中，通过低碳技术创新、产业转型、政策引导和新能源开发等多种方式减少高碳能源消耗，从而尽可能地降低二氧化碳排放。

11.3.2 海洋低碳经济概述

地球表面 70% 以上被海洋覆盖。海洋又被称为“蓝色国土”，蕴藏着巨大的低碳经济发展潜力。海洋具有巨大的经济价值和社会价值，主要体现在三个方面：一是海洋拥有强大的蓝色碳汇功能，为解决温室气体排放提供了广阔空间；二是海洋蕴藏着极为丰富的能源、矿产资源与生物资源等，是未来发展低碳经济的资源宝库；三是海洋催生了众多新兴产业，能够培育海洋经济发展新优势。

11.3.2.1 海洋碳汇

生物固碳是实现碳中和的重要路径，主要有森林碳汇和海洋碳汇两种形式。相较于森林树木为主的陆地“绿碳”，海洋碳汇又称“蓝碳”，固碳量巨大、固碳效率高、碳存储周期长，在全球气候治理中发挥的作用更加显著。有关数据显示，海洋的固碳能力约为 4 000 万亿吨，年新增储存能力为 5 亿 ~ 6 亿吨。“蓝碳”指的是沿海生态系统捕获的碳，这一概念出自联合国环境规划署、联合国粮食及农业组织和联合国教育、科学及文化组织政府间海洋学委员会于 2009 年发布的《蓝碳：健康海洋对碳的固定作用——快速反应评估报告》，是指利用海洋活动及海洋生物吸收大气中的二氧化碳，并将其固定、储存在海洋中的过程、活动和机制。报告指出，地球上大约 93% 的二氧化碳被储存在海洋中并在海洋中循环，海洋中的生物贡献了世界上 55% 的由生物光合作用所捕获的碳。此外，海洋碳库是陆地碳库的 20 倍，是大气碳库的 50 倍，而且海洋的储碳周期可长达数百年甚至上千年。海洋中的“蓝碳”主要通过红树林、盐沼、海草和海藻等的光合作用来捕获碳，以生物量和生物沉积的形式储存在海底。红树林、海草床和滨海盐沼共同组成了国际公认的最具固碳效率的“三大滨海湿地蓝碳生态系统”。虽然这三类生态系统的覆盖面积不到海床的0.5%，植物生物量只占陆地植物生物量的0.05%，但其碳储量却高达海洋碳储量的50%以上，甚至可能高达71%，是地球上最密集的碳储存器。红树林是一种生长在热带、亚热带的海岸潮间带植物群落，也被称为“海上森林”。在三大生态系统中，红树林的固碳效率最高。蓝色碳汇还包括以浮游生物和贝类、藻类为食的鱼类、头足类、甲壳类和棘皮动物等生物资源种类通过食物网机制和生长活动所使用的碳。这些营养级别较高的水生生物以海洋中的天然饵料为食，在食物链的较低层大量消耗和使用浮游植物，吸收水体中的二氧化碳。通过收获水生生物能够将水体中的碳移出水面，发挥碳汇功能。简言之，在海洋中凡不需投饵的渔业生产活动就具有碳汇功能，可称之为海洋碳汇渔业，如藻类养殖、贝类养殖、滤食性鱼类养殖、人工鱼礁、增殖放流以及捕捞渔业。以海洋碳汇渔业为代表的生物固碳产业具有低成本、效益显著等优势，能够有效激发海洋低碳经济发展潜力。

中国在发展蓝碳方面潜力巨大。中国拥有近300万平方千米的海洋国土面积，约1.8万千米的大陆岸线，是世界上为数不多的同时拥有海草床、红树林、滨海盐沼这三大滨海蓝碳生态系统的国家之一，约670万公顷的滨海湿地面积为发展滨海固碳增汇提供了广阔空间。按全球平均值估算，中国三大滨海蓝碳生态系统的年碳汇量最高可达308万吨左右。中国在世界上率先提出渔业碳汇的概念。2011年，中国工程院院士唐启升发现近海的藻类、贝类等海洋生物通过光合作用、贝壳钙化和促进有机碳沉降等方式，可以吸收并固定二氧化碳，并据此提出碳汇渔业理论。目前，一些沿海地区已经在利用藻类、贝类等海水养殖，发展海洋碳汇渔业。

11.3.2.2 海洋能源

海洋能源通常是指海洋中所蕴藏的可再生能源，主要包括潮汐能、波浪能、海流能（潮流能）、温差能和盐差能。其中，波浪能由于具有能量密度大、能源分布广泛等特点，在海洋能源的开发中占有一定的优势。如果海洋可再生能源的综合开发和利用技术能取得重大进展，就可满足全球能源需求，并能够减少化石能源消耗。据国际可再生能源署预测，随着各类海洋能源技术的发展，全球海洋能装机容量预计未来5年可达3千兆瓦，至2030年和2050年分别可达70千兆瓦和350千兆瓦。此外，海洋能源具有巨大的减排潜力，每千瓦海洋能装机容量每年能够减少约1.67吨二氧化碳排放量。在能源转型和全球气候治理的压力下，海洋能源以其不占用陆地空间、储量巨大、资源分布广泛、开发潜力大、可持续利用、清洁无污染等优势，迅速成为全球可再生能源发展的重要组成部分和国际能源领域研究开发的热点，并为各国实现碳中和提供重要支撑。中国的海域面积大，拥有漫长的海岸线和数量众多的海岛，蕴藏着丰富的海洋能资源，能量密度位居世界前列，具备规模化开发利用的有利条件。根据联合国环境规划署公布的全球海洋能源开发利用数据，中国占全球海洋能源发电储量的近 1 / 5。其中，温差能是中国蕴藏最多的海洋能源类型，其资源可开发量估计超过 13 亿千瓦。中国的潮汐能资源可开发量约为 2 200 万千瓦，处于世界中等水平。此外，现有潮流能和波浪能的可开发资源量分别约为 1 400 万千瓦和 1 300 万千瓦。如有重大突破，将大大降低全球化石能源的消耗量，这对于减少碳排放、改善生态环境的作用将是不可估量的。近年来，中国相继出台了多项关于海洋能利用的国家标准，以促进海洋能产业规范化发展。

11.3.2.3 海洋新兴产业

海洋新兴产业是海洋产业中带有新兴性特征的产业门类，以高新技术的发展为主要特征，主要包括海洋工程、海洋能源、海洋生物技术、海洋旅游等。海洋工程主要包括海洋工程勘探、海洋建筑、海洋交通运输等领域；海洋能源及其相关产业属于典型的新兴产业和绿色环保产业，包括装备制造、交通运输、电力运营等上下游产业；海洋生物技术可以应用于生物食品、生物医药、化妆品等多个领域；海洋旅游以海洋为主题，包括海岛旅游、海上游览、海底观光、海洋文化体验等多种形式。近年来，随着人类对海洋资源的需求不断增加，海洋新兴产业逐渐成为一个备受世界各国关注的领域。

作为世界海洋强国，美国在海洋探测、深海矿产资源勘探和开发等技术方面处于世界领先地位。通过将现代科学技术应用于海洋产业，美国在海洋能源产业及海洋生物医药业等海洋新兴产业方面发展迅猛；日本的海洋科研设施已达到世界先进水平，并形成以沿海旅游业、港口及海运业、海洋渔业、海洋油气业为支柱的海洋产业布局；澳大利亚坚持海洋新兴产业的开发研究，比如海洋生物技术、海洋再生能源、海水淡化等；目前，中国已经初步在海洋工程建筑业、海洋船舶业、海洋化工业等海洋新兴产业形成优势。

11.3.3 海洋低碳经济的中国典型实践

1. 海洋牧场

近年来，随着海洋环境的恶化以及海洋资源的枯竭，传统捕捞业和养殖业已难以适应经济社会健康发展和海洋生态环境承载力的要求。海洋牧场作为一种可持续的渔业发展模式，为解决海洋渔业资源利用与环境保护之间的矛盾提供了一种新的思路。海洋牧场的核心是生物资源养护与生态环境修复。海洋牧场是指在一个特定的海域里，为了有计划地培育和管理渔业资源而设置的人工渔场。利用生物群体控制技术和现代管理模式，将环境保护、资源保护和渔业可持续产出结合起来，从而实现生境恢复和人工增殖。发展海洋牧场是实现资源养护与低碳渔业生产的可靠途径，能促进传统渔业从“捕捞型”向便于人工控制管理的“放牧型”“管理型”转变。大力建设海洋牧场，通过增殖来增加海洋生物产量，并通过海洋生物种类的增加和产量的提高，丰富海洋生物多样性，调节海洋生物食物链，达到水生生物资源养护与渔业低碳生产的目的。

中国的海洋牧场研究与建设始于20世纪70年代末。1979年，广西壮族自治区水产厅在北部湾投放了中国第一个混凝土制的人工鱼礁，拉开了海洋牧场建设的序幕。2006年，国务院发布《中国水生生物资源养护行动纲要》后，辽宁省、广西壮族自治区、福建省、浙江省、江苏省、河北省、山东省等沿海省份也相继开展了海洋生物资源增殖放流活动和人工鱼礁建设。到2015年，中国近海海域共建设海洋牧场200多个，面积近900平方千米，人工鱼礁区面积600多平方千米，投放人工鱼礁总空方量6 000多万立方米。2015年5月，农业部组织开展国家级海洋牧场示范区创建活动，推进以海洋牧场建设为主要形式的区域性渔业资源养护、生态环境保护和渔业综合开发。截至2021年，农业农村部已批复建设7批共153个国家级海洋牧场示范区。

2. 海洋生态文明建设示范区

2012年，国家海洋局发布了《关于开展“海洋生态文明示范区”建设工作的意见》，正式开启了国家海洋生态文明示范区的创建工作。党的十八大报告把生态文明建设纳入中国特色社会主义事业“五位一体”总体布局，明确提出“大力推进生态文明建设”，“努力建设美丽中国，实现中华民族永续发展”，并要求“提高海洋资源开发能力，发展海洋经济，保护海洋生态环境，坚决维护国家海洋权益，建设海洋强国”。为贯彻落实“海洋强国”战略和生态文明建设的总体部署，2012年，国家海洋局印发《国家海洋局海洋生态文明建设实施方案（2015—2020年）》，提出推进海洋生态文明建设的明确意见和目标。海洋生态文明建设作为国家生态文明建设的重要组成部分，在发展海洋经济和保护海洋生态环境方面发挥了重要的协调作用。

2013年，国家海洋局批准山东省威海市、日照市、长岛县，浙江省象山县、玉环县（2017年撤销）、洞头县（2015年撤销），福建省厦门市、晋江市、东山县，广东省珠海市横琴新区、南澳县、徐闻县为首批国家级海洋生态文明建设示范市、县（区）。2015年，国家海洋局批准辽宁省盘锦市、大连市旅顺口区，山东省青岛市、烟台市，江苏省南通市、东台市，浙江省嵊泗县，广东省惠州市、深圳市大鹏新区，广西壮族自治区北海市，海南省三亚市和三沙市等全国12个市、县（区）为第二批国家级海洋生态文明建设示范区。各地围绕当地特色积极开展海洋生态文明建设，海洋生态文明示范区建设对于提高海洋生态文明建设水平、推动海洋经济低碳发展具有重要的示范作用和指导意义。

本章小结

本章在系统梳理绿色经济、循环经济和低碳经济三大理论的基础之上，结合中国陆海统筹、海洋强国建设以及生态文明建设的时代背景与现实需求，阐述了海洋绿色经济、海洋循环经济和海洋低碳经济的定义与内涵，并分类整合了中国沿海地区海洋绿色发展、海洋循环发展以及海洋低碳发展的典型实践案例，以期总结中国海洋经济可持续发展经验。

【知识进阶】

1. 试着对海洋绿色经济、海洋循环经济和海洋低碳经济的内涵进行界定，并比较它们的联系与区别。

2. 什么是循环经济？简述循环经济的基本原则与基本特征。

3. 海洋如何影响全球气候变化？浅谈如何发挥海洋在应对全球气候变暖中的重要作用。

4. 很多学者认为“宇宙飞船理论”对全球经济的描述在最终分析中是有效的。而与此同时，另一些学者则认为我们目前首先考虑的应该是营养不良和贫穷等迫切问题，这些问题的解决更应当是我们的直接目标，虽然我们最终必须达到可持续发展的目标，但它却不应该是不顾其他一切而追求的直接目标。对于这两种截然不同的观点，你是如何理解的？

5. 分析在海洋经济发展的现实实践中如何秉承绿色、循环和低碳经济理念。

12 海洋经济可持续发展评价

知识导入：可持续发展起源于环境保护问题，然而它早已超越了单纯的环境保护领域。可持续发展是一个综合性的、系统性的概念，其将“发展”与“可持续性”两个方面有机地结合在一起，是一个涵盖经济、社会与生态等各方面的复杂的区域经济系统。海洋经济可持续发展是可持续发展的重要内容。因此，在经济高质量发展的背景下，本章从可持续发展的角度出发，以系统理论为指导，在对海洋经济可持续发展评价的起因与意义、遵循的基本原则和评价方法进行相关介绍的基础上，从海洋经济、社会与生态三个系统维度量化其“创新”“协调”“绿色”“开放”与“共享”水平，力图构建科学可操作的海洋经济可持续发展能力的评价指标体系，并在此基础上探索中国海洋经济可持续发展之路。

12.1 海洋经济可持续发展评价概述

12.1.1 海洋经济可持续发展的起因与意义

12.1.1.1 海洋经济可持续发展的起因

可持续发展是人类关于经济、社会、生态协调发展的全新战略思想。1972 年 6 月 5 日，联合国在瑞典斯德哥尔摩召开了人类环境会议，向全人类警示：人类只有一个地球。会议通过了《人类环境宣言》，并向全世界发出呼吁：人类业已到了必须一致行动共同对环境问题采取更审慎处理的历史转折点。世界环境与发展委员会于 1987 年在《我们共同的未来》报告中，第一次对可持续发展作出全面、详细的阐述，并给出了权威性的定义：“可持续发展是既能满足当代人的需要，而又不对后代人满足其需要的能力构成危害的发展。”该表述得到了国际社会的普遍接受。1992 年，在巴西里约热内卢召开的联合国环境和发展会议上，来自 100 多个国家和地区的政府首脑共同签署了著名的《里约环境与发展宣言》（又称《地球宪章》），一致提出世界各国要遵循可持续发展战略。这体现了当代人类社会的新思想，使可持续发展成为全球的共同行动战略。当前，可持续发展原则已成为全球社会经济发展与自然资源开发考虑的关键要素。

从宏观的角度来看，整个人类社会需要可持续发展，而海洋可持续发展是其中一个极其重要的命题。海洋可持续发展是在全球人口爆炸、资源短缺、环境污染、生态恶化的背景下提出的新发展理念，是可持续发展概念在海洋经济领域的生动体现。海洋拥有丰富的人类赖以生存的自然资源，包括海水、海洋生物、海洋矿产等，还具有多样化的功能，如航运、海洋动力和海洋空间等。人类的经济活动开始越来越多地转向更加广袤的海洋。然而，人类对海洋资源的无序开发和过度使用，造成了海洋生物多样性下降、近浅海污染物扩散、海洋生态承载力退化等一系列问题，甚至危及人类社会的可持续发展。1992 年，联合国环境和发展会议通过《21 世纪议程》《生物多样性公约》及《气候变化框架公约》等五份文件，首次提出"对沿海和海洋实施综合管理以实现可持续发展"。大会有关可持续发展的理念，随后也作为一种行动指南的新范式为人类探究海洋问题提供指引。世界已经进入海洋经济可持续发展的新时代。

12.1.1.2 海洋经济可持续发展的意义

1. 海洋决定地球生命的生存

海洋是地球的气候调节器和太阳能接收器，主要原因在于它是大气淡水和热量的主要供应者。每年，海洋中蒸发的淡水量大约占地表总蒸发量的 84%，其中 90% 通过降雨的形式返回海洋，10% 变为雨雪落到陆地，并最终顺着河流汇入海洋；大气中的水分每 10 ~ 15 天完成一次更新；到达地球的太阳辐射有一半以上被海洋吸收，并通过潜热、长波辐射和感热交换的方式输送给大气，以能量形式来影响大气运动。海洋是地球的呼吸系统，为生命制造氧气，吸收二氧化碳和废气。海洋浮游植物每年大约生产 360 亿吨氧，产生了人类呼吸的 70% 的氧气；海洋能够吸收 25% 的二氧化碳排放和 90% 的温室气体排放产生的热量，是地球最大的碳汇；海洋具有很强的净化能力，能够分解和消除各种有害气体。海洋是生物多样性的家园，为无数海洋物种提供了栖息地。

2. 海洋影响全球经济的健康发展

全球海洋经济的价值为 3 万亿到 6 万亿美元，蕴藏着巨大的发展潜力，比如：世界上 20 个特大城市中有 13 个位于沿海地区；90% 的国际贸易通过海洋运输进行；全球 95% 的数据通过海底电缆传输；世界上许多重要的渔场都位于海洋中，为数百万人提供了动物蛋白摄入来源；全球超过 30% 的石油和天然气是在海上开采的；沿海旅游业是世界经济中最大的细分市场，占全球国内生产总值的 5% 和全球就业的 6% 至 7%；有关海洋生物多样性的知识增加帮助我们在制药、粮食生产和水产养殖等行业取得了突破性进展；潮汐、海浪、洋流和海风都是新兴能源，对于发展清洁能源具有重要作用。

3. 海洋关乎人类福祉和全球未来

在全球大约 150 个沿海和岛屿国家中，超过 40% 的世界人口，约 31 亿人，居住在距离海岸不到 100 千米的区域。海洋提供的经济利益超过全球国民生产总值的 60%，维持着至少 1.5 亿个直接就业岗位。通过开展可持续渔业、可再生能源生产、生态旅游和“绿色”航运等活动，各国能够提高就业率和改善卫生条件，同时减少贫困、营养不良和污染，促进人类社会发展。另外，海洋还提供一系列生态系统服务，如珊瑚礁是保护海岸线免受飓风和海啸破坏的天然屏障。

12.1.2 海洋经济可持续发展评价指标体系的构建原则

海洋经济可持续发展须基于指标体系评价，指标体系构建主要遵循以下几个原则。

1. 系统性和层次性原则

海洋经济可持续发展评价是一个涉及海洋生态、海洋经济、海洋社会等若干要素的复杂系统。因此，必须把海洋经济可持续发展视为一个系统性问题，指标体系设计要坚持整体观念，全面综合反映海洋经济可持续发展的水平与潜力，客观描述各个要素的发展变化和趋势。同时，基于多因素进行综合评估，将海洋可持续发展分解为不同层次，并在各个层次设立子系统，建立层次明晰的指标体系，从而有利于决策者有的放矢地采取对策措施。

2. 科学性和通用性原则

指标体系设计必须客观、真实、科学地反映海洋经济、资源环境与社会发展的关键特征以及它们之间的协调状况等，以科学理论作为支撑，遵循科学研究方法，从科学的角度理解和把握海洋经济可持续发展的实质。同时，指标的选择应尽量少而精，既要便于理解、简洁实用，又要尽可能选择那些有代表性的综合指标和重点指标。总之，指标的选择、权重系数的确定、数据选取、评价方法都要建立在科学性和通用性的基础之上。

3. 全面性和独立性原则

全面性原则是指海洋经济可持续发展指标体系必须全面反映海洋经济可持续发展涉及的各个方面，如海洋资源、海洋环境、海洋经济、海洋产业、社会发展，平衡各项要素，坚持统筹兼顾，注重多因素的全面综合分析。独立性原则强调指标的代表性和典型性。海洋经济可持续发展的各项指标都必须有清楚明晰的含义，避免出现含义上的重复。各指标间的相关性不应该过强，避免信息的重叠。同时还应区别主次和轻重，对指标赋予不同权重，从而使指标体系具有简洁性和完备性。

4. 可测性和可比性原则

可测性原则包含两层含义：可获得性和可量化性。在进行指标体系设计时应以容易获取的现实统计数据为基础，数据来源准确可靠，处理方法科学简化。同时坚持定量指标和定性指标相结合，充分考虑数据的可量化性，对于意义重大但难以进行量化的指标，可以考虑用定性指标来代替。可比性原则体现在两个方面：一是统计指标的概念、层次和结构等必须符合现行海洋统计制度的要求；二是指标的统计口径、含义、适用范围等必须适用于不同的区域，在不同时间段上也具有可比性。

5. 静态性和动态性原则

海洋经济可持续发展是一个较长时期的动态过程，任何一项指标都会对不同时期和区域的可持续发展水平产生异质性影响。因此，指标的选取不仅要能够静态地反映海洋经济可持续发展的现状，还要能动态地考察其发展潜力。这就要求在构建海洋经济可持续发展评价指标体系时，切实做到静态性和动态性相结合，统筹考核评价历史数据、现实数据和未来数据，并且要求所选指标在较长时间内具有实际意义。

12.1.3 海洋经济可持续发展的评价方法

常用的海洋经济可持续发展的评价方法有投入产出法、模糊评价法、层次分析法、专家打分法、主成分分析法、熵权法等。为了避免受主观因素的影响，更好地反映海洋经济可持续发展水平，熵权法和主成分分析法是目前使用较为广泛的研究方法。因此，本节以熵权法和主成分分析法为例分析指标评价过程。

12.1.3.1 熵权法

熵权法是一种偏于客观、基于信息熵理论确定指标权重的方法，其计算过程如下。

1. 数据预处理

数据的预处理主要包含三个步骤：一是根据指标内涵及原始数据计算各指标值；二是对涉及价格的指标值进行折算，以排除价格因素的干扰；三是进行指标的无量纲化处理，其过程包括：

$$Y_{ij}=\begin{cases}\dfrac{x_{ij}-\min(x_{ij})}{\max(x_{ij})-\min(x_{ij})}, & x\text{为正向指标}\\[2ex]\dfrac{\max(x_{ij})-x_{ij}}{\max(x_{ij})-\min(x_{ij})}, & x\text{为逆向指标}\end{cases} \tag{12.1}$$

2. 计算区位熵

根据信息熵的定义，n个地区m个评价指标的信息熵计算公式为

$$E_j=\frac{1}{\ln n\sum_{i=1}^{n}p_{ij}\ln(p_{ij})} \tag{12.2}$$

式中，$p_{ij}=\frac{Y_{ij}}{\sum_{i-1}^{n}Y_{ij}}$。

3. 计算差异系数

根据上式，对于给定的j，当x差异越小时，信息熵越大。特别地，如果差异为0，则E=1。因此定义差异系数F_j为

$$F_j=1-E_j \tag{12.3}$$

4. 计算权重系数

$$\varpi_j=\frac{g_j}{\sum_{j=1}^{n}g_j}(j=1，2，\cdots，m) \tag{12.4}$$

5. 计算综合可持续发展指数

$$I_i=\varpi_jX_{ij}(j=1，2，\cdots，m) \tag{12.5}$$

式中，综合可持续发展指数I_i的取值范围为［0，1］。I_i越大，表明该国（省、市、区）的海洋经济可持续发展水平越高；反之，则该国（省、市、区）的海洋经济可持续发展水平越低。

12.1.3.2 主成分分析法

主成分分析法是多元统计分析方法中的一种。多元统计分析方法主要包括聚类分析法、判别分析法、主成分分析法、因子分析法等。多元统计分析方法中各综合因子的权数是根据综合因子的方差贡献率大小来确定的，方差越大的变量越重要，从而具有较大的权数，这样就避免了人为确定权数的随意性，使得综合评价结果唯一。

主成分分析法是利用降维的思想，把多指标转化为少数几个综合指标的多元统计方法，研究如何通过少数几个主成分来解释多个变量间的内部结构，即从原始变量中导出少数几个主分量，使它们尽可能多地保留原始变量的信息，且彼此间互不相关，主成分分析的目的是对数据进行压缩与解释。

1. 主成分分析的数学模型

主成分分析数学上的处理是将原始的p个变量进行线性组合，作为新的变量。设p个原始变量为（x_1，x_2，…，x_p），新的变量（即主成分）为（y_1，y_2，…，

y_p），主成分和原始变量之间的关系表示为

$$\begin{cases} y_1=a_{11}x_1+a_{12}x_2+\cdots+a_{1p}x_p \\ y_2=a_{21}x_1+a_{22}x_2+\cdots+a_{2p}x_p \\ \quad\vdots \\ y_p=a_{p1}x_1+a_{p2}x_2+\cdots+a_{pp}x_p \end{cases} \tag{12.6}$$

式中，a_{ij} 为第 i 个主成分 y_i 和原来的第 j 个变量 x_j 之间的线性相关系数，称为载荷（Loading）。比如，a_{11} 表示第 1 个主成分和原来的第 1 个变量之间的相关系数，a_{21} 表示第 2 个主成分和原来的第 1 个变量之间的相关系数。

2. 主成分分析的步骤

（1）对原来的 p 个指标进行标准化，以消除变量在水平和量纲上的影响。

（2）根据标准化后的数据矩阵求出相关系数矩阵。

（3）求出协方差矩阵的特征根和特征向量。

（4）确定主成分，并对各主成分所包含的信息给予适当的解释。

12.2 海洋经济可持续发展评价指标体系

12.2.1 中国海洋经济可持续发展评价指标体系构建思路

海洋经济可持续发展是可持续发展理念在海洋领域的体现与延伸，是新形势下人们对以往海洋经济发展和海洋开发行为的一种自我修正认识。具体来说，海洋经济可持续发展是促进海洋经济、海洋社会、海洋生态协调发展的战略思想，即以海洋资源的可持续利用和良好的海洋生态环境为基础，其实质就是处理好三者之间的辩证关系。如图 12-1（a）和图 12-1（b）所示，其内涵应为三层：海洋经济增长

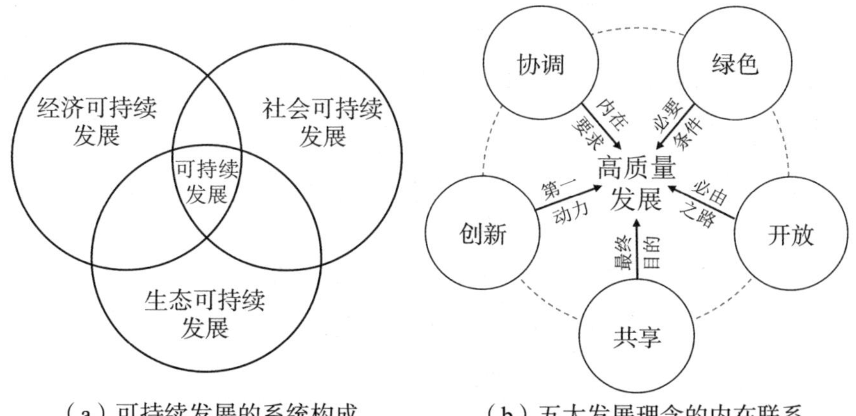

（a）可持续发展的系统构成　（b）五大发展理念的内在联系

图12-1　海洋经济可持续发展的内涵框架

的可持续性、海洋社会发展的可持续性和海洋生态环境的可持续性。从理念的维度看，海洋经济可持续发展应秉承创新、协调、绿色、开放和共享五大新发展理念，协同海洋经济、海洋社会、海洋生态系统达到和谐统一。因此，海洋经济可持续发展应该是三大系统的和谐统一，并实现海洋经济创新性、协调性、绿色性、开放性和共享性的协同发展。

12.2.2 中国海洋经济可持续发展评价指标体系框架

当前，关于海洋经济可持续发展的研究已经成为中国政府和社会各界关注的一个重要问题。然而，中国对于海洋经济可持续发展的研究还依旧处于起步阶段。不论是理论研究还是实践应用方面，中国均未形成一套完整的、科学的海洋经济可持续发展评价体系与路径方案。因此，本节根据前文的分析、综合已有学者的研究并结合相关公布的数据，试图从系统构成与发展理念两个维度构建指标体系框架来评价中国的海洋经济可持续发展水平，以期给予广大读者一些启示与借鉴。这两个维度相互依托、不可分离，并能够分别反映各子系统的功能状态和发展水平，共同组成海洋经济可持续发展评价的整体内容，具体如表12-1所示。

表12-1 中国海洋经济可持续发展评价指标体系框架

一级指标	二级指标	三级指标	二级指标	一级指标
海洋经济可持续发展系统对象评价指标体系	海洋经济可持续系统	海洋科研机构科研课题数	创新	海洋经济高质量发展系统对象评价指标体系
		海洋科研机构博士人数		
		海洋科研机构发表科技论文数		
		海洋科研机构拥有发明专利总数		
		海洋科研机构数		
		海洋科研机构从业人员数		
		海洋科研机构经费收入		
		海洋第三产业占GDP比重	协调	
		海洋第二产业占GDP比重		
		海洋第一产业占GDP比重		
		海洋渔业产值占GDP比重		
		单位GDP废水排放	绿色	
		单位GDP废气排放		
		单位GDP耗电量		

续表

一级指标	二级指标	三级指标	二级指标	一级指标
海洋经济可持续发展系统对象评价指标体系	海洋经济可持续系统	国际标准集装箱吞吐量	开放	海洋经济高质量发展系统对象评价指标体系
		沿海地区海洋货物货运量		
		沿海地区海洋货物周转量		
		进出口总额		
		沿海港口货物吞吐量		
		国际旅游收入		
		沿海渔民人均纯收入	共享	
		人均GDP		
		人均可支配收入占比		
	海洋生态可持续系统	征收海域使用金	协调	
		颁发海域使用权证书		
		确权海域面积		
		森林覆盖率	绿色	
		沿海地区湿地总面积		
		海洋类型自然保护区面积		
		海洋类型自然保护区个数		
		沿海地区星级饭店数	开放	
		城市燃气普及率	共享	
	海洋社会可持续系统	海洋专业机构数	创新	
		海洋专业高等学校教职工数		
		教育支出占地方财政比重		
		海洋GOP占国内GDP比重	协调	
		社会消费品零售总额		
		居民消费价格指数		
		城镇化率=城镇人口/总人口		
		沿海地区海滨观察站总数	绿色	
		邮电业务占GDP比重	开放	

续表

一级指标	二级指标	三级指标	二级指标	一级指标
海洋经济可持续发展系统对象评价指标体系	海洋社会可持续系统	公共图书馆数	共享	海洋经济高质量发展系统对象评价指标体系
		万人拥有公共交通车辆数		
		城镇登记失业率		
		沿海地区卫生机构数		
		沿海地区卫生机构人员数		

12.2.2.1 海洋经济可持续发展系统

1. 海洋经济可持续系统

海洋经济的可持续性是实现海洋经济可持续发展的根本动力，是海洋经济发展的中心任务。因此，海洋经济可持续系统在海洋经济可持续发展评价指标体系中处于核心地位。海洋经济可持续系统推动着整个海洋经济可持续发展系统的发展演化，是整个指标体系的重要组成部分。人类开发海洋的目的就是能够在合理的范围内创造持续的财富，在不破坏海洋生态环境的基础上实现经济增长。同时，海洋经济可持续系统是海洋社会可持续系统和海洋生态可持续系统的基础，能够为其提供物质与资金支持。只有经济发展到一定水平，才能保证有更多的财政资金投入海洋资源开发、环境保护与治理事业中，才能够提高人类的生活福利水平，最终实现社会全面进步。

如表 12-2 所示，本节分别从创新、协调、绿色、开放和共享五大发展理念对海洋经济可持续系统进行考察。其中，创新维度体现了海洋经济可持续系统的创新水平，包括海洋科研机构科研课题数、海洋科研机构博士人数、海洋科研机构发表科技论文数、海洋科研机构拥有发明专利总数、海洋科研机构数、海洋科研机构从业人员数以及海洋科研机构经费收入 7 个指标；协调维度体现的是海洋经济可持续系统的协调性，主要包括海洋第三产业占 GDP 比重、海洋第二产业占 GDP 比重、海洋第一产业占 GDP 比重和海洋渔业产值占 GDP 比重 4 个指标；绿色维度体现了海洋经济可持续系统的资源利用与生态环境状况，包括单位 GDP 废水排放、单位 GDP 废气排放以及单位 GDP 耗电量 3 个指标；开放维度体现的是海洋经济可持续系统的开放程度，主要包括国际标准集装箱吞吐量、沿海地区海洋货物货运量、沿海地区海洋货物周转量、沿海地区货物进出口总额、沿海港口货物吞吐量和国际旅游收入 6 个指标；共享维度具体包括沿海渔民人均纯收入、人均 GDP 以及人均可支配收入占比 3 个指标，这些指标能够在一定程度上反映民众对海洋经济发展成果的共享水平。

表12-2 海洋经济可持续系统评价指标体系

目标层	准则层	具体指标
海洋经济可持续系统	创新	海洋科研机构科研课题数
		海洋科研机构博士人数
		海洋科研机构发表科技论文数
		海洋科研机构拥有发明专利总数
		海洋科研机构数
		海洋科研机构从业人员数
		海洋科研机构经费收入
	协调	海洋第三产业占 GDP 比重
		海洋第二产业占 GDP 比重
		海洋第一产业占 GDP 比重
		海洋渔业产值占 GDP 比重
	绿色	单位 GDP 废水排放
		单位 GDP 废气排放
		单位 GDP 耗电量
	开放	国际标准集装箱吞吐量
		沿海地区海洋货物货运量
		沿海地区海洋货物周转量
		沿海地区货物进出口总额
		沿海港口货物吞吐量
		国际旅游收入
	共享	沿海渔民人均纯收入
		人均 GDP
		人均可支配收入占比

2. 海洋社会可持续系统

社会是由个体的人组成的，因此社会可持续发展的关键是提高人民的民生福祉，促进社会健康与稳定与发展。从上述含义上理解，社会的可持续性是海洋经济可持续发展的根本目的。因此，海洋社会可持续系统是海洋经济可持续发展评价指标体系中的重要组成部分（具体指标体系如表 12-3 所示）。海洋社会可持续系统的评价指标体系仍然包括创新、协调、绿色、开放和共享五个维度，多采用一些综合性的指标，在人类生活质量指标的基础上体现与海洋有关的因素。其中，海洋专业机构数、海洋专业高等学校教职工数、教育支出占地方财政比重这 3 个指标体现了社会对海洋经济发展的重视以及海洋科学技术创新能力。海洋 GOP 占国内 GDP 比重、社会消费品零售总额、居民消费价格指数与城镇化率反映了沿海地区人口集聚程度与社会发展水平。沿海地区海滨观察站总数则反映了对海洋生态环境的重视程度，邮电业务占 GDP 比重体现的是社会信息开放度，而公共图书馆数、万人拥有公共交通车辆数、城镇登记失业率、沿海地区卫生机构数与沿海地区卫生机构人员数反映的是社会稳定性以及保障程度。

表12-3　海洋社会可持续系统评价指标体系

目标层	准则层	具体指标
海洋社会可持续系统	创新	海洋专业机构数
		海洋专业高等学校教职工数
		教育支出占地方财政比重
	协调	海洋 GOP 占国内 GDP 比重
		社会消费品零售总额
		居民消费价格指数
		城镇化率=城镇人口 / 总人口
	绿色	沿海地区海滨观察站总数
	开放	邮电业务占 GDP 比重
	共享	公共图书馆数
		万人拥有公共交通车辆数
		城镇登记失业率
		沿海地区卫生机构数
		沿海地区卫生机构人员数

3. 海洋生态可持续系统

自然资源与生态环境是人类社会生存与发展的物质基础，人类进步的过程也是掌握自然并不断利用资源产生价值的过程。海洋生态的可持续是海洋经济可持续发展的基础。因为海洋生态可持续系统一方面反映了海洋资源对海洋经济可持续发展的物质支持能力，另一方面也为海洋经济活动提供了空间载体。然而，人类对于海洋资源过多的索求也造成了尖锐的矛盾。因此，人类利用海洋资源与环境的观念、方式与方法直接关系到海洋经济的可持续发展程度。如表 12-4 所示，海洋生态可持续系统由四个准则层构成，即协调、绿色、开放和共享。协调维度主要包括征收海域使用金、颁发海域使用权证书和确权海域面积 3 个指标；绿色维度包括森林覆盖率、沿海地区湿地总面积、海洋类型自然保护区面积以及海洋类型自然保护区个数 4 个指标；开放维度则包括沿海地区星级饭店数单个指标；共享维度只包括城市燃气普及率。

表12-4 海洋生态可持续系统评价指标体系

目标层	准则层	具体指标
海洋生态可持续系统	协调	征收海域使用金
		颁发海域使用权证书
		确权海域面积
	绿色	森林覆盖率
		沿海地区湿地总面积
		海洋类型自然保护区面积
		海洋类型自然保护区个数
	开放	沿海地区星级饭店数
	共享	城市燃气普及率

12.2.2.2 海洋经济高质量发展理念

1. 创新理念

创新是推动海洋经济高质量发展的关键所在，是引领海洋经济高质量发展的第一动力，具有高附加值、高效率等“高质量”特征。创新不足是当前制约海洋经济高质量发展最主要的瓶颈。全球新一轮产业科技革命对中国海洋经济发展提出了新的要求。海洋科技创新应当是体现在海洋经济系统、海洋社会系统各方面的创新。

如表12–5所示，海洋创新理念在海洋经济可持续系统方面由海洋科研机构科研课题数、海洋科研机构博士人数、海洋科研机构发表科技论文数、海洋科研机构拥有发明专利总数、海洋科研机构数、海洋科研机构从业人员数以及海洋科研机构经费收入7个指标体现。海洋社会可持续系统的创新由海洋专业机构数、海洋专业高等学校教职工数和教育支出占地方财政比重表示。

表12–5　海洋创新理念评价指标体系

目标层	准则层	具体指标
创新	海洋经济可持续系统	海洋科研机构科研课题数
		海洋科研机构博士人数
		海洋科研机构发表科技论文数
		海洋科研机构拥有发明专利总数
		海洋科研机构数
		海洋科研机构从业人员数
		海洋科研机构经费收入
	海洋社会可持续系统	海洋专业机构数
		海洋专业高等学校教职工数
		教育支出占地方财政比重

2. 协调理念

协调发展强调的是整体性和综合性的多元发展，海洋经济协调发展包括陆海经济、海洋产业结构、区域经济、城乡经济与社会、政治、文化各方面相协调的发展。随着经济全球化与区域经济一体化的进程不断加快，海洋经济发展格局从之前的单一产业到多元化产业，再到现在的海陆一体、区域协调发展方式转变。如表12–6所示，海洋经济协调发展体现在海洋经济可持续系统方面则是各产业的合理化发展，主要由海洋第三产业占GDP比重、海洋第二产业占GDP比重、海洋第一产业占GDP比重与海洋渔业产值占GDP比重4个指标来表示。海洋生态可持续系统的协调发展则包括征收海域使用金、颁发海域使用权证书与确权海域面积3个指标。海洋社会可持续系统则主要包含海洋GOP占国内GDP比重、社会消费品零售总额、居民消费价格指数以及城镇化率4个指标。

表12-6 海洋协调理念评价指标体系

目标层	准则层	具体指标
协调	海洋经济可持续系统	海洋第三产业占GDP比重
		海洋第二产业占GDP比重
		海洋第一产业占GDP比重
		海洋渔业产值占GDP比重
	海洋生态可持续系统	征收海域使用金
		颁发海域使用权证书
		确权海域面积
	海洋社会可持续系统	海洋GOP占国内GDP比重
		社会消费品零售总额
		居民消费价格指数
		城镇化率=城镇人口/总人口

3. 绿色理念

绿色发展是海洋经济高质量发展的基本特征，指明了人与自然和谐共生、经济与生态协调共赢的关系。“绿水青山就是金山银山”，海洋生态文明是人类社会发展的一个重要趋势。海洋经济的高速发展给海洋生态环境带来的严重破坏远远超出了生态的自我修复能力，由此引发的生态灾难损失和环境修复成本大大降低了海洋经济发展的成效，也给人民生活环境带来严重的负面影响。如表12-7所示，海洋经济可持续系统的绿色发展程度可以通过单位GDP废水排放、单位GDP废气排放、单位GDP耗电量3个逆向指标体现。海洋生态可持续系统的绿色发展程度则通过森林覆盖率、沿海地区湿地总面积、海洋类型自然保护区面积和海洋类型自然保护区个数4指标表示。而沿海地区海滨观察站总数可以反映海洋社会可持续系统的绿色发展理念。

表12-7　海洋绿色理念评价指标体系

目标层	准则层	具体指标
绿色	海洋经济可持续系统	单位GDP废水排放
		单位GDP废气排放
		单位GDP耗电量
	海洋生态可持续系统	森林覆盖率
		沿海地区湿地总面积
		海洋类型自然保护区面积
		海洋类型自然保护区个数
	海洋社会可持续系统	沿海地区海滨观察站总数

4. 开放理念

高质量的对外开放是海洋经济高质量发展的重要推动力。地球上相接相通的海洋孕育了开放的海洋精神。经过40多年的改革开放，中国经济顺应全球化潮流，开放型特征日益突出。海洋经济高质量发展要求统筹利用国内和国际的市场、资源、技术，提高对外开放的质量和发展的内外联动性。如表12-8所示，海洋经济的开放程度在海洋经济可持续系统方面的体现，主要由国际标准集装箱吞吐量、沿海地区海洋货物货运量、沿海地区海洋货物周转量、沿海地区货物进出口总额、沿海港口货物吞吐量和国际旅游收入6个指标来表示。海洋生态可持续系统的开放发展则包括沿海地区星级饭店数1个指标。海洋社会可持续系统的开放发展包括邮电业务占GDP比重1个指标。

表12-8　海洋开放理念评价指标体系

目标层	准则层	具体指标
开放	海洋经济可持续系统	国际标准集装箱吞吐量
		沿海地区海洋货物货运量
		沿海地区海洋货物周转量
		沿海地区货物进出口总额
		沿海港口货物吞吐量
		国际旅游收入
	海洋生态可持续系统	沿海地区星级饭店数
	海洋社会可持续系统	邮电业务占GDP比重

5. 共享理念

海洋经济高质量发展的目的是产生更大的社会福利，其成果共享是造福人民的本质要求。新时代海洋经济的增长更加强调所有海洋事业的参与人员共享发展成果，实现共同富裕。海洋经济的快速发展促进了城市化进程的加快，海陆统筹发展缩小了城乡区域差距。如表12–9所示，海洋经济可持续系统的共享程度可以通过沿海渔民人均纯收入、人均GDP、人均可支配收入占比3个指标体现。海洋生态可持续系统的共享程度则通过城市燃气普及率指标表示。而公共图书馆数、万人拥有公共交通车辆数、城镇登记失业率、沿海地区卫生机构数、沿海地区卫生机构人员数可以反映海洋社会可持续系统的共享发展理念。

表12–9 海洋共享理念评价指标体系

目标层	准则层	具体指标
共享	海洋经济可持续系统	沿海渔民人均纯收入
		人均GDP
		人均可支配收入占比
	海洋生态可持续系统	城市燃气普及率
	海洋社会可持续系统	公共图书馆数
		万人拥有公共交通车辆数
		城镇登记失业率
		沿海地区卫生机构数
		沿海地区卫生机构人员数

12.2.3 海洋经济可持续发展评价指标体系的应用

构建海洋经济可持续发展评价指标体系的重点是准确反映中国海洋经济发展的现状和发展趋势，并对中国海洋经济的可持续发展能力进行评价。本节构建的海洋经济可持续发展评价指标体系能够应用在不同方面，从而对中国海洋经济的发展情况进行准确而全面的测度与研究。

1. 不同维度的海洋经济可持续发展评价指标体系

本节构建的中国海洋经济可持续发展评价指标体系对中国海洋经济可持续发展水平进行了双向的测度，能够从多个方面分析中国海洋经济可持续发展现状以及存在的问题。两个维度的一级指标可以从两个方面综合考察中国海洋经济的发展情况。海洋经济可持续系统、海洋生态可持续系统和海洋社会可持续系统下的指标分别反映了海洋的经济发展状况、资源利用与环境保护情况以及海洋社会稳定状况。创新、协调、绿色、开放和共享维度下的指标体系体现了中国海洋经济高质量发展目标下的新发展理念。海洋经济可持续发展系统的每一个子系统，即海洋经济可持续系统、海洋生态可持续系统与海洋社会可持续系统，都体现了创新、协调、绿色、开放和共享五个发展理念。同时，五个发展理念也都涵盖了各个海洋经济可持续发展子系统。从双向视角对海洋经济可持续发展水平进行考察可以全面分析中国海洋经济可持续发展的趋势和存在的问题。

2. 中国海洋经济可持续发展的国际比较及区域差异

构建中国海洋经济可持续发展评价指标体系，能够对中国海洋经济的可持续发展水平进行比较全面的了解和把握。更为重要的是，可以将中国的海洋经济可持续发展水平与国际上其他国家进行比较，从而寻找海洋经济发展差距，并学习和借鉴发达国家和地区在海洋资源开发利用、海洋生态环境保护等方面的先进经验，来更好地指导中国的实践。本节构建的评价指标体系也能够测度各个沿海地区的海洋经济可持续发展水平，有助于比较不同沿海地区的海洋经济可持续发展水平，寻找自身与其他地区的发展差异，找到更适合自身实际的海洋经济可持续发展模式，有针对性地提高海洋经济可持续发展水平和能力。总之，本节所构建的海洋经济可持续发展评价指标体系支持多样化、差异化的海洋资源开发与生态环境保护的路径指导。

3. 中国海洋经济可持续发展的趋势与实现路径

本节构建的海洋经济可持续发展评价指标体系可以从多方面考察中国在海洋资源开发、海洋生态环境保护过程中存在的问题。通过比较同一个地区在不同时期的海洋经济可持续发展水平变化，综合地分析海洋经济可持续发展的路径。具体体现在以下三方面：第一，中国海洋经济可持续发展评价指标体系中的指标从整体上反映了中国海洋经济的可持续发展潜力；第二，通过分析不同年份的指标，可以纵向把握某一个沿海省份海洋经济可持续发展水平随时间变化的趋势；第三，通过横向比较不同沿海省份的海洋经济可持续发展水平，能够发现地区之间的发展差异。总之，中国海洋经济可持续发展的实现路径不仅需要我们全方位地考察中国海洋经济的发展现状、趋势，也需要发挥每一个海洋经济参与主体的能动作用。

12.3 中国海洋经济可持续发展机制

12.3.1 海洋资源可持续开发与利用机制

1. 实施海洋综合管理，推动海洋资源可持续开发与利用

由于中国政府中涉及海洋开发、保护与维护权益的部门众多，难以协调各方利益，从而无法对海洋资源实行统一、有效的管理与整治。传统的分散管理体制显然无法适应海洋资源开发活动的新发展要求。综合的管理机制可以为海洋资源的开发与利用提供整体规划和政策指引，提高中国对海洋工作的统筹规划能力，从而推动海洋资源有序化和规范化的开发利用，避免出现海洋资源开发过程中的无序化和肆意浪费现象，保障国家海洋事业的可持续发展。首先，要以国家的海洋管理部门为主体，建立一个相互制约、相互监督的综合管理体制，进而平衡和协调各方利益，有效提高资源开发利用效率，营造公平、公正的海洋资源开发环境，防止发生海洋资源开发过程中的“公地悲剧”。另外，转变海洋管理模式，促进体制机制创新，建立现代化的新型海洋管理体制。在海洋资源开发利用中做到统一领导、分级管理，明确各级海洋管理局机构的工作职能和管理权限，调整和划分各个部门的职责范围。既要弥补管理空白区，又要减少管理重复现象，使中国的海洋资源在公平的环境、有序的管理和统一的引导下得到可持续开发与利用。最后，要完善规划和管理体系。尽快制订和完善如“中国海洋功能区划”“科技兴海计划”“海洋产业发展计划”规划和政策，弥补中国在海洋资源可持续发展规划和政策方面的不足。

2. 优化海洋产业结构，构建完善的现代海洋产业体系

海洋产业结构与布局的不合理是制约海洋资源可持续开发与利用的重要因素。落后的传统海洋产业部门在一定程度上造成了海洋资源的过度开采和重复浪费现象，违背了可持续发展理念的要求。要想促进中国海洋经济的可持续发展和海洋产业的现代化进程，就必须要不断优化海洋产业结构，淘汰落后产能，推进新兴海洋产业发展，使海洋资源在合理开发的限度内创造出更多的经济价值和社会价值，提高中国海洋产业在市场经济中的地位和作用。一方面，中国的一些传统海洋产业，比如海洋能源矿产业、海洋装备制造业、海洋能源矿产业等发展较早，导致劳动力的整体素质普遍不高、生产要素粗放式投入，使之无法适应中国海洋产业高质量发展和现代化建设的现实需求。因此要加大这些传统海洋产业的转型升级力度，逐步淘汰或改造落后产业。另一方面，海洋油气产业、滨海旅游业、海洋医药业和

海洋化工产业等自出现以来就呈现出巨大的发展潜力，代表着中国海洋产业结构优化升级的方向和前景，应成为中国今后海洋经济发展中培育的重点行业。具体而言，中国海底石油资源储量和海底天然气资源量丰富，为海洋油气资源开发提供了广阔前景；中国拥有漫长的海岸线、丰富的旅游资源和适宜的海洋气候，为海洋旅游业的发展提供了巨大潜力；中国的海洋医药产业要积极利用生物技术提取海洋生物活性物质并开发各种新型医药产品，将海洋资源优势转化为发展新动能；中国沿海众多省份相继建设了发展海洋化工和海水化学综合利用基地，为海洋化工产业发展打下了坚实基础。

3. 创新赋能绿色发展，提升海洋资源开发技术创新优势

科学技术水平落后导致的资源利用率不高是中国海洋资源开发利用过程中面临的短板和难题。海洋资源过度消耗和浪费的现象阻碍了中国海洋经济的可持续发展。因此，要努力提高海洋资源开发利用的技术水平，加快海洋技术创新和成果转化，在获取海洋资源的同时尽可能减少对海洋生态系统的破坏，实现海洋经济与海洋生态系统的良性循环。一是要通过海洋生物技术、海底矿产资源勘探开发技术、海水资源的综合利用技术等，为海洋资源的可持续开发利用做好技术储备；二是通过海洋水产养殖、海洋油气资源开发等领域关键技术的科技攻关计划，逐步解决中国在海洋技术领域的“卡脖子”问题；三是加强清洁生产技术的推广和普及，改善生产工艺，减少资源浪费，降低污染排放，促进海洋资源的可持续利用；四是做好人才培养，积极培养涉海领域的专业人才，促进人力资源的合理配置，保证海洋经济发展对科技人才的长期需求。

4. 加强法律实施工作，建立健全海洋资源开发法律保障体系

为促进海洋资源可持续开发与利用，国家有关部门要在现有法律的基础上加强和完善涉海法律法规的建设，推动海洋资源管理法律体系的规范化和完整化。首先，要加强海洋资源相关法律法规建设。在遵循《联合国海洋法公约》的基础上，结合中国实际的海洋工作环境和海洋资源开发现状，围绕海洋资源开发与利用有关方面制定和实施如《海洋开发管理法》《海域有偿使用管理法》《海岸带管理法》《海洋自然保护区和特别保护区管理条例》等相关法律法规。与此同时，要不断修改、补充和完善现行的涉海法律法规，使之能更好地落实和适应海洋经济可持续发展的需要。其次，要加强海洋执法系统建设。打造一支强有力、素质高的海洋综合执法队伍，实现公平、公开、公正执法，为海洋资源的开发与综合管理提供保障。再次，要建立海洋执法监督机制，通过调动人民群众和社会团体对海洋资源开发与

管理的监督积极性，提高海洋经济运行的执法水平。最后，要在海洋法律法规建设等领域学习和借鉴国外优秀的法制理论和先进的立法经验，不断缩小中国海洋法律法规建设水平与国外的差距。

12.3.2 海洋生态环境保护与污染治理机制

1. 完善海洋环境保护法律体系，健全海洋环境保护执法体系

建立完善的海洋环境保护法律体系和执法体系是实现海洋生态环境保护的重要基石，也是构建海洋环境现代化治理体系的重要保障。中国应该与时俱进地建立健全法律法规标准体系，完善法规制度，提高海洋环境治理的法制化水平。海洋生态环境保护应该重点完善以下四个体系：一是法律法规体系。当前，海洋环境保护与可持续发展的联系日益紧密，这就要求中国的海洋环境保护法律体系应更充分、更全面地体现可持续发展原则。二是标准规范体系。在海洋生物多样性保护、分海域海水水质评价、海洋倾倒废弃物、海洋污染损害赔偿等涉海领域制定严格、具体的标准规范。三是管理制度体系。海洋环境治理应建立明确具体的奖惩机制，既要加强违法惩治力度，对破坏海洋环境、污染海洋生态的行为予以行政或刑事处罚，也要对海洋生态环境保护作出贡献的公民或群体予以表彰或奖励。四是执法监测体系。海洋环境保护法律是否能够发挥预期的效果关键在于执行。要建立健全国家级海洋环境监测系统，完善各级政府间和各个部门间的监测体系，建立统一、全面的海洋生态环境监测制度，避免与海洋环境相关的法律法规变成一纸空文。

2. 定量控制陆源污染物排海，加强海洋环境污染监测评估

海洋生态环境问题表现在海洋，根源却在陆地。陆源污染排放占海洋环境污染排放量的80%以上，是海洋污染的主要来源。当前，陆地的污染物入海总量持续增加，早已远超海洋的承载能力。在这种形势下，我们应加快转变“重陆轻海”“重开发轻保护”和“先污染后治理”的思想意识；关键在于强化陆海统筹管理，积极贯彻落实习近平总书记提出的“统筹兼顾”理念，实施陆海污染一体化综合治理，形成海陆生态环境保护的有机统一和良性循环。第一，要强化陆地污染源头治理，建立海上排污许可制度，严格控制陆地污染物排入海洋。实施以海洋环境容量和近岸海域污染状况为基础的陆源污染物排海总量控制制度，重点治理保护河口、海湾、城市临海，加强海水养殖废水、城市生活污水、沿海工业废水的排放管理，改善陆海环境质量。第二，加强跨海陆环境生态保护区建设，划定生态保护红线。通过开展蓝色碳汇行动、实施岸线和滩涂湿地保护恢复、完善海洋生态补偿和生态赔偿制度、减少污染和保护物种多样性等多种措施推动海陆生态共建和环境共治。第三，搭建陆海一体化联合管

控网络信息平台，提升陆海统筹的数字化、智能化治理能力。利用现代信息技术，建立排污口综合管理平台和监测数据分析系统，推动海洋、水利、环保不同部门之间的数据共享开放、业务协同，提高管理的有效性与科学性。

3. 以科技助力海洋治污攻坚，深入实施科技兴海战略

海洋生态环境保护离不开海洋科技创新。海洋科技水平和创新能力是海洋生态环境保护的关键手段和重要支撑。因此，在科技兴海战略的指导下，中国有关部门要高度重视海洋科技创新能力的提升，建立并完善海洋治理创新机制。首先，要加大科研人才的培育和选拔力度，同时要加大海洋环境保护与科技研发资金投入，积极整合科研院所、高等教育院校的科研力量，打造一批从事海洋生态环境保护和善于进行海洋环境治理的人才队伍。其次，考虑到国外在海洋环境保护以及科技创新领域的世界领先地位，中国要不断学习国外的先进技术水平和管理经验，重点学习海洋生物保护技术、海洋环境监测与评价技术等，从而不断缩小同国外海洋环境保护水平的差距。最后，对于全球海洋生态环境问题，中国要进行实时跟踪与研究，掌握世界海洋生态环境保护的最新动态和重要成果，既要强化邻近海域的环境监测水平，也要与时俱进地利用先进技术扩大监测范围，提高中国海洋环境治理的能力与水平。

4. 弘扬海洋生态文化，提高全民族的海洋保护意识

公众既是海洋生态环境污染的制造者，同时也是海洋生态环境保护的参与者。新时代的海洋经济发展要在全社会倡导人海和谐理念，牢固树立海洋生态文明意识。首先，要加强海洋生态文化和海洋环境保护的科普和教育，提高居民和企业对海洋环境保护的责任意识，让公众了解海洋环境治理的重要地位和生态环境保护的积极意义。比如，组织开展面向公众的、多元化的海洋生态文化宣传主题活动（如“全国海洋宣传日”系列活动、海洋专题会展、海洋科普教育基地、海洋公园、海洋环境志愿者队伍）和搭建海洋环境保护交流平台，努力形成全社会亲海、知海、爱海、护海的良好氛围。其次，引导政府部门、非政府机构、公众群体等各方力量广泛参与到海洋环境治理的实际行动中，依赖政府、民众、企业等多方力量提高海洋环境治理的现代化水平。比如，鼓励企业使用清洁、低碳的可再生能源，采用资源利用率高、污染物排放量少的清洁生产技术，防止并减少对海洋环境的污染。居民使用可重复使用的生活物品，避免使用一次性塑料制品等。最后，要传承和弘扬海洋文化。通过海洋主题的摄影、书法、美术、文学、戏剧、影视等各种文艺形式传播海洋知识，让更多的群众了解海洋和海洋文化的魅力，加强对海洋环保的关注并提高海洋保护意识。

12.3.3 海洋命运共同体与全球合作治理机制

1. 推动构建海洋命运共同体，构建新型海上合作关系

人类居住的蓝色星球将世界各国连接成一个命运与共、安危与共、利益交融的统一整体。面对复杂、严峻的全球海洋生态环境问题，世界各国均无法置身事外、独善其身。海洋命运共同体理念主张各国应当高度重视海洋关系的全球整体性和海洋治理的全球公共性，超越自身的国家利益，构建新型海上合作关系，以实现海洋生态环境保护与海洋经济可持续发展。具体而言，新型海上合作关系可以从以下三个方面理解：第一，关于海洋资源开发，世界各国应着手建立海洋资源共享平台与海洋事务协商对话平台，促进在海洋资源调查评估、海洋资源开发与管理等方面的广泛交流与合作，推动全球海洋资源有序开发利用；第二，关于海洋环境保护，世界各国应当围绕技术研发、环境监测、污染治理、风险评估等方面联合开展行动，自觉承担治污责任，积极采取有效措施（如发展海洋清洁生产技术与污染治理技术）缓解海洋污染问题；第三，关于海洋产业发展，倡导各国合作建立国际化的海洋产业园区，合作开展海洋科研项目，主动推广海洋科学技术，在改造传统海洋产业的基础上发展海洋新兴产业，从而提高海洋产业发展水平。

2. 深度参与全球海洋治理，为海洋保护贡献中国智慧

海洋命运共同体理念从全新视角阐释了国家之间、人类与海洋之间的关系，为解决全球海洋生态问题贡献了中国智慧和中国方案。自海洋命运共同体理念提出以来，中国积极承担全球海洋治理责任与义务，在维护海洋安全、保护海洋生态、发展海洋经济等方面采取了一系列实质性的行动。首先，在维护海洋安全上，中国向来倡导每一个主权国家均应在主权平等、相互信任的前提下开展合作，通过搁置争议和共同开发的方式，缓解海洋权益方面的纷争，与其他国家在海洋开发过程中实现互惠互利与合作共赢；其次，在保护海洋生态上，中国主张建立蓝色伙伴关系，深化与沿海国家和地区在海洋资源调查监测评价、海洋环境监测、海洋生态保护修复、海洋防灾减灾等领域的交流与合作，提升中国在全球海洋生态文明建设中的引领力和话语权；最后，在发展海洋经济上，中国提出共建“丝绸之路经济带”和“21 世纪海上丝绸之路”倡议、共建“冰上丝绸之路”倡议等，统筹推进海上互联互通和各领域务实合作，积极参与联合国“海洋十年”行动，从而推动蓝色经济发展、海洋文化交融，共同增进海洋福祉，促进海洋关系和谐。

3. 加强海洋公约履约协同，塑造国际海洋法律新秩序

完善的国际海洋法律体系是促进全球海洋资源有效开发利用和提高海洋环境保

护能力的重要基石。中国主张各个国家应在遵循现有联合国框架内海洋治理机制与国际合作机制的基础上，全面参与国际海洋法则的制定与实施，落实海洋可持续发展目标，从而推动国际海洋秩序朝着更加公正、合理的方向发展。在全球海洋法律制度方面，中国尊重且遵循以《联合国海洋法公约》为核心的海洋环境治理规则体系的相关规则，并为《联合国海洋法公约》的调整与完善建言献策，积极参与全球海洋环境制度、全球海洋安全制度与全球海洋法律制度的设计与变革。在国内海洋法律制度方面，中国结合当前复杂的国际形势和本国利益定位，积极推动国内海洋法律与《联合国海洋法公约》等国际法的全面接轨，实现国内海洋法律体系与国际海洋法则的有机结合。比如，中国一直致力于修改与完善《中华人民共和国海洋环境保护法》《中华人民共和国领海及毗连区法》《中华人民共和国海域使用管理法》《中华人民共和国海岛保护法》《中华人民共和国渔业法》等相关涉海法律，并制定与之配套的制度规范和技术标准，筑造保护海洋生态环境的坚实法治屏障。

本章小结

本章首先阐述了海洋经济可持续发展评价的必要性与现实意义，并介绍了进行海洋经济可持续发展评价的过程中应遵循的基本原则以及适用的评价方法，为后续开展海洋经济可持续发展评价奠定了理论与技术基础。最后，本章基于海洋经济、社会与生态三个子系统以及创新、协调、绿色、开放、共享五大发展理念从双向视角量化海洋经济可持续发展评价指标体系，并探索适合中国国情的海洋经济可持续发展模式与路径。

【知识进阶】

1. 简述中国的海洋资源与环境现状以及探索海洋经济可持续发展道路的意义。

2. 谈谈“发展海洋经济，保护海洋生态环境，加快建设海洋强国”对于建设美丽中国的重要意义。

3. 海洋经济可持续发展评价体系的构建应遵循什么原则?

4. 试根据书中提到的海洋经济可持续发展评价方法建立一套符合中国国情的海洋经济可持续发展评价指标体系，并说明其适用性。

5. 根据海洋经济可持续发展的构成因素，联系实际探讨中国海洋经济可持续发展的实现机制。

参考文献

［1］陈学雷. 海洋开发与管理［M］. 北京：科学出版社，2000：1–20.

［2］张德贤，陈中慧，戴桂林. 海洋经济可持续发展理论研究［M］. 青岛：青岛海洋大学出版社，2000：51–52.

［3］徐质斌，牛福增. 海洋经济学教程［M］. 北京：经济科学出版社，2003：208–231.

［4］朱坚真. 海洋环境经济学［M］. 北京：经济科学出版社，2010：23–50，102–103，112–121.

［5］韩立民. 海洋经济学概论［M］. 北京：经济科学出版社，2017：27–117.

［6］王克强，赵凯，刘红梅. 资源与环境经济学［M］. 上海：复旦大学出版社，2015：1–17.

［7］游灶群. 浅论人与海洋的对立统一——以南海生态环境为例［J］. 学理论，2018（7）：15–17.

［8］阿兰·兰德尔. 资源经济学：从经济学角度对自然资源和环境政策的探讨［M］. 施以正，译. 北京：商务印书馆，1989：45.

［9］吴好婷，白佳玉. 基于可持续发展目标的海洋资源综合立法［J］. 资源科学，2022，44（2）：401–413.

［10］谭振华. 代际产权责任视域下矿产资源资产负债核算系统研究［D］. 北京：首都经济贸易大学，2021：20–22.

［11］沈满洪. 资源与环境经济学［M］. 北京：中国环境科学出版社，2007：21–45.

［12］陈念东，金德凌，戴永务. 关于绿色国民经济核算体系的思考［J］. 林业经济问题，2005（2）：109–112.

［13］闫香妥. “绿色GDP”核算体系推行探析［J］. 价值工程，2014，33（9）：129–130.

[14] 曹克瑜. 绿色国民经济核算制度与可持续发展 [J]. 四川省情，2005（3）：6-8.

[15] 包宗顺，张莉侠. 绿色GDP核算：理论 · 方法 · 应用 [J]. 江海学刊，2005（5）：76-81.

[16] 陈梦根. 绿色GDP理论基础与核算思路探讨 [J]. 中国人口 · 资源与环境，2005（1）：1-5.

[17] 杨缅昆. 绿色GDP核算理论问题初探 [J]. 统计研究，2001（2）：40-43.

[18] 吕蓉. 港口规划环境影响评价的研究及实践 [D]. 大连：大连海事大学，2006：34-35.

[19] 许海萍. 基于环境因素的全要素生产率和国民收入核算研究 [D]. 杭州：浙江大学，2008：33-34.

[20] 孙玉国. 绿色GDP核算体系的建立与应用研究 [D]. 泰安：山东农业大学，2007：21-23，43-44.

[21] 高敏雪，王金南. 中国环境经济核算体系的初步设计 [J]. 环境经济，2004（9）：27-33.

[22] 王广成. 海洋资源核算理论及其方法研究 [J]. 山东工商学院学报，2007（1）：1-6.

[23] 蔡静峰. 我国森林资源资产化管理研究 [D]. 武汉：武汉大学，2004：35-37.

[24] 李永峰，李巧燕，杨倩胜辉. 可持续发展导论 [M]. 北京：机械工业出版社，2021：45-47，54-57.

[25] 齐恒. 可持续发展概论 [M]. 南京：南京大学出版社，2011：85-87.

[26] 徐玉高，侯世昌. 可持续的、可持续性与可持续发展 [J]. 中国人口 · 资源与环境，2000（1）：1-4.

[27] 陈新军. 渔业资源经济学 [M]. 北京：中国农业出版社，2014：23-25.

[28] 郝晓辉. ECCO模型：持续发展的全新定量分析方法 [J]. 中国人口 · 资源与环境，1995（1）：1-4.

[29] 杨奕，张文秀. 绿色GDP与可持续发展实证研究——以四川省雅安市为例 [J]. 农村经济，2005（7）：100-102.

[30] 张志强，程国栋，徐中民. 可持续发展评估指标、方法及应用研究 [J]. 冰川冻土，2002（4）：344-360.

［31］兰国良. 可持续发展指标体系建构及其应用研究［D］. 天津：天津大学，2004：23-25.

［32］刘容子. 中国区域海洋学——海洋经济学［M］. 北京：海洋出版社，2012：55-58.

［33］崔旺来，钟海玥. 海洋资源管理［M］. 青岛：中国海洋大学出版社，2017：40-68.

［34］孙吉亭. 海洋经济理论与实务研究［M］. 北京：海洋出版社，2008：79-81.

［35］郝艳萍，慎丽华，森豪利. 海洋资源可持续利用与海洋经济可持续发展［J］. 海洋开发与管理，2005（3）：50-54.

［36］厉伟. 论自然资源的可持续利用［J］. 生态经济，2001（1）：12-14.

［37］苗丽娟，杨新梅，关春江，等. 海洋资源可持续利用综合评价指标体系研究［J］. 海洋开发与管理，2013，30（3）：74-77.

［38］邢聪聪，赵蓓，刘娜娜，等. 我国海洋资源环境承载力评价指标体系和评价方法［J］. 海洋开发与管理，2019，36（8）：33-35.

［39］陈喜红. 环境经济学［M］. 北京：化学工业出版社，2005：12，17.

［40］马克思. 资本论［M］. 中共中央马克思 恩格斯 列宁 斯大林著作编译局，译. 北京：人民出版社，1975：120-121，926-927.

［41］李京梅，王娜. 海洋生态产品价值内涵解析及其实现途径研究［J］. 太平洋学报，2022，30（5）：94-104.

［42］韩秋影，黄小平，施平. 海洋资源价值评估理论初步探讨［J］. 生态经济，2006（11）：27-30.

［43］孔蕊. 浅谈环境资源价值［J］. 中国环保产业，2002（12）：11-13.

［44］王金南. 环境经济学［M］. 北京：清华大学出版社，1994：260-263.

［45］曹洪军. 环境经济学［M］. 北京：经济科学出版社，2012：81.

［46］加里 · D. 利贝卡普. 产权的缔约分析［M］. 陈宇东，耿勤，秦军，译. 北京：中国社会科学出版社，2001：4-18.

［47］张凯. 人与环境：环境卷［M］. 济南：山东科学技术出版社，2007：39.

［48］林勇，朱忠杰，张瑞. 自然资源禀赋、经济权利禀赋与区域经济增长［J］. 商业研究，2014（1）：15-21.

［49］王泽宇，孙才志，韩增林. 海洋经济可持续发展研究——以环渤海地区

为例［M］. 北京：科学出版社，2018：74.

［50］马中. 环境与自然资源经济学概论［M］. 2版. 北京：高等教育出版社，2013：157−159，166−170.

［51］Rowe，Ralph，Brookshire，et al. An Experiment on the Economic Value of Visibility［J］. Journal of Environmental Economics and Management，1980，7（1）：1−19.

［52］王玉庆. 环境经济学［M］. 北京：中国环境科学出版社，2002：124.

［53］马中，杜丹德. 总量控制与排污权交易［M］. 北京：中国环境科学出版社，1999：6.

［54］谢玲玲，王倩. 海洋科技创新路径下环境规制对海洋经济发展的影响［J］. 海洋开发与管理，2022，39（4）：82−88.

［55］李停. 市场结构、环境规制工具与R&D激励［J］. 中国经济问题，2016（4）：109−122.

［56］储勇，施红，张江彦. 自愿参与型环境规制、创新能力与绿色技术创新——来自中国涉农微观企业的数据分析［J］. 科技管理研究，2022，42（7）：215−225.

［57］马鹤丹，张琬月. 环境规制组态与海洋企业技术创新——基于30家海工装备制造企业的模糊集定性比较分析［J］. 中国软科学，2022（3）：124−132.

［58］胡鞍钢. 中国：创新绿色发展［M］. 北京：中国人民大学出版社，2012：34.

［59］皮尔斯. 绿色经济的蓝图［M］. 初兆丰，译. 北京：北京师范大学出版社，1996：89−115.

［60］Organization for Economic Cooperation and Development（OECD）. Towards Green Growth：Monitoring Progress：OECD Indicators［M］. Paris：OECD Publishing，2011：11−141.

［61］王秋艳，郭强. 中国绿色发展报告［M］. 北京：中国时代经济出版社，2009：80−89.

［62］崔如波. 绿色经济：21世纪持续经济的主导形态［J］. 社会科学研究，2002（4）：47−50.

［63］夏光. “绿色经济”新解［J］. 环境保护，2010，441（7）：24.

［64］朱婧，孙新章，刘学敏，等. 中国绿色经济战略研究［J］. 中国人口·资

源与环境，2012，22（4）：7-12.

［65］曼贡. 美国海洋政策［M］. 张继先，译. 北京：海洋出版社，1982：414-415.

［66］阿尔弗雷德・塞耶・马汉. 大国海权［M］. 熊显华，编译. 南昌：江西人民出版社，2011：123-141.

［67］向云波，徐长乐，戴志军. 世界海洋经济发展趋势及上海海洋经济发展战略初探［J］. 海洋开发与管理，2009，26（2）：46-52.

［68］邵文慧，梁振林. 国外海洋经济绿色转型的实践及对中国的启示［J］. 中国渔业经济，2016，34（2）：98-104.

［69］丁威，解安. 习近平社会主义现代化强国目标体系研究［J］. 学术界，2017（12）：178-190.

［70］王金南，於方，曹东. 中国绿色国民经济核算研究报告2004［J］. 中国人口・资源与环境，2006（6）：11-17.

［71］张颖. 绿色GDP核算的理论与方法［M］. 北京：中国林业出版社，2004：4-6.

［72］郑鹏，吕雨婷. 绿色海洋GDP核算实例研究［J］. 海洋经济，2020，10（1）：43-48.

［73］李志伟. "生态+"视域下海洋经济绿色发展的转型路径［J］. 经济与管理，2020，34（1）：35-41.

［74］洪伟东. 促进我国海洋经济绿色发展［J］. 宏观经济管理，2016（1）：64-66.

［75］杨竞争，包若绮，焦海峰，等. 浙江渔山列岛国家级海洋特别保护区（海洋公园）保护与开发现状及管理策略分析［J］. 海洋开发与管理，2016，33（9）：86-89.

［76］鲍健强，方申国，陈明. 用循环经济理念重构传统经济流程［J］. 自然辩证法研究，2007（4）：90-94.

［77］戴维・C. 科顿. 当公司统治世界［M］. 王道勇，译. 广州：广东人民出版社，2006：51-252.

［78］陈德昌. 生态经济学［M］. 上海：上海科学技术文献出版社，2003：1-305.

［79］程钰，王晶晶，王泽萍，等. 中国区域循环经济绩效的时空演变与创新

驱动［J］. 中国人口·资源与环境，2022，32（4）：115–125.

［80］许乃中，曾维华，薛鹏丽，等. 工业园区循环经济绩效评价方法研究［J］. 中国人口·资源与环境，2010，20（3）：44–49.

［81］刁秀华，李宇. 基于循环经济的区域工业生态化测度与比较［J］. 中国软科学，2019（5）：185–192.

［82］张凯. 循环经济理论研究与实践［M］. 北京：中国环境科学出版社，2004：10–87.

［83］冯之浚. 论循环经济［M］. 北京：经济科学出版社，2003：166–167.

［84］周宏春，刘燕华. 循环经济［M］. 北京：中国发展出版社，2005：200–432.

［85］张一玲. 发展海洋循环经济大有可为［N］. 中国海洋报，2005–09–06（1）.

［86］徐丛春，王晓惠，李双建，等. 发展海洋循环经济浅析［J］. 海洋开发与管理，2006（3）：67–70.

［87］王泽宇，张金忠，韩增林. 海洋循环经济理论探讨［J］. 海洋开发与管理，2009，26（3）：104–108.

［88］蒋逸民，崔旺来，曹望. 海洋循环经济：理论、实践与政策［M］. 武汉：华中科技大学出版社，2014：10–50.

［89］翁立新，徐丛春. 海洋循环经济评价指标体系研究［J］. 海洋通报，2008（2）：65–72.

［90］陈耀辉. 福建省海洋循环经济发展模式研究［D］. 福州：福州大学，2016：18–74.

［91］胡剑波，张强. 低碳经济发展新思路：蓝色碳汇及中国对策［J］. 世界农业，2015（8）：43–47，87.

［92］陈美球，蔡海生. 低碳经济学［M］. 北京：清华大学出版社，2015：314.

［93］张平，杜鹏. 低碳经济的概念、内涵和研究难点分析［J］. 商业时代，2011（10）：8–9.

［94］庄贵阳. 低碳经济：气候变化背景下中国的发展之路［M］. 北京：中国环境出版社，2014：12.

［95］孙加韬. 中国海洋低碳经济发展模式探讨［J］. 现代经济探讨，2010（4）：19–22.

［96］田世朕. 我国发展海洋低碳经济的初步思考［J］. 法制与社会，2011（3）：116–118.

［97］焦念志，李超，王晓雪. 海洋碳汇对气候变化的响应与反馈［J］. 地球科学进展，2016，31（7）：668–681.

［98］徐敬俊，覃恬恬，韩立民. 海洋“碳汇渔业”研究述评［J］. 资源科学，2018，40（1）：161–172.

［99］夏登文，康健. 海洋能开发利用词典［M］. 北京：海洋出版社，2014：45–90.

［100］闫福珍，盛朝讯，李晨，等. 海洋新兴产业研究综述［J］. 海洋经济，2021，11（2）：51–61.

［101］杨红生. 我国海洋牧场建设回顾与展望［J］. 水产学报，2016，40（7）：1133–1140.

［102］杜元伟，曹文梦. 中国海洋牧场生态安全监管理论框架体系［J］. 中国人口·资源与环境，2021，31（1）：182–191.

［103］田涛，张明燡，杨军，等. 国际化海洋牧场的体系构建及未来发展浅析［J］. 海洋开发与管理，2021，38（11）：55–61.

［104］张一. 海洋生态文明示范区建设：内涵、问题及优化路径［J］. 中国海洋大学学报（社会科学版），2016（4）：66–71.

［105］Martin W. Holdgate. Our Common Future：The Report of the Word Commission on Environmental and Development［M］. Oxford：Oxford University Press，1987：8.

［106］吴好婷，白佳玉. 基于可持续发展目标的海洋资源综合立法［J］. 资源科学，2022，44（2）：401–413.

［107］盖美，孙才志，郑秀霞. 中国海洋经济可持续发展的资源环境学视角［M］. 北京：科学出版社，2022：1–209.

［108］万祥春. 中国特色海洋安全观研究［D］. 上海：上海师范大学，2020：74–243.

［109］吴立新，荆钊，陈显尧，等. 我国海洋科学发展现状与未来展望［J］. 地学前缘，2022，29（5）：1–12.

［110］胡德坤，晋玉. 新时代中国海洋观及其对国际海洋治理的影响［J］. 国际问题研究，2021（5）：73–89，140.

[111] 刘明. 区域海洋经济可持续发展能力评价指标体系研究[J]. 统计与信息论坛，2008（5）：19-23.

[112] 狄乾斌，韩增林，孙迎. 海洋经济可持续发展能力评价及其在辽宁省的应用[J]. 资源科学，2009，31（2）：288-294.

[113] 白福臣，赖晓红，肖灿夫. 海洋经济可持续发展综合评价模型与实证研究[J]. 科技管理研究，2015，35（3）：59-62，86.

[114] 鲁亚运，原峰，李杏筠. 我国海洋经济高质量发展评价指标体系构建及应用研究——基于五大发展理念的视角[J]. 企业经济，2019，38（12）：122-130.

[115] 刘明. 区域海洋经济可持续发展的能力评价[J]. 中国统计，2008（3）：51-53.

[116] 程娜. 新常态背景下中国海洋经济可持续发展评价体系研究[J]. 学习与探索，2017（5）：116-122.

[117] 丁黎黎，杨颖，李慧. 区域海洋经济高质量发展水平双向评价及差异性[J]. 经济地理，2021，41（7）：31-39.

[118] 丁黎黎. 海洋经济高质量发展的内涵与评判体系研究[J]. 中国海洋大学学报（社会科学版），2020（3）：12-20.

[119] 徐胜，董伟，郭越，等. 我国海洋经济可持续发展评价指标体系构建[J]. 海洋开发与管理，2011，28（3）：65-70.

[120] 官玮玮. 中国海洋资源开发与海洋综合管理研究[J]. 科技创新导报，2016，13（22）：120-121.

[121] 崔晓菁. 中国海洋资源开发现状与海洋综合管理策略[J]. 管理观察，2019（17）：63-64.

[122] 王杰，陈瑞. 人类海洋活动视角下的世界海洋管理演变研究[J]. 世界海运，2020，43（8）：9-15.

[123] 李双建，于保华，魏婷. 世界主要海洋国家海洋综合管理及对我国的借鉴[J]. 海洋开发与管理，2012，29（5）：6-10.

[124] 杨林，韩彦平，陈书全. 海洋资源可持续开发利用对策研究[J]. 海洋开发与管理，2007（3）：27-30.

[125] 刘勇，孙文亮. 对我国海洋生态文明及其保障体系建设问题的思考[J]. 湖北行政学院学报，2020（6）：25-30.

[126] 栾维新，梁雅惠，田闯. 海洋强国目标下实施陆海统筹的系统思考

［J］. 海洋经济，2021，11（5）：38–48.

［127］徐胜，颜世钰. 海洋科技创新能力对海洋经济绿色全要素生产率的影响研究——基于我国沿海地区的实证分析［J］. 海洋开发与管理，2022，39（5）：23–31.

［128］杨振姣，闫海楠，王斌. 中国海洋生态环境治理现代化的国际经验与启示［J］. 太平洋学报，2017，25（4）：81–93.

［129］马彩华，赵志远，游奎. 略论海洋生态文明建设与公众参与［J］. 中国软科学，2010（S1）：172–177.

［130］全永波，石鹰婷，郁志荣. 中国参与全球海洋生态环境治理体系的机遇与挑战［J］. 南海学刊，2019，5（3）：73–80.

［131］杜利娜. 积极推动构建海洋命运共同体［N］. 光明日报，2023–09–26（6）.

［132］耿协峰. 从“制海”到“治海”：构建海洋命运共同体［J］. 国家治理，2023（13）：62–65.

［133］段克，余静. “海洋命运共同体”理念助推中国参与全球海洋治理［J］. 中国海洋大学学报（社会科学版），2021（6）：15–23.